智能机器人技术应用

组　编　北京新大陆时代科技有限公司
主　编　方惠蓉　罗　芳
副主编　林祥利　黄　瑞
参　编　卢丽煌　许大光

机械工业出版社

本书为理论与应用实践兼顾的机器人技术教材。全书共5个项目，包括人工智能机器人、通过GPIO实现传送带运行、基于语音识别实现语音控制机械臂、使用YOLO模型实现目标检测、小型柔性智能制造。

书中内容引入大量行业应用案例与工程方法，力求避免内容枯燥空洞，贴近真实现场应用。其中，项目1作为入门引导，将人工智能的发展与机器人技术相结合，让读者认识创灵实验平台及机械臂的安装、移动与抓取。项目2～项目4，基于创灵实验平台和新大陆AI开发板，分别介绍编写Python脚本控制GPIO传送带运行、使用开发板实现离线语音识别和语音合成并控制机械臂、使用YOLO模型实现机械臂色块分拣。项目5作为综合实践，将软件设计、GUI界面开发及IDE开发、机械臂与传送带控制模块开发、色块分类模块开发、项目安装与部署进行结合，系统介绍小型柔性智能制造的综合实践开发。

本书可作为职业院校人工智能及相关专业的授课教材，也可作为工程师、机器人技术爱好者的参考用书。

本书配有微课视频，读者可扫描书中二维码进行观看。本书还配有电子课件等资源，选择本书作为授课教材的教师可登录机械工业出版社教育服务网（www.cmpedu.com）注册后免费下载或联系编辑（010-88379194）咨询。

图书在版编目（CIP）数据

智能机器人技术应用/北京新大陆时代科技有限公司组编；方惠蓉，罗芳主编．—北京：机械工业出版社，2024.3

ISBN 978-7-111-75593-7

Ⅰ．①智…　Ⅱ．①北…　②方…　③罗…　Ⅲ．①智能机器人—程序设计　Ⅳ．①TP242.6

中国国家版本馆CIP数据核字（2024）第072714号

机械工业出版社（北京市百万庄大街22号　邮政编码100037）

策划编辑：李绍坤　　责任编辑：李绍坤　张星瑶

责任校对：樊钟英　薄萌钰　　封面设计：马精明

责任印制：刘　媛

涿州市般润文化传播有限公司印刷

2024年6月第1版第1次印刷

210mm×285mm·14.5印张·437千字

标准书号：ISBN 978-7-111-75593-7

定价：45.00元

电话服务　　网络服务

客服电话：010-88361066　　机　工　官　网：www.cmpbook.com

010-88379833　　机　工　官　博：weibo.com/cmp1952

010-68326294　　金　书　网：www.golden-book.com

　机工教育服务网：www.cmpedu.com

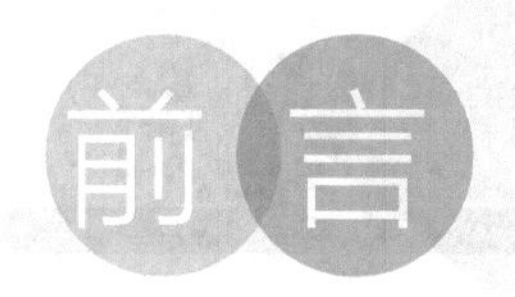

前言

党的二十大报告提出："推动战略性新兴产业融合集群发展，构建新一代信息技术、人工智能、生物技术、新能源、新材料、高端装备、绿色环保等一批新的增长引擎。"如今人工智能时代结合双脑时代，一方面人类智慧开创机器人时代，另一方面机器学习和智能演化又进一步加深人们对学习本身的理解。机器人技术是现代科技的前沿技术，发展迅猛，它同计算机技术、通信技术一同被称为信息技术的三大支柱。在日常生活中，人工智能已经渗入各个方面，从引人关注的AI与棋手在围棋、象棋中对弈，到手机支付、手机解锁中的人脸识别，都运用了人工智能技术。

那么要从哪些方面去了解并学习人工智能？首先要了解人工智能有哪些知识体系。在通常情况下，学习人工智能的相关知识可分为机器人控制、编程开发、嵌入式开发、机器学习、网页架构设计等内容，在市面上有许多类似的教材，但大多数是分开学习，未能将内容有效组合在一起综合运用，而本书则将上述内容如机器臂控制、编程开发、计算机视觉、语音识别技术等内容进行整合，采用项目化教学，有效提高学习兴趣，让读者从做中学，在学中做。

本书具有以下特点：

1）使用机器人为载体，提高课程吸引力，并从中学习人工智能技术。

2）在已有Python语言的基础下结合人工智能与机器人应用场景项目，提高编程能力。

3）每个项目均以"项目导入"引出知识点与技能点的学习。

4）课程采用由完整模块一步步拆解模块与代码的方法，从硬件原理、调用库、编写库到底层开发机器人驱动模块、人工智能技术融入等，使读者快速掌握相关技能。

5）本书融合企业一线人工智能应用技术，按照应用型人才教学培养需求编写设计，助力院校人工智能人才培养。

本书由北京新大陆时代科技有限公司组编，由方惠蓉、罗芳任主编，林祥利、黄瑞任副主编，卢丽煌、许大光参与编写。其中，方惠蓉对本书进行整体策划与统稿，项目1由方惠蓉、罗芳编写，项目2由方惠蓉、林祥利编写，项目3由罗芳、黄瑞编写，项目4由卢丽煌编写，项目5由卢丽煌、许大光编写。此外，感谢所有在编写本书过程中给予帮助和支持的人员。

由于编者水平有限，本书难免存在不足之处，恳请各位读者批评指正。

编　者

二维码索引

视频名称	二维码	页码	视频名称	二维码	页码
01 人工智能的未来		3	08 语音合成的应用及实现方法		82
02 智能机械臂的应用和结构		8	09 BNF及语音唤醒		93
03 机械臂		14	10 神经网络与模型量化		122
04 Python-SDK的相关知识		22	11 计算机视觉分类		159
05 串口通信的相关知识		27	12 柔性机械臂的控制方法		199
06 GPIO和PWM的原理、定义		43	13 Python中常见的装饰器以及业务逻辑		206
07 声卡序列号及正则表达式		72			

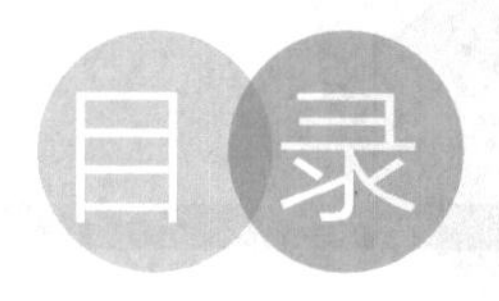

前言

二维码索引

项目1　人工智能机器人 1

任务1　初识人工智能机器人 2

任务2　机械臂安装与机械臂空间坐标 12

任务3　SDK方式实现机械臂三维空间移动 20

任务4　串口方式实现机械臂三维空间移动 25

任务5　机械臂抓取指定空间位置的物体 31

项目2　通过GPIO实现传送带运行 41

任务1　使用开发板GPIO控制传送带运行 42

任务2　编写Python脚本控制传送带运动 53

项目3　基于语音识别实现语音控制机械臂 69

任务1　基于AI开发板实现离线ASR 70

任务2　基于AI开发板实现离线TTS 80

任务3　语音控制机械臂并实现执行任务状态应答功能 91

项目4　使用YOLO模型实现目标检测 105

任务1　机械臂色块分拣图像采集 105

任务2　机器人色块分拣图像数据集标注 113

任务3　机械臂色块分拣深度神经网络模型训练 119

任务4　色块模型识别检测 140

任务5　优化神经网络模型 147

项目5　小型柔性智能制造 155

任务1　软件设计 156

任务2　GUI界面开发及IDE开发 161

任务3　机械臂与传送带控制模块开发 198

任务4　色块分类模块开发 205

任务5　项目安装与部署 215

参考文献 223

项目1

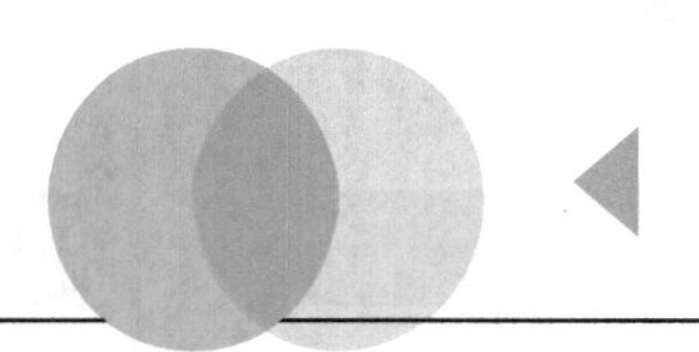

人工智能机器人

项目导入

人工智能技术应用不断成熟，与各行各业加速融合。在制造业中被广泛应用的各种智能机器人：分拣机器人（见图1-0-1）能够自动识别并抓取不规则的物体；协作机器人能够理解并对周围环境做出反应；自动跟随物料小车能够通过人脸识别实现自动跟随；借助SLAM（Simultaneous Localization and Mapping，同步定位与地图构建）技术，自主移动机器人可以利用自身携带的传感器识别未知环境中的特征标志，然后根据机器人与特征标志之间的相对位置和里程计的读数估计机器人和特征标志的全局坐标。无人驾驶技术在定位、环境感知、路径规划、行为决策与控制方面，也综合应用了多种人工智能技术与算法。

在2021年八部门联合印发的《“十四五”智能制造发展规划》中，重点任务（一）是“加快系统创新，增强融合发展新动能”。其中提出“加强关键核心技术攻关。聚焦设计、生产、管理、服务等制造全过程，突破设计仿真、混合建模、协同优化等基础技术，开发应用增材制造、超精密加工等先进工艺技术，攻克智能感知、人机协作、供应链协同等共性技术，研发人工智能、5G、大数据、边缘计算等在工业领域的适用性技术”。

据埃森哲公司测算，到2035年，人工智能技术的应用将使制造业总增长值（GVA）达4万亿美元，年度增长率达到4.4%。人工智能与制造业的融合发展未来可期。相信在不久的将来，人工智能能够更好地为人们服务，改善人们的生活，带来巨大的经济效益。在人工智能的引领下，制造业将迈入智能化的崭新时代。

图1-0-1　分拣机器人

任务1　初识人工智能机器人

知识目标

- 了解人工智能的前景。
- 了解机械臂的基本功能及在生活、工作中的作用。

能力目标

- 能够掌握机械臂硬件的操作。
- 能够掌握传送带硬件的操作。
- 能够掌握摄像头硬件的操作。
- 能够掌握显示屏硬件的操作。

素质目标

- 具有认真严谨的工作态度，能及时完成任务。
- 具有综合运用各种工具处理任务需求的能力。

任务分析

任务描述：

本任务要求读者了解人工智能机器人在未来的前景，在认识人工智能的过程中，了解机械臂的基本功能及在生活中、工作中的作用，掌握机械臂的硬件是如何实现的，并动手组装。

任务要求：

- 能进行uArm机械臂操作演示。
- 能进行传送带操作演示。
- 能进行摄像头操作演示。
- 能进行显示屏操作演示。

任务计划

根据所学相关知识，制订本任务的任务计划表，见表1-1-1。

表1-1-1　任务计划表

项目名称	人工智能机器人
任务名称	初识人工智能机器人
计划方式	自我设计
计划要求	请用5个计划步骤来完整描述出如何完成本任务
序　号	任务计划
1	
2	
3	
4	
5	

知识储备

1. 人工智能的未来

人工智能已融入生活中的各个方面，从引人关注的围棋、象棋对手，到手机支付、手机解锁中的人脸识别，都运用了人工智能。那么，你知道什么是人工智能吗？

人工智能（Artificial Intelligence，AI）作为新一轮产业变革的核心驱动力，正在深刻改变着人们的生产生活方式，引发诸多领域产生颠覆性变革，以机器学习、深度学习为核心，在视觉、语音、自然语言等应用领域迅速发展，赋能于各行业，与传统产业进行广泛、深度的融合。

人工智能是引领未来的前沿性、战略性技术，正在全面重塑传统行业发展模式、重构创新版图和经济结构。新一代人工智能正在深刻改变经济社会发展模式，呈现深度学习、跨界融合、人机协同、群智开放、自主操作的新特征。加快发展新一代人工智能，是顺应全球新一轮科技革命和产业变革趋势、赢得发展主动权的优先战略选择，是服务国家创新驱动发展战略、建设全球科技创新中心的优先布局方向。

知识拓展

扫一扫，了解人工智能的实际应用、智能能力、人与智能机器共存的介绍。

人工智能的未来

2. 人工智能机器人平台

（1）组成构建

人工智能机器人主要由机械臂、传送带、显示屏、摄像头及其支架、开发板组成。机械臂部分通过改变定位坐标实现对目标的抓取、移动、放置等功能，能够提高工作效率，减少时间以及人力的损耗；传送带部分是以一定的速度将物体运输到指定位置，使生活更加便捷；显示屏部分能够将设计好的界面展现给观众，提升使用者的观感体验，使用者能通过显示屏来控制平台，选择想要的功能；摄像头及其支架负责识别物料区的物块，通过确定颜色、物块形状等方式进行物料区的物块分类，并将得到的数据传回开发板；开发板在平台中起到了关键的作用，通过编译程序来控制平台各个部件的运作，相互配合，完成所需目标，并在物流运输、物料搬运、物料分拣等场景中起着重要作用。

（2）硬件安装及使用说明

如图1-1-1所示，将转接线接入靠近绿色一侧的插口，接错会导致传送带无法使用。如果需要接另外两个接口进行测试，请注意GND/VDD的位置，确保GND/VDD线无接反。根据提示连接开发板电源线接口，给开发板供电（请勿在未插电状态下启动开发板）。

图1-1-1　将转接线接入靠近绿色一侧的插口

（3）连接实验平台

1）连接方式一：通过网线方式直连实验平台。

步骤一　检查开发板网线是否已经与计算机连接，如图1-1-2所示。

步骤二　修改本地计算机的IP，可以根据情况自行设置IP，如图1-1-3～图1-1-6所示。

IP地址：192.168.67.1～192.168.67.254之间任一IP（如192.168.67.51）

子网掩码：255.255.255.0

默认网关：192.168.67.1

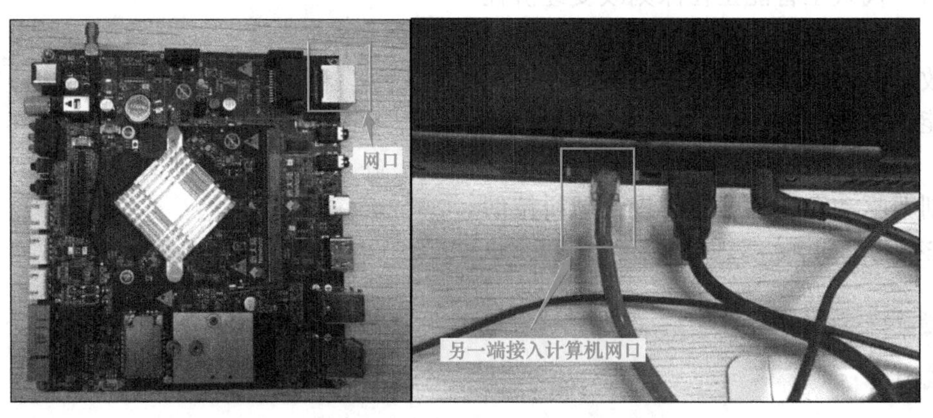

图1-1-2　检查开发板网线是否已经与计算机连接

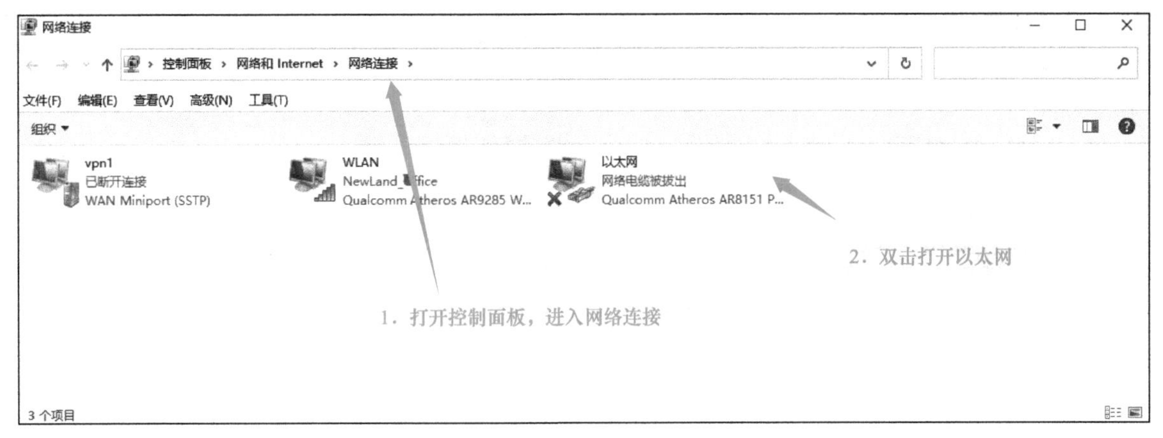

图1-1-3　进入网络连接并双击打开以太网

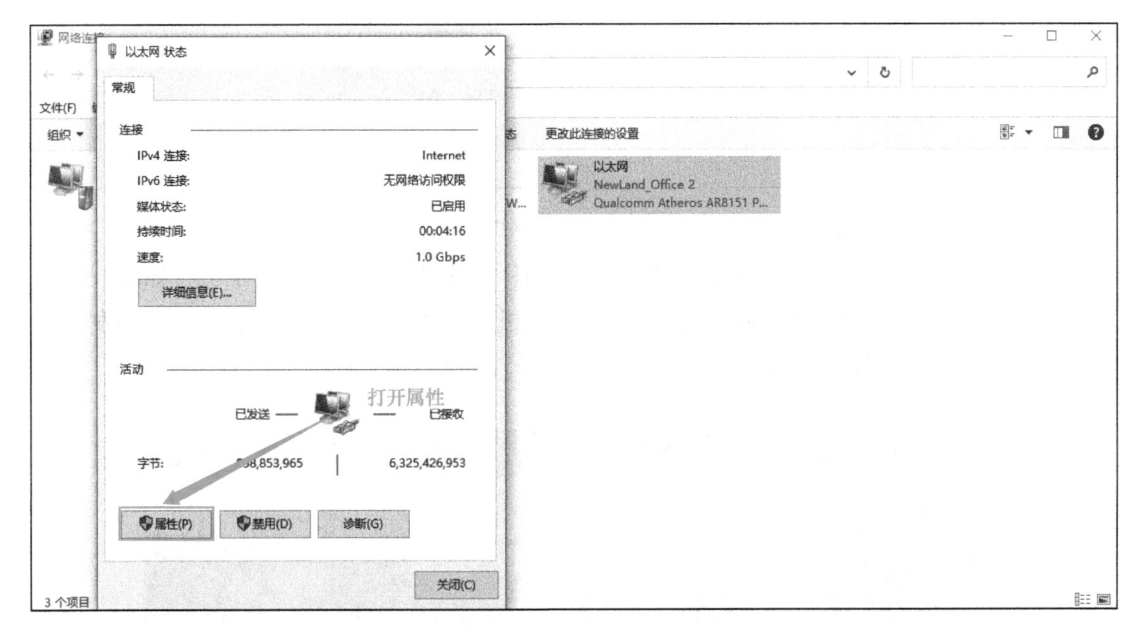

图1-1-4　打开属性

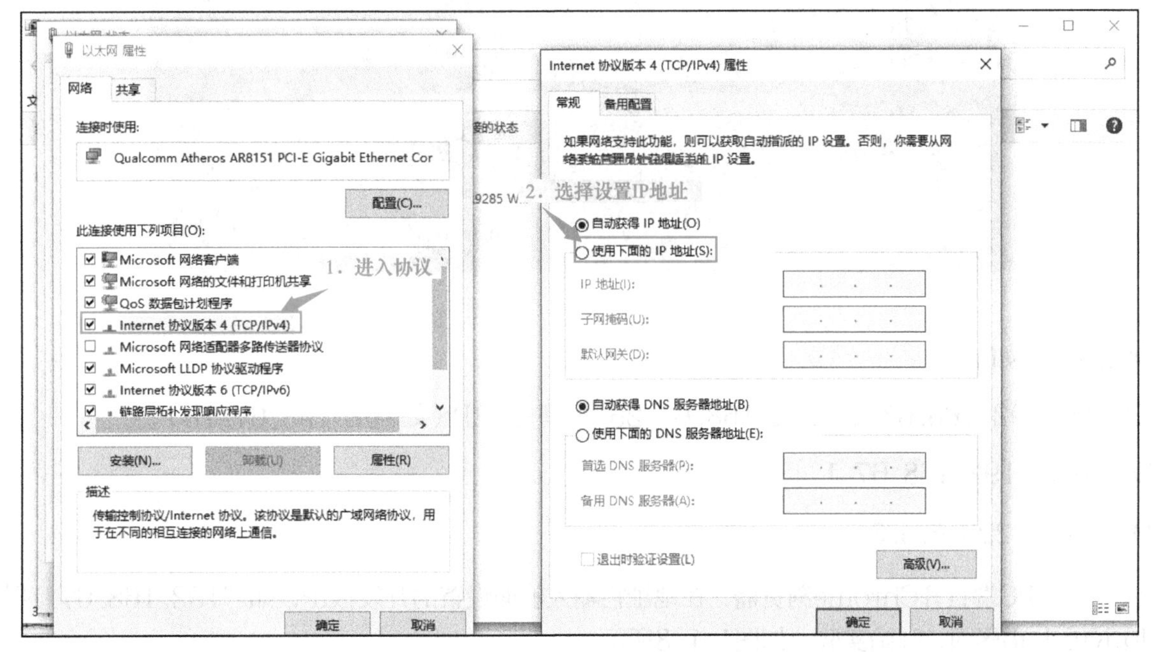

图1-1-5　进入协议，选择设置IP地址

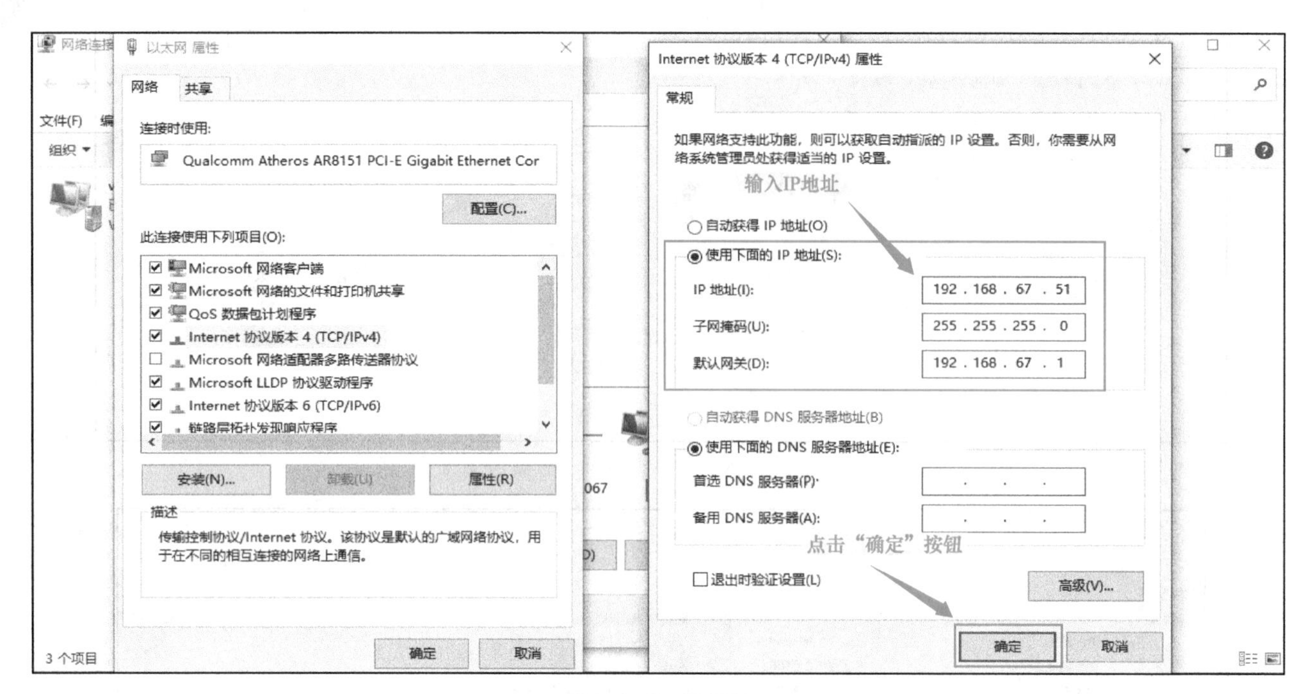

图1-1-6　设置IP

步骤三　单击右下角的"设置"按钮，修改开发板IP（根据实际情况设置IP），如图1-1-7所示。注意，开发板IP地址应与计算机IP地址不同。例如，计算机IP设置为192.168.67.11，开发板IP设置为192.168.67.10，在网站上打开Jupyter并输入开发板IP地址：192.168.67.10。

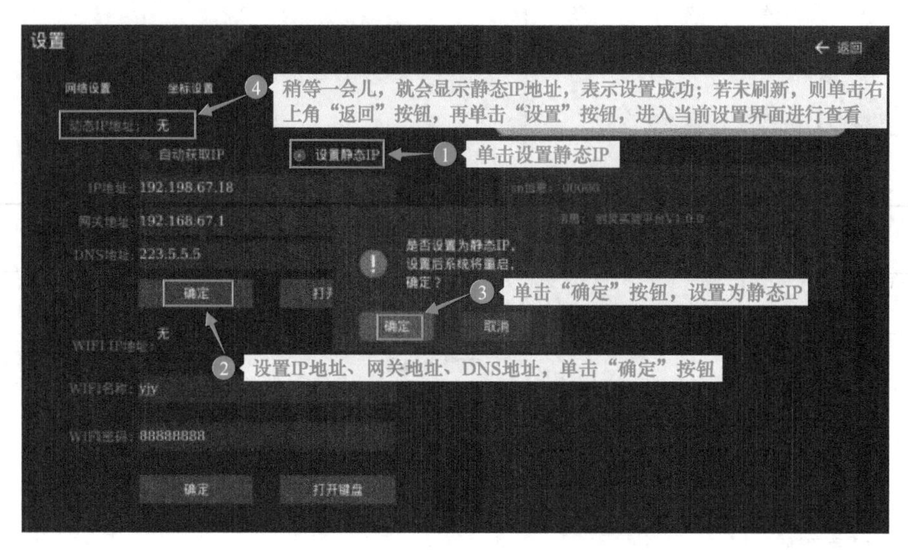

图1-1-7　修改开发板IP

此处的设置如下：

IP地址：192.168.67.1～192.168.67.254之间任一IP（如192.168.67.18）

默认网关：192.168.67.1

DNS地址：223.5.5.5

步骤四　PC端打开Chrome浏览器，在地址栏输入前面设置的开发板IP，如"192.168.67.18"，进入JupyterLab界面，开始实验，如图1-1-8所示。

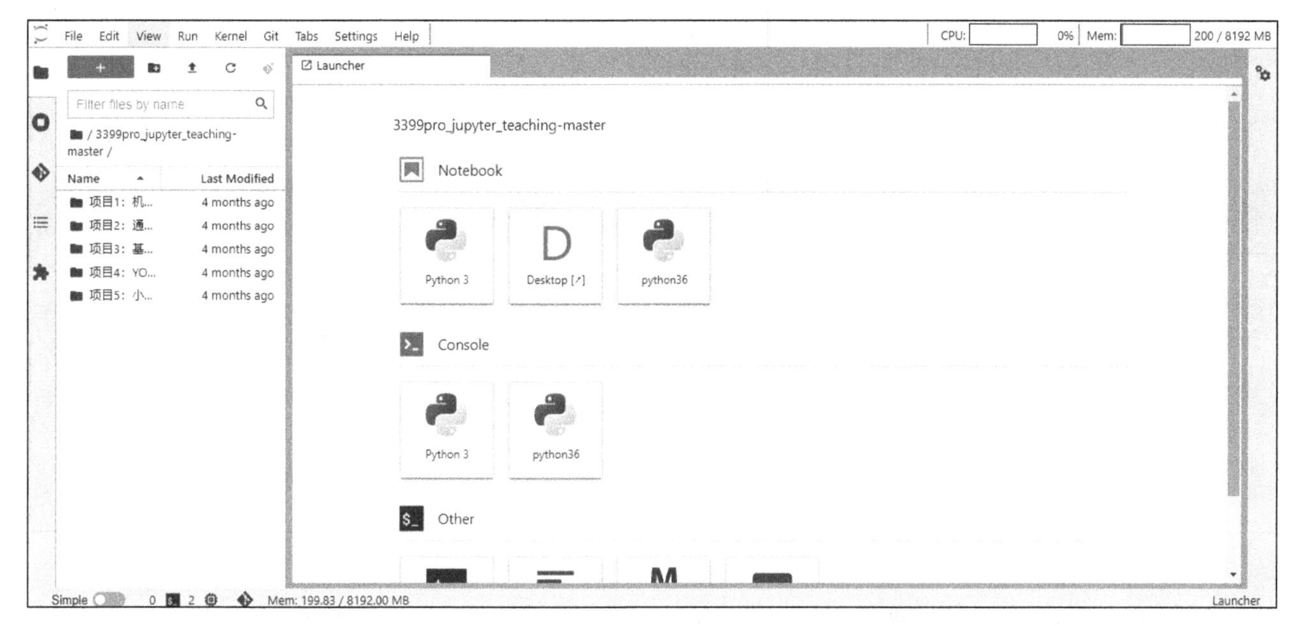

图1-1-8　开始实验

2）连接方式二：通过路由器有线方式连接实验平台。路由器分配地址，开发板和计算机设置自动获得IP地址。

步骤一　计算机设置自动获得IP地址。

打开计算机网络设置，选择状态，如图1-1-9所示。

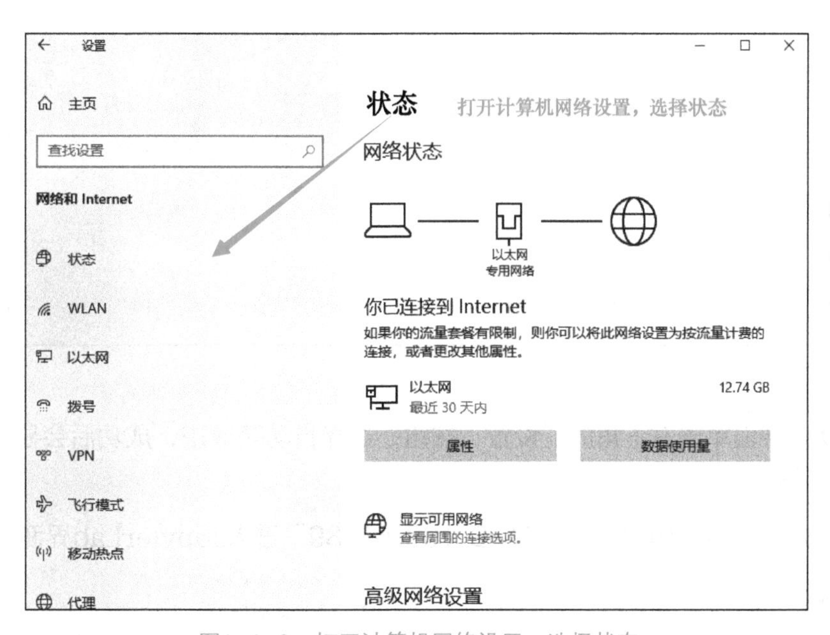

图1-1-9　打开计算机网络设置，选择状态

单击计算机状态，选择以太网属性，如图1-1-10所示。

单击计算机IP设置，进行编辑，如图1-1-11所示。

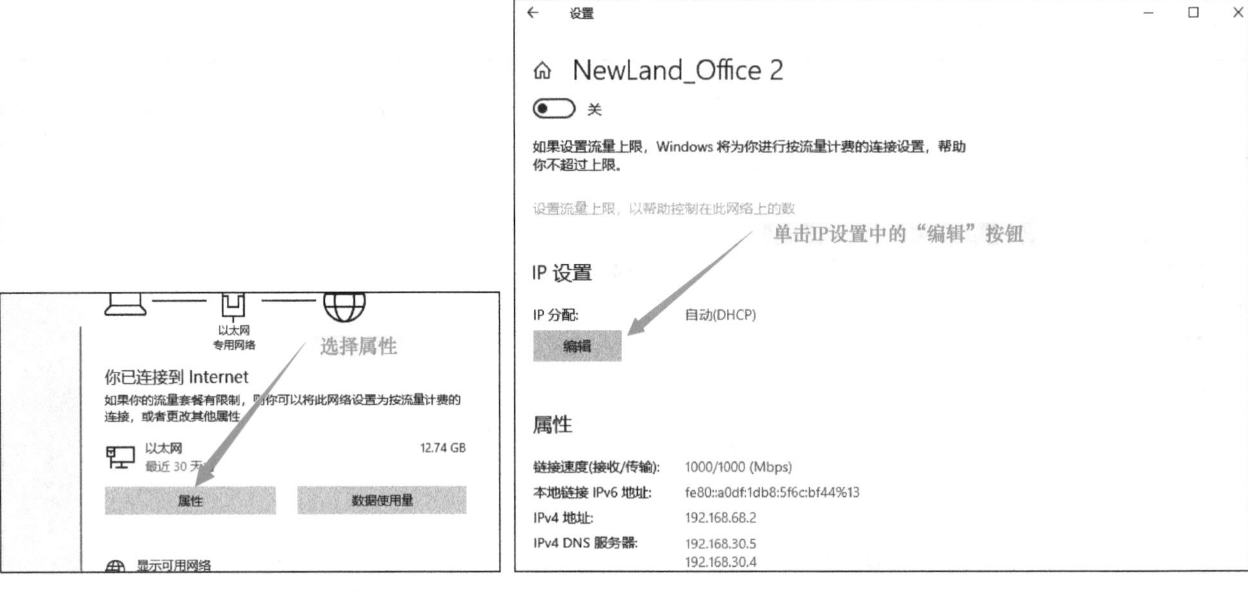

图1-1-10　选择以太网属性　　　　图1-1-11　编辑IP

选择手动编辑IP设置，如设置IP地址、子网前缀长度、网关等，如图1-1-12所示。

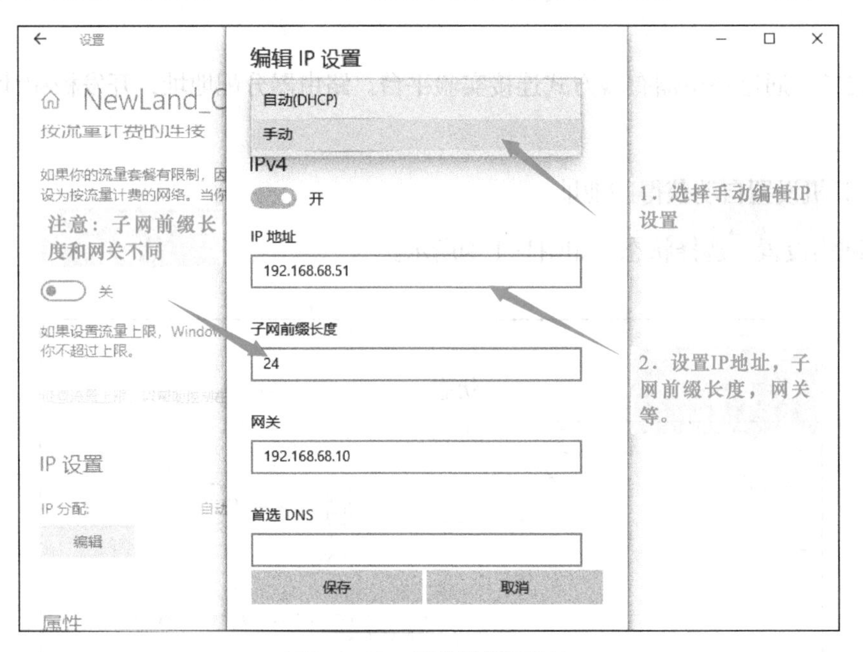

图1-1-12　手动编辑IP地址

步骤二　在初始界面单击右下角的“设置”按钮，选择自动获取IP，成功后会显示动态IP地址，显示为192.168.67.39。

步骤三　打开浏览器，在地址栏输入“192.168.67.39”进入JupyterLab界面，开始实验。

3. uArm机械臂

本书使用的是uArm机械臂，它是一款桌面级四轴迷你开源机械臂。其各种资源可以在网上免费下载，其源代码可在GitHub上下载。它使用Arduino主板作为控制主板（本书使用ATmega2560为核心的控制板）。

知识拓展

扫一扫，详细了解智能机械臂的应用和结构。

智能机械臂的应用和结构

1. 机械臂操作演示

步骤一 进入Jupyter平台，打开任务1 初识智能机器人，根据提示完成相应操作。

步骤二 根据图1-1-13中的提示，选中演示uArm机械臂操作演示的代码框。选中代码框后单击“运行”按钮，查看演示结果。

2. 传送带操作演示

步骤一 在Jupyter上打开传送带操作演示部分。

图1-1-13 运行uArm机械臂操作演示代码

步骤二 选中传送带操作演示部分的代码，单击“运行”按钮，查看运行效果，如图1-1-14所示。

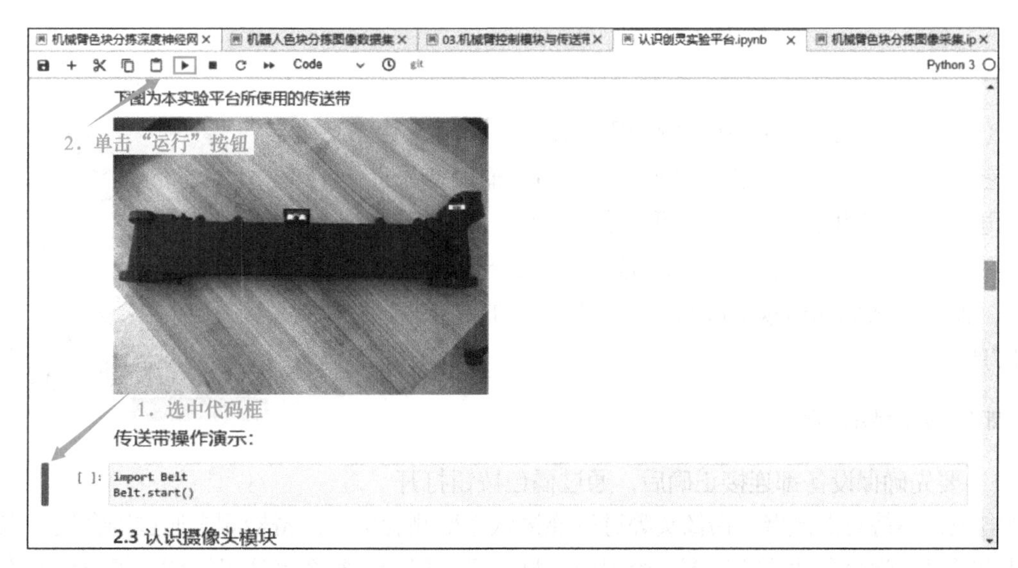

图1-1-14 运行传送带操作演示代码

3. 摄像头操作演示

摄像头（webcam）（见图1-1-15）可分为数字摄像头和模拟摄像头两类。数字摄像头可以将视频采集设备产生的模拟视频信号转换成数字信号，进而将其储存在计算机里。模拟摄像头捕捉到的视频信号必须通过特定的视频捕捉卡转换成数字模式，并加以压缩后才可以在计算机上使用。数字摄像头可以直接捕捉影像，然后通过串、并口或者USB接口传到计算机里。计算机摄像头大多以数字摄像头为主，而数字摄像头中又以使用新型数据传输接口的USB数字摄像头为主，除此之外，还有一种与视频采集卡配合使用的产品。由于个人计算机的迅速普及，模拟摄像头的整体成本较高，而且不能满足BSV液晶拼接屏接口，USB接口的传输速度远远高于串口、并口的速度，因此更多使用USB接口的数字摄像头。

图1-1-15　摄像头模块

模拟摄像头可和视频采集卡或者USB视频采集卡配套使用，典型应用是一般的录像监控。例如洁净区摄像头，是针对洁净区无尘室的重要设备和关键岗位实时监控的专用摄像头。该摄像头为纯平面板，嵌入彩钢板安装，零卫生死角，清洁方便，安装便捷，能快速多点布控，兼容主流视频系统。

摄像头一般具有视频摄像/传播和静态图像捕捉等基本功能。它是由镜头采集图像后，由摄像头内的感光组件电路及控制组件对图像进行处理并转换成计算机所能识别的数字信号，然后由并行端口或USB连接输入到计算机后，再由软件进行图像还原。本任务使用的摄像头模块如图1-1-16所示。

那么要如何使用摄像头去获取数据？接下来将页面下移到摄像头操作演示部分，如图1-1-16所示，运行摄像头操作演示部分的代码框。

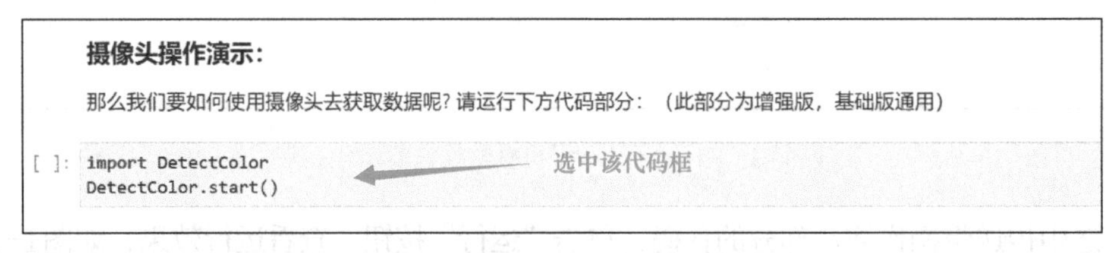

图1-1-16　摄像头操作演示

4. 显示屏操作演示

显示屏（display screen）是计算机的I/O设备，即输入/输出设备。它是一种将一定的电子文件通过特定的传输设备显示到屏幕上再反射到人眼的显示工具，可以分为CRT、LCD等多种类型。在本任务的实验平台中，显示屏接收开发板的信号并形成图像，作用方式如同电视接收机。本任务使用的显示屏如图1-1-17所示。

图1-1-17　显示屏

那么要如何操作显示屏？

步骤一　要先确保设备都连接正确后，通过橘色按钮打开两台机械臂电源，等待对机械臂、摄像头等进行连接状态检测验证，设备检测未通过则会提示未连接。当检测都通过的时候，就会自动跳转到下一个界面。打开显示屏后，需要确认机械臂、摄像头的连接状态，当机械臂和摄像头显示已连接状态时才能运行整个平台。

步骤二 当全部设备连接状态检测通过，进入实验平台首页界面，如图1-1-18所示。首次进入首页界面，请认真阅读安全提示，首页界面左侧为高拍摄像头的目标视频区域，右侧为实验运行日志，下方包含色块分拣实验的“开始”“停止”“坐标校准”“设置”4个操作按钮，分别对应启动实验、停止实验、机械臂坐标位置校准、相关参数设置等功能。

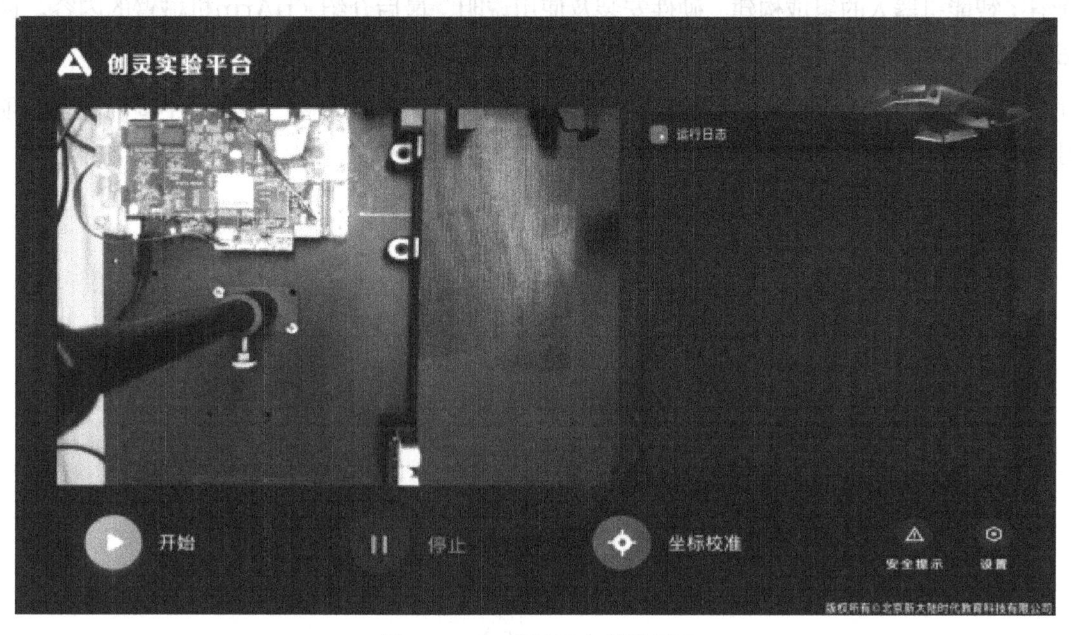

图1-1-18 实验平台首页界面

5. 注意事项

1）在启动平台进行实验之前，需要注意机械臂的位置是否正确，机械臂是否归零到初始状态，如图1-1-19所示。

2）使用吸泵时，需要注意吸泵的安装是否正确。如果吸泵安装出现问题，在使用过程中出现脱落等现象，请先关闭电源，再进行器械的安装。吸泵的示意图如图1-1-20所示。

图1-1-19 机械臂归位

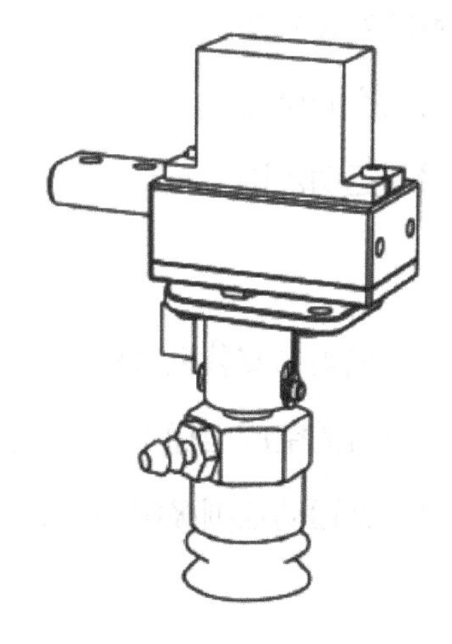

图1-1-20 吸泵

3）在使用过程中请勿用手指直接触碰机械臂，以免出现受伤等情况，也不要在使用过程中摆弄机械臂，造成机械臂的损坏。

4）在使用本实验平台前请仔细阅读说明文档与安装说明书，在了解完毕后进入实验。

任务小结

本任务首先介绍了人工智能的基础知识，包括人工智能的实际应用、智能能力、人与智能机器共存等，还介绍了智能机器人的组成构建、硬件安装及使用说明，最后介绍了uArm机械臂的内容。通过任务实施，完成了机械臂操作、传送带操作、摄像头操作、显示屏操作。

通过本任务的学习，读者可对平台的基本组成和使用有更深入的了解，在实践中逐渐熟悉各项硬件设备的使用。本任务的思维导图如图1-1-21所示。

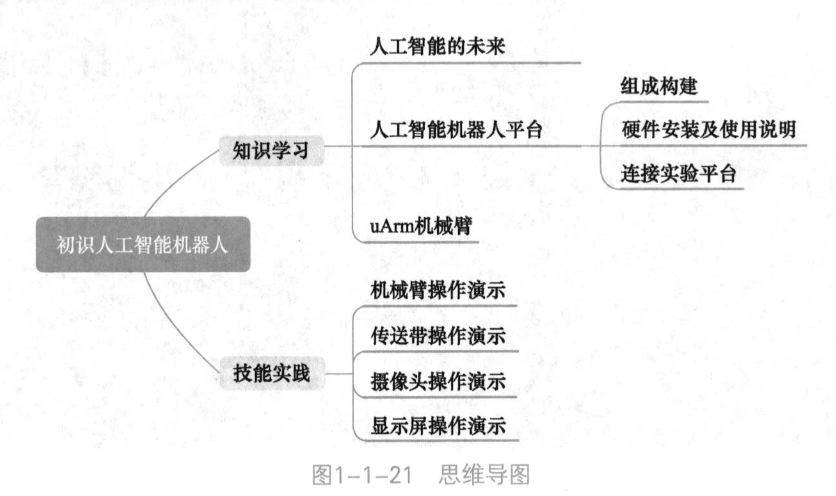

图1-1-21　思维导图

任务2　机械臂安装与机械臂空间坐标

知识目标

- 掌握机械臂的安装方法。
- 理解机械臂的空间坐标。
- 理解机械臂的运动范围。

能力目标

- 能够根据产品说明书安装机械臂。
- 能够掌握机械臂的空间坐标（即x、y、z轴上）表示。
- 能够完成机械臂运动范围极限测试。

素质目标

- 具有团队合作与解决问题的能力。
- 具有良好的职业道德精神。

任务分析

任务描述：

了解并掌握安装机械臂的详细步骤（请参考说明书），学习机械臂的空间坐标（即x、y、z轴上）表示，完成机械臂运动范围极限测试。

任务要求：

- 掌握uArm机械臂的安装方法，并成功完成机械臂的安装与搭建。
- 了解机械臂空间坐标，完成机械臂移动的相关实验。
- 了解机械臂运动范围并完成机械臂极限范围测试。

任务计划

根据所学相关知识，制订本任务的任务计划表，见表1-2-1。

表1-2-1　任务计划表

项目名称	人工智能机器人
任务名称	机械臂安装与机械臂空间坐标
计划方式	自我设计
计划要求	请用5个计划步骤来完整描述出如何完成本任务
序　　号	任 务 计 划
1	
2	
3	
4	
5	

知识储备

1. 异步装饰器

器指的是工具，可以定义成函数；装饰指的是为其他事物添加额外的东西点缀。合到一起的解释：装饰器指定义一个函数，该函数是用来为其他函数添加额外的功能，即为拓展原来函数功能的一种函数。

Python装饰器可以让被装饰的函数在不修改代码的情况下增加额外的功能，装饰器本质上是一个函数。异步装饰器为非阻塞，即在执行某项任务时不会阻塞后续或其他任务的执行。

2. 机械臂

机械臂是指高精度、多输入多输出、高度非线性、强耦合的复杂系统。因其独特的操作灵活性，已在工业装配、安全防爆等领域得到广泛应用。

机械臂是一个复杂系统，存在着参数摄动、外界干扰及未建模动态等不确定性。因而机械臂的建模模型也存在着不确定性，对于不同的任务，需要规划机械臂关节空间的运动轨迹，从而级联构成末端位姿。

知识拓展

扫一扫，详细了解机械臂。

机械臂

任务实施

1. 机械臂安装

（1）吸盘末端安装（详细流程请参考安装手册）

步骤一　吸盘安装在第四轴电动机，锁紧手拧螺钉，如图1-2-1所示。注意：若需取下吸盘，先松开手拧螺钉。

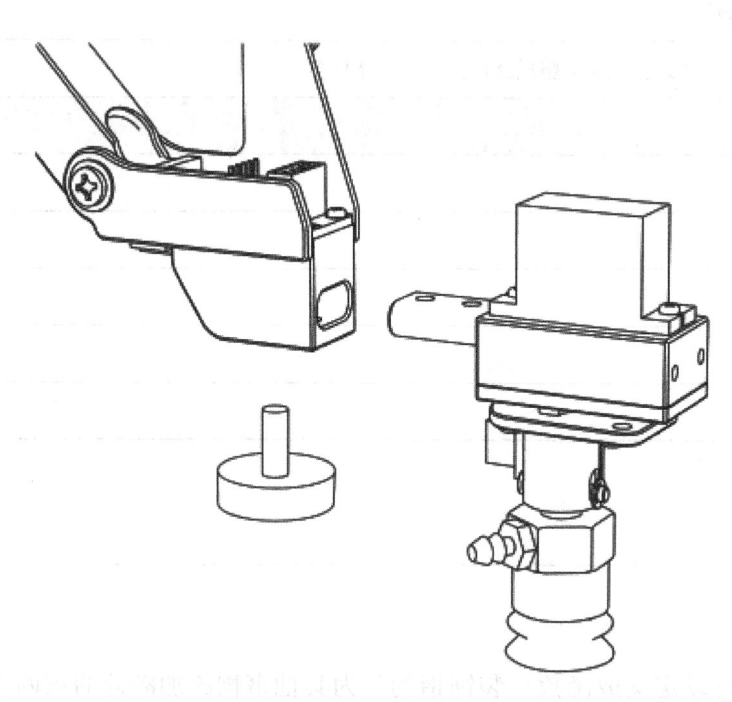

图1-2-1　螺钉位置参考

步骤二　连接第四轴电动机线、吸管及限位开关，如图1-2-2所示。

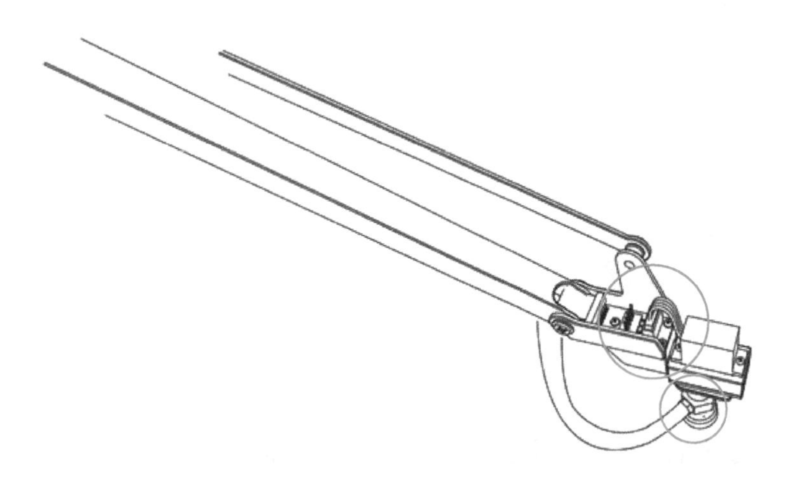

图1-2-2　连接电动机线

（2）电动夹子安装（见图1-2-3）

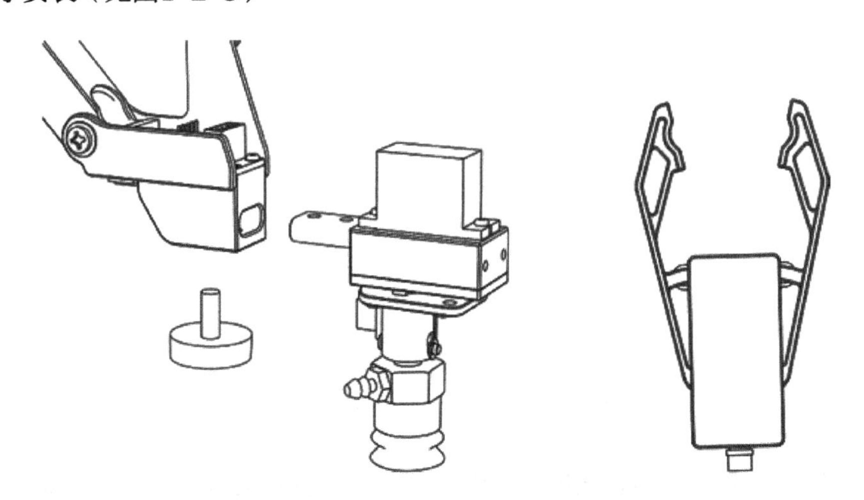

图1-2-3　吸泵（左）更换电动夹子（右）

步骤一　松开手拧螺钉，取下吸盘，如图1-2-4所示。

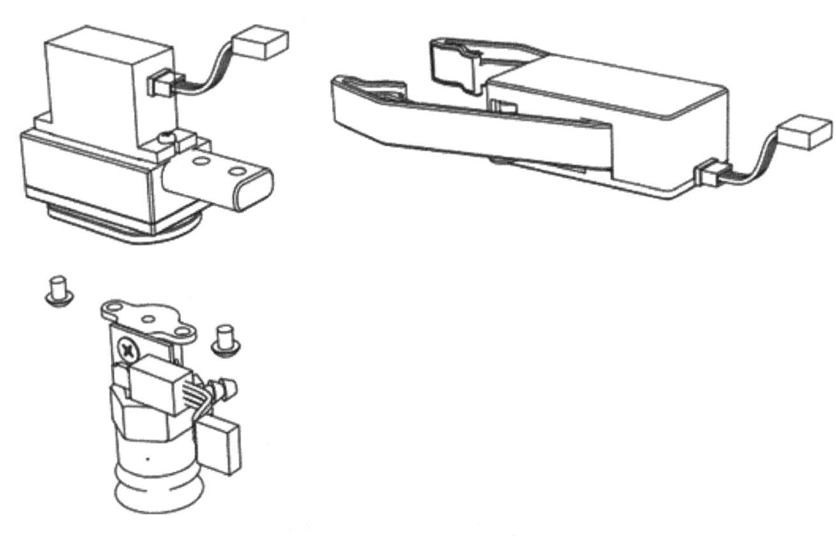

图1-2-4　取下吸盘

步骤二　装上电动夹子，锁紧固定螺钉，如图1-2-5所示。

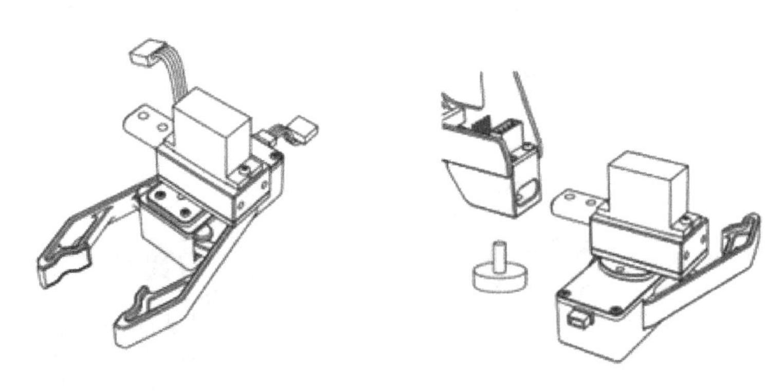

图1-2-5　装上电动夹子

步骤三　将电动夹子末端固定在机械臂上，如图1-2-6所示。

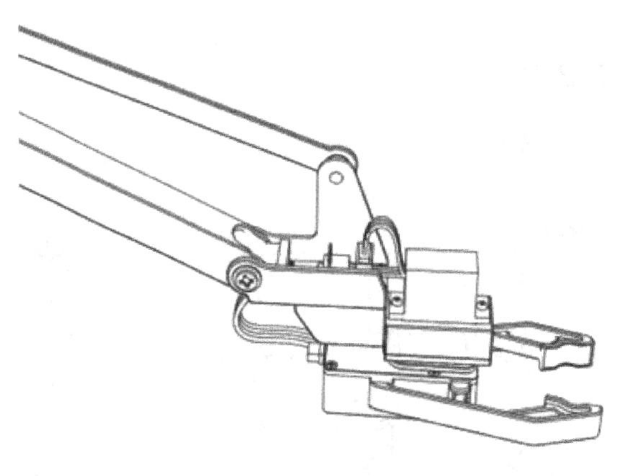

图1-2-6　将电动夹子末端固定在机械臂上

2. 机械臂空间坐标

机械臂的末端在移动过程中是通过空间坐标进行定位的，空间坐标分为x轴、y轴、z轴坐标。x轴为前后方向坐标；y轴为左右方向坐标；z轴为高度坐标。通过设置x轴、y轴、z轴的坐标来控制机械臂的定点移动，如图1-2-7所示。

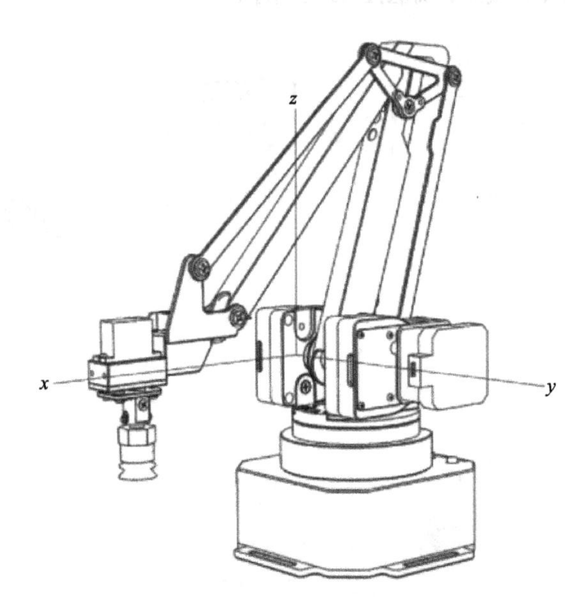

图1-2-7　机械臂的空间坐标示意图

查看机械臂设备，当机械臂挂载到开发板上后，再执行获取坐标位置代码。

```
!ls /dev/ttyACM*
```

若存在/dev/ttyACM0文件，则表示机械臂已挂载到开发板上。

将机械臂断电后末端移动到任意位置，然后接入电源，按下电源按钮，将USB线连接到开发板，执行如下命令：

```
from uarm.wrapper import SwiftAPI
import time
swift = SwiftAPI()
time.sleep(3)
now_p = swift.get_position()
print(now_p)
```

若机械臂在挂载上开发板之前执行代码报错，可重启内核，重新执行上述代码。

```
# 断开机械臂连接
swift.disconnect()
```

3. 机械臂空间运动极限测试

（1）机械臂运动空间范围

下图为机械臂运动控制范围标识区域，以机械臂底座为原点，机械臂可在扇形区域内进行180° 转向，前后346mm自由伸缩，如图1-2-8所示。

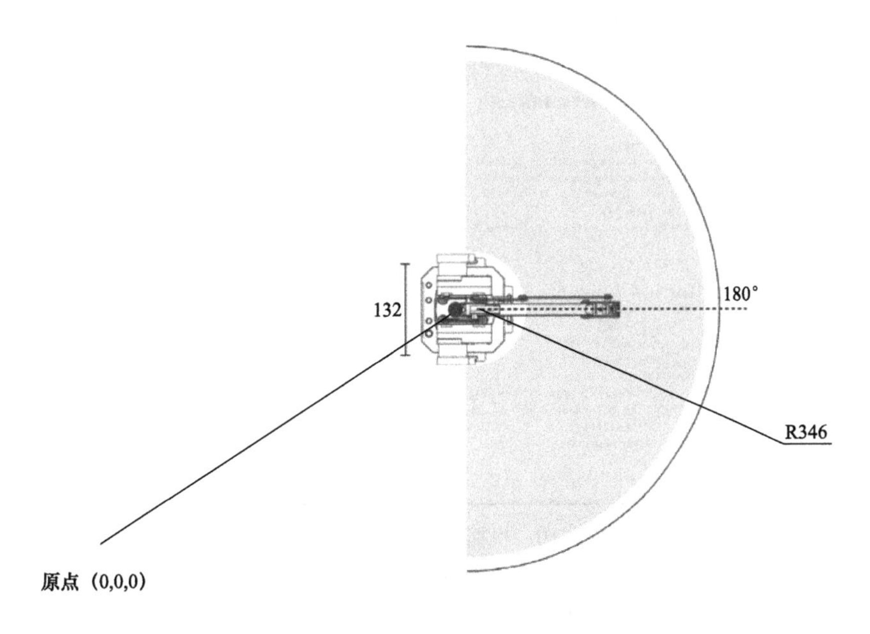

图1-2-8　机械臂运动空间范围

图1-2-9为机械臂在不同的高度能进行夹持的重量：

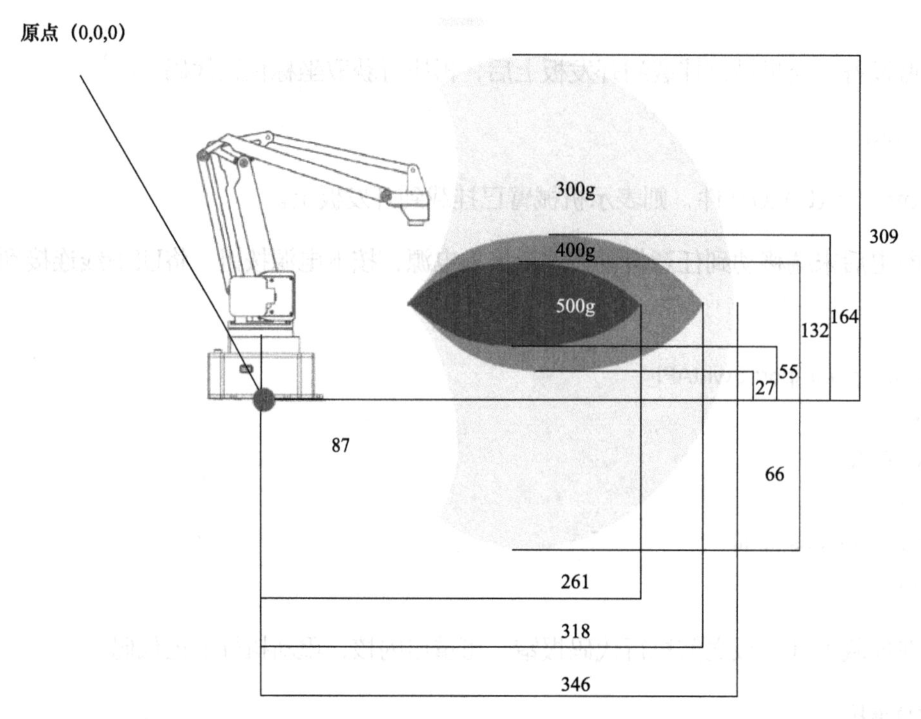

图1-2-9　机械臂重量极限测试

（2）机械臂空间运动极限测试

运行下方代码，观察机械臂移动情况，当机械臂不再移动时，应立即运行stop()函数，记录最后的坐标值，如图1-2-10所示。

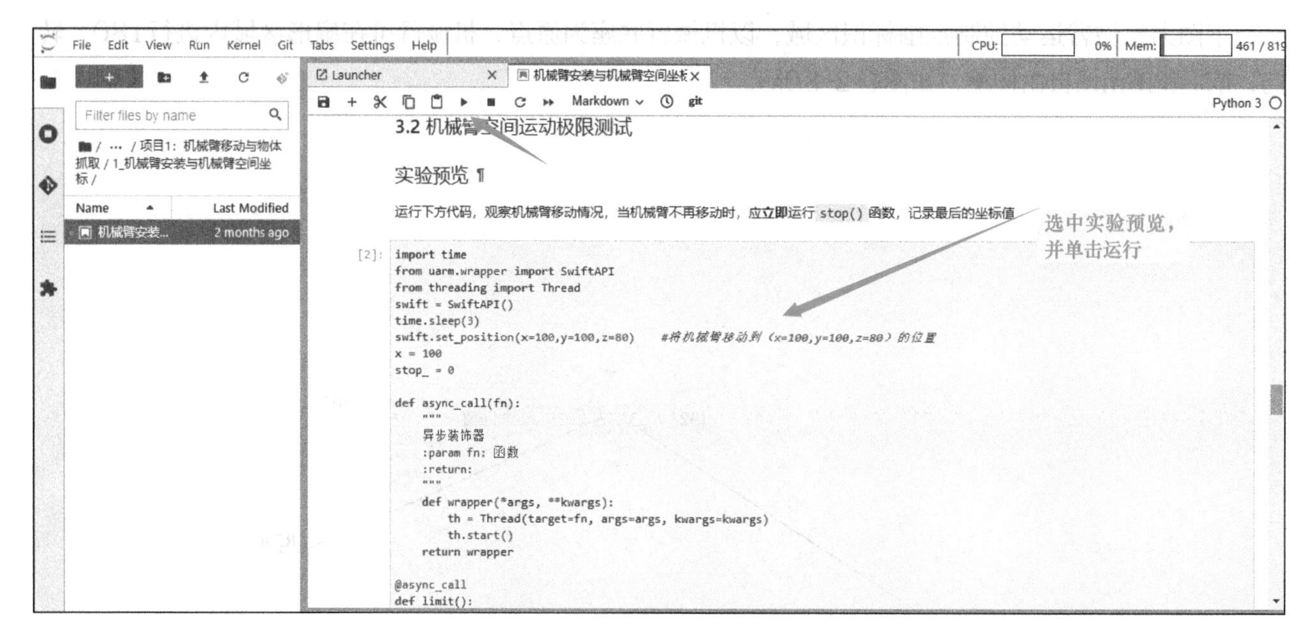

图1-2-10　机械臂空间运动极限测试界面

```
@async_call
def limit():
    global x
    while True:
        if stop_ == 1:
```

```
            break
        x += 3
        Y = 100
        Z = 80
        swift.set_position(x=x,y=y,z=z)
        print("当前坐标：x={0},y={1},z={2}".format(x,y,z))
        time.sleep(1)

def stop():
    global stop_
    stop_ = 1
    swift.disconnect()

limit()
#停止进程
stop()
```

运行结束得到的效果如图1-2-11所示，机械臂运行到指定位置。

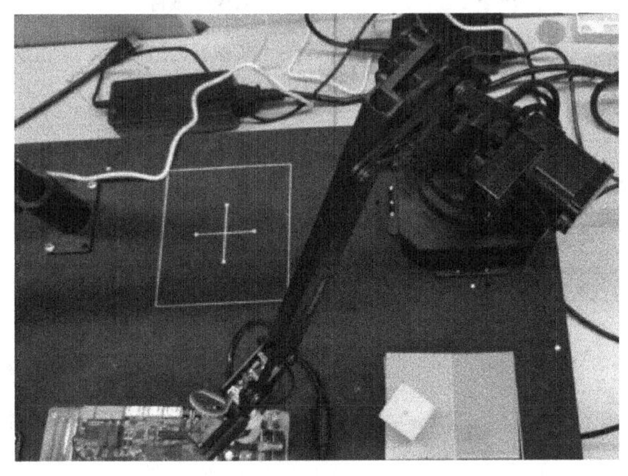

图1-2-11　机械臂运行到指定位置（此为基础版中的机械臂）

运行下方代码，观察机械臂的移动情况，当机械臂不再移动时（观察机械臂运动的位置），应立即运行stop()函数，记录最后的坐标值。

```
@async_call
def limit():
    global x
    while True:
        if stop_ == 1:
            break
        x -= 3
        Y = 100
 Z = 80
        swift.set_position(x=x,y=y,z=z)
        print("当前坐标：x={0},y={1},z={2}".format(x,y,z))
        time.sleep(1)
def stop():
```

```
        global stop_
        stop_ = 1
        swift.disconnect()
limit()
#停止进程
stop()
```

机械臂的空间坐标有3个变量，分别为x、y、z三个坐标轴，控制两个变量不变，让另一个变量在递增或递减。观察机械臂移动情况，当到某个坐标时，机械臂不再移动，则说明该坐标为极限坐标，即可判断该机械臂在空间面上的极限值。

任务小结

本任务首先介绍了异步装饰器和机械臂的相关知识。通过任务实施，完成了机械臂安装、机械臂空间坐标获取、机械臂空间运动极限测试。本任务的思维导图如图1-2-12所示。

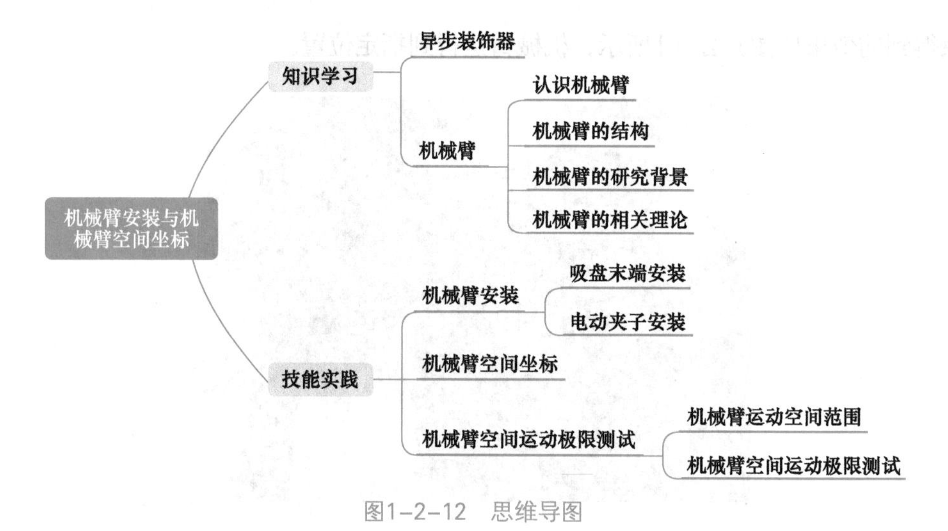

图1-2-12　思维导图

任务3　SDK方式实现机械臂三维空间移动

知识目标

- 了解Python-SDK及Python-SDK的安装方法。
- 了解Python-SDK控制机械臂的原理。

能力目标

- 能够安装Python-SDK。
- 能够使用Python-SDK控制机械臂的常用函数。
- 能够通过Python-SDK编写控制机械臂的脚本。

素质目标

- 具有团队合作与解决问题的能力。
- 具有良好的职业道德精神。

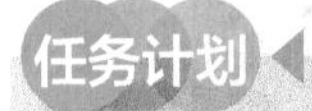

任务分析

任务描述：

了解Python-SDK并掌握安装方法，了解Python-SDK控制机械臂的原理并学会使用常用函数，学习通过Python-SDK编写控制机械臂Python脚本的方法并能够自行编写对应脚本完成所需要求。

任务要求：

- 了解SDK、Python-SDK的原理，并成功安装Python-SDK。
- 学习Python-SDK控制机械臂的原理并完成实验。
- 使用Python-SDK编写控制机械臂的Python脚本。

任务计划

根据所学相关知识，制订本任务的任务计划表，见表1-3-1。

表1-3-1　任务计划表

项目名称	人工智能机器人
任务名称	SDK方式实现机械臂三维空间移动
计划方式	自我设计
计划要求	请用5个计划步骤来完整描述出如何完成本任务
序　　号	任 务 计 划
1	
2	
3	
4	
5	

知识储备

Python-SDK基础知识

Python-SDK是一个使用Python封装的用于Swift/SwiftPro机械臂基本控制的库。Python-SDK

包含Swift/SwiftPro机械臂常用的基本操作，如移动、吸盘吸泵吸放、电动夹子基本使用以及各种拓展功能等。Python-SDK中丰富的函数，使得控制机械臂的编程变得简单。

（1）SDK相关概念

SDK（Software Development Kit）即软件开发工具包，API（Application Programming Interface）是操作系统留给应用程序的一个调用接口，应用程序通过调用操作系统的API而使操作系统去执行应用程序的命令。

（2）uArm-Python-SDK源代码阅读

进入解压出来的安装包，查看安装包源代码的目录结构，这里可以在左边的目录界面查看目录结构，如图1-3-1所示。

uArm代码目录树结构如图1-3-2所示。

/ … / 2_SDK方式实现机械臂三维空间移动 / uArm-Python-SDK-2.0 /

Name	Last Modified
build	3 months ago
dist	3 months ago
doc	3 months ago
examples	3 months ago
uarm	3 months ago
uArm_Python_SDK.egg-info	3 months ago
LICENSE	3 months ago
README.md	3 months ago
requirements.txt	3 months ago
setup.py	3 months ago

图1-3-1　SDK源代码结构

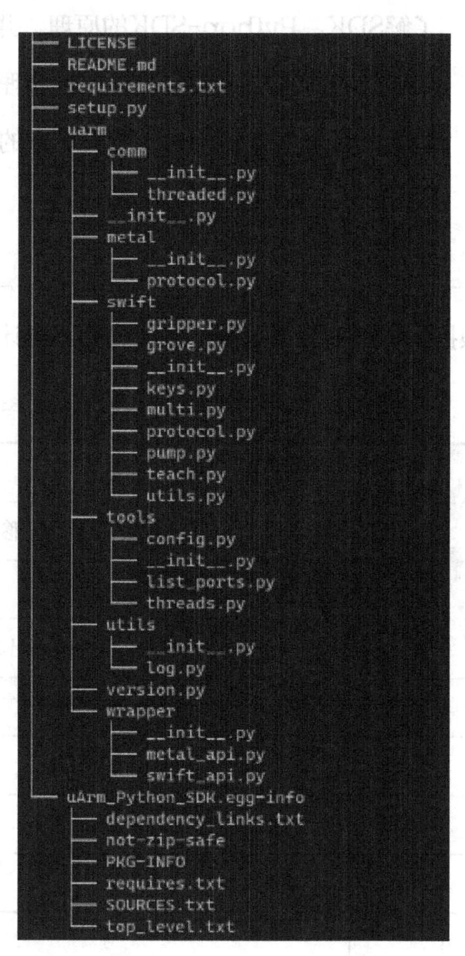

图1-3-2　代码目录树结构

当程序报错，出现bug无法运行时，可以通过阅读.py、.txt等文件来进行相关代码的修正。

如何阅读一段源代码的结构？源代码可能有几百个文件、几万行代码，要根据文件功能找入口；再进行阅读。例如，阅读一个SDK的源代码，首先查看文档中第一个调用SDK的方法。

知识拓展

扫一扫，详细了解Python-SDK的相关知识。

Python-SDK的相关知识

1. Python-SDK安装

在本任务的学习中，将要了解如何安装Python-SDK。前提环境要求：安装Python-SDK要求必须具备Python3环境，下面介绍在开发板上安装Python-SDK的方法（本任务不讲述Python3环境安装，安装步骤详情请自行查阅官网：https://www.python.org/）。

步骤一　首先解压任务同级目录下的uArm-Python-SDK-2.0.zip包，如图1-3-3所示。

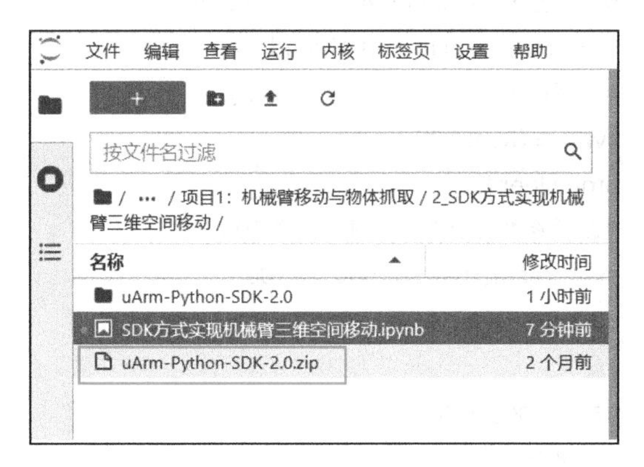

图1-3-3　解压压缩包

步骤二　使用unzip命令解压压缩包。

```
!unzip uArm-Python-SDK-2.0.zip
```

步骤三　进入安装包目录，执行安装命令。

```
!cd uArm-Python-SDK-2.0/&& python3 setup.py
```

出现图1-3-4的提示表明安装成功。

```
Installed /root/.env/lib/python3.6/site-packages/uArm_Python_SDK-2.0.6-py3.6.egg
Processing dependencies for uArm-Python-SDK==2.0.6
Searching for pyserial>3.0
Reading https://pypi.python.org/simple/pyserial/
Downloading https://files.pythonhosted.org/packages/07/bc/587a445451b253b285629263eb51c2d8e9bcea4fc978262(
3-none-any.whl#sha256=c4451db6ba391ca6ca299fb3ec7bae67a5c55dde170964c7a14ceefec02f2cf0
Best match: pyserial 3.5
Processing pyserial-3.5-py2.py3-none-any.whl
Installing pyserial-3.5-py2.py3-none-any.whl to /root/.env/lib/python3.6/site-packages

writing requirements to /root/.env/lib/python3.6/site-packages/pyserial-3.5-py3.6.egg/EGG-INFO/requires.t:
Adding pyserial 3.5 to easy-install.pth file
Installing pyserial-miniterm script to /root/.env/bin
Installing pyserial-ports script to /root/.env/bin

Installed /root/.env/lib/python3.6/site-packages/pyserial-3.5-py3.6.egg
Finished processing dependencies for uArm-Python-SDK==2.0.6
```

图1-3-4　安装成功提示

2. 使用uArm-Python-SDK编写控制机械臂的Python脚本

在之前的任务中，曾接触过装饰器，了解了它的使用方法，在接下来的任务中，将具体介绍异步装饰器并应用在SDK编写控制机械臂的Python脚本中。

Python装饰器是可以让被装饰的函数在不修改代码的情况下增加额外的功能，装饰器本质上是一个函数。异步即非阻塞，意味着在执行某项任务时不会阻塞后续或其他任务的执行。多线程是指在进程基础上开辟多个执行任务的线程。

（1）向左移动机械臂

查看机械臂设备，当机械臂挂载到开发板上后，再执行获取坐标位置的代码。

```
#对应封装代码
import time
from uarm.wrapper import SwiftAPI
from threading import Thread
#调用API实例化
swift = SwiftAPI()
time.sleep(3)
#速度参数为1000，z轴高度为100
swift.reset(speed=1000, z=100)
stop_ = False

def async_call(fn):
    #传入字典
    def wrapper(*args, **kwargs):
        th = Thread(target=fn, args=args, kwargs=kwargs)
        th.start()
    return wrapper

@async_call
def move_left():
    position = swift.get_position()
    x = position[0]
    y = position[1]
    z = position[2]
    while True:
        y = y - 2
        #坐标参数设置
        swift.set_position(x=x,y=y,z=z)
        time.sleep(0.5)
        if stop_:
          break
def stop_button():
    global stop_
    stop_ = True
    swift.disconnect()
    print("停止成功")
```

开始（单击运行，机械臂开始向左移动）：

```
move_left()
```

结束（单击运行，机械臂结束移动）：

```
stop_button()
```

（2）吸泵的开启与关闭

打开吸泵：

```
import time
from uarm.wrapper import SwiftAPI
swift = SwiftAPI()
time.sleep(3)
swift.reset(speed=1000)
swift.set_pump(on=True)
```

关闭吸泵：

```
swift.reset(speed=1000)
swift.set_pump(on=False)
time.sleep(2)
swift.disconnect()
```

任务小结

本任务首先介绍了Python-SDK的相关知识。通过任务实施，完成了Python-SDK安装、左移机械臂、开启和关闭吸泵。

通过本任务的学习，读者对SDK方式实现机械臂三维空间移动有更深入的了解，在实践中逐渐熟悉机械臂的控制流程。本任务的思维导图如图1-3-5所示。

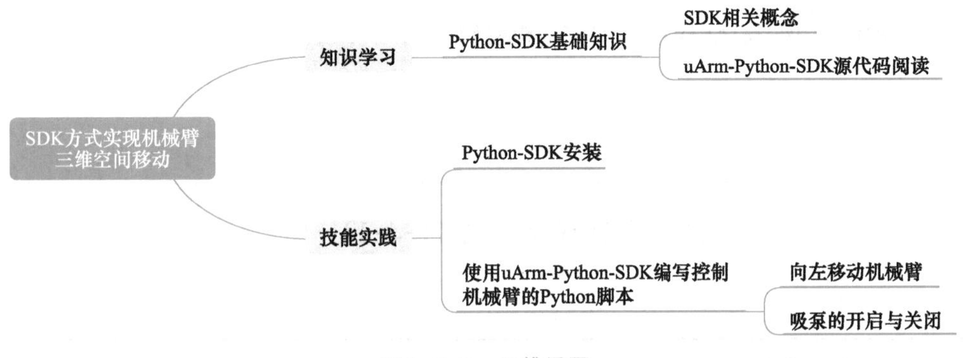

图1-3-5　思维导图

任务4　串口方式实现机械臂三维空间移动

知识目标

- 认识串口，了解波特率、数据位以及Python Serial库。
- 了解串口协议发送指令的方法和原理。

能力目标

- 能够使用Python Serial库。

- 能够使用串口协议发送指令。
- 能够读取串口返回数据，通过指令控制机械臂。
- 能够使用串口编写Python脚本控制机械臂。

素质目标

- 具有团队合作与解决问题的能力。
- 具有良好的职业道德。

任务分析

任务描述：

了解波特率、数据位以及Python Serial库，学习如何使用串口控制，了解串口协议发送指令的方法和原理，学习通过串口编写控制机械臂的Python脚本方法并能够自行编写对应脚本完成所需要求。

任务要求：

- 掌握串口协议发送指令的相关函数，并完成相关实验。
- 读取串口返回数据，得到对应结果。
- 使用常用串口控制机械臂指令，将机械臂移动到指定位置。
- 能够独立使用串口编写Python脚本控制机械臂。

任务计划

根据所学相关知识，制订本任务的任务计划表，见表1-4-1。

表1-4-1　任务计划表

项目名称	人工智能机器人
任务名称	串口方式实现机械臂三维空间移动
计划方式	自我设计
计划要求	请用5个计划步骤来完整描述出如何完成本任务
序　　号	任 务 计 划
1	
2	
3	
4	
5	

知识储备

1. 认识Python Serial库

Python Serial是Python用来进行串口操作的一个库，集成了串口常见操作，如打开串口、关闭串口、串口写数据、串口读数据等，如下所示：

- ser. close ##关闭串口
- serial. Serial ##打开串口
- ser. is_open ##判断串口是否正常开启
- ser. write ##写入数据
- ser. read ##读取数据

2. 串口通信的原理

串口通信（Serial Communication）的概念非常简单，串口按位（bit）发送和接收字节。尽管比按字节（Byte）的并行通信慢，但是串口可以在使用一根线发送数据的同时用另一根线接收数据。它很简单并且能够实现远距离通信。比如IEEE-488定义并行通行状态时，规定设备线总长不得超过20m，并且任意两个设备间的长度不得超过2m；而对于串口而言，长度可达1200m。典型地，串口用于ASCII码字符的传输，通信使用3根线完成，分别是地线、发送、接收。由于串口通信是异步的，端口能够在一根线上发送数据，同时在另一根线上接收数据。其他线用于握手，但不是必需的。串口通信最重要的参数是波特率、数据位、停止位和奇偶校验。对于两个进行通信的端口，这些参数必须匹配。

串口通信的相关参数：

波特率是一个衡量符号传输速率的参数，指的是信号被调制以后在单位时间内的变化，即单位时间内载波参数变化的次数。如每秒传送240个字符，而每个字符格式包含10位（1个起始位，1个停止位，8个数据位），这时的波特率为240，比特率为10bit×240/s=2400bit/s。一般调制速率大于波特率，比如曼彻斯特编码）。通常电话线的波特率为14400、28800和36600。波特率可以远远大于这些值，但是波特率和距离成反比。高波特率常常用于距离很近的仪器间的通信，典型的例子就是GPIB设备的通信。

数据位、起始位、停止位是由开发者自己定义的通信协议。起始位一般用作通信同步，也就是在判断发送或接收帧的起始位相同后，将这一帧视为有效帧，起始位后面就是数据位，停止位可以有也可以没有。

> **知识拓展**
>
> 扫一扫，详细了解串口通信的相关知识。
>
> 
>
> 串口通信的相关知识

任务实施

1. 安装Python Serial库

安装Python Serial库的方法是使用pip，安装指令如下：

```
!pip install pyserial
```

打开串口：

```
import serial
ser = serial.Serial("/dev/ttyACM0", 115200)  #第一个参数是设备、第二个参数是波特率
```

关闭串口：

```
ser.close()
```

串口写入数据：

```
import serial
import time
ser = serial.Serial("/dev/ttyACM0", 115200)
data = b"#5 P2205"
ser.write(data)
time.sleep(1)
ser.close()
```

串口查看返回值：

```
import serial
ser = serial.Serial("/dev/ttyACM0", 115200)
data = b"#5 P2205"
ser.write(data)
while True:
    line = ser.readline()
    print(line)
```

可以通过重启内核来停止代码中的while循环。

2. 串口方式控制机械臂移动

常见机械臂操作串口命令：

- 移动机械臂：b"G0 X<x坐标值> Y<y坐标值> Z<z坐标值> F90\n"
- 打开吸泵：b"M2231 V1\n"
- 关闭吸泵：b"M2231 V0\n"
- 读取机械臂信息：b"#5 P2205"

（1）控制机械臂移动到指定位置

```
import time
import serial
#串口通信
ser = serial.Serial("/dev/ttyACM0", 115200)
#延时
```

```
time.sleep(2)
#将机械臂移动到x=120,y=0,z=60的位置
data = b"G0 X120 Y0 Z60 F90\n"
ser.write(data)
while True:
    line = ser.readline()
    print(line)
```

（2）串口方式打开机械臂吸泵

```
import time
import serial
#串口通信
ser = serial.Serial("/dev/ttyACM0", 115200)
time.sleep(2)
data = b"M2231 V1\n"
ser.write(data)
while True:
    #读取数据
    line = ser.readline()
    print(line)
```

（3）串口方式关闭机械臂吸泵

```
import time
import serial
ser = serial.Serial("/dev/ttyACM0", 115200)
time.sleep(2)
data = b"M2231 V0\n"
ser.write(data)
while True:
    line = ser.readline()
    print(line)
```

3. 使用串口方式编写Python脚本控制机械臂

向左移动机械臂：

```
move_left()
stop()
```

向右移动机械臂：

```
move_right()
stop()
```

向前移动机械臂:

```
move_forward()
stop()
```

向后移动机械臂:

```
move_backward()
stop()
```

向上移动机械臂:

```
move_up()
stop()
```

向下移动机械臂:

```
move_down()
stop()
```

打开吸泵:

```
set_pump_on()
```

关闭吸泵:

```
set_pump_off()
```

断开连接:

```
ser.close
```

任务小结

本任务首先介绍了Python Serial库和串口通信的相关知识。通过任务实施，完成了安装Python Serial库、控制机械臂移动、串口方式打开和关闭机械臂末端吸泵、串口方式编写Python脚本控制机械臂。本任务的思维导图如图1-4-1所示。

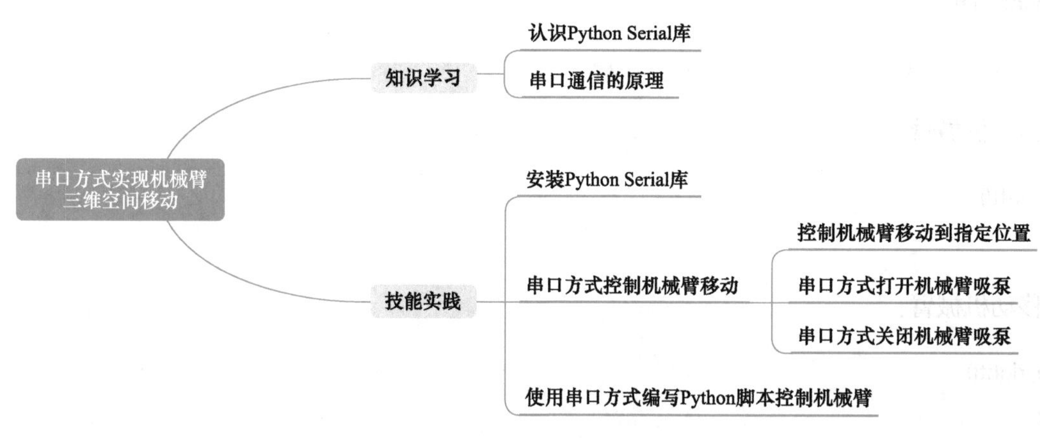

图1-4-1 思维导图

任务5 机械臂抓取指定空间位置的物体

知识目标

- 掌握Python-Serial库。
- 掌握uArm-Python-SDK控制机械臂的方法。
- 掌握串口控制机械臂的方法。

能力目标

- 能够熟练使用SDK和串口两种方法控制机械臂。
- 编写Python脚本控制机械臂并抓取指定空间位置的物体。
- 能够熟练操纵机械臂完成指定任务。

素质目标

- 具有团队合作与解决问题的能力。
- 具有良好的职业道德精神。

任务分析

任务描述：

能够熟练应用SDK以及串口两种方法编写Python脚本控制机械臂抓取指定空间位置的物体，并能够熟练操纵机械臂完成指定任务。

任务要求：

- 安装Python Serial库，能够根据实验所需使用对应函数。
- 能够使用常用串口控制机械臂指令。
- 完成脚本编写，通过串口编写Python脚本控制机械臂。

任务计划

根据所学相关知识，制订本任务的任务计划表，见表1-5-1。

表1-5-1　任务计划表

项目名称	人工智能机器人
任务名称	机械臂抓取指定空间位置的物体
计划方式	自我设计
计划要求	请用5个计划步骤来完整描述出如何完成本任务
序　　号	任务计划
1	
2	
3	
4	
5	

知识储备

1. uArm-Python-SDK核心代码结构说明

- uarm/wrapper/swift_api.py　uArm-Python-SDK核心API模块。
- uarm/tools/threads.py　线程管理模块。
- uarm/tools/list_ports.py　获取串口端口号的方法集成模块。
- uarm/tools/config.py　机械臂固定的配置文件。
- uarm/swift/protocol.py　控制机械臂过程用到的串口命令。
- uarm/swift/pump.py　吸泵控制模块。

2. uArm-Python-SDK常用函数

- swift = SwiftAPI() 连接机械臂，初始化机械臂。
- swift.reset(speed=1000) 机械臂位置重置，默认速度是1000，可根据实际需要进行调整。
- swift.get_position() 获取机械臂位置的方法，返回的是x, y, z浮点类型值。
- swift.set_position(x=100, y=100, z=80) 移动机械臂到指定坐标的方法。
- swift.set_pump(on=False) 打开或关闭吸泵，默认为Flase（关闭），打开为True。

任务实施

1. uArm-Python-SDK控制机械臂抓取物体

动手练习1

根据所学，自行编写左移机械臂的代码。下方代码中导入库、函数封装、设置参数等已完成，请根据提示补充剩余代码。执行代码，若机械臂左移，则说明填写正确。

```
import time
from uarm.wrapper import SwiftAPI
from threading import Thread
swift = SwiftAPI()
time.sleep(2)
swift.reset(speed=1000, x=180, y=0, z=100)
stop_ = False

position = swift.get_position()
x = position[0]
y = position[1]
z = position[2]

def async_call(fn):
    """
    异步装饰器
    :param fn: 函数
    :return:
    """
    def wrapper(*args, **kwargs):
        th = Thread(target=fn, args=args, kwargs=kwargs)
        th.start()
return wrapper
@async_call
def move_left():
   # 左移机械臂
    <1>根据所学内容补充代码
```

动手练习2

根据所学，自行编写右移机械臂的代码。下方代码中导入库、函数封装、设置参数等已完成，请根据提示补充剩余代码。执行代码，若机械臂右移，则说明填写正确。

```
def async_call(fn):
    """
    异步装饰器
    :param fn: 函数
    :return:
    """
    def wrapper(*args, **kwargs):
        th = Thread(target=fn, args=args, kwargs=kwargs)
```

```
        th.start()
    return wrapper
    @async_call
    def move_right():
        # 右移机械臂
        <1>根据所学内容，补充代码
```

动手练习③

根据所学，自行编写前移、后移机械臂的代码。下方代码中导入库、函数封装、设置参数等已完成，请根据提示补充剩余代码。执行代码，若机械臂前移、后移，则说明填写正确。

```
def async_call(fn):
    """
    异步装饰器
    :param fn: 函数
    :return:
    """
    def wrapper(*args, **kwargs):
        th = Thread(target=fn, args=args, kwargs=kwargs)
        th.start()
return wrapper

@async_call
def move_forward():
    # 前移机械臂
    <1>根据所学内容补充代码

@async_call
def move_backward():
    # 后移机械臂
    <2>根据所学内容补充代码
```

动手练习④

根据所学，自行编写上移、下移机械臂的代码。下方代码中导入库、函数封装、设置参数等已完成，请根据提示补充剩余代码。执行代码，若机械臂上移、下移，则说明填写正确。

```
def async_call(fn):
    """
    异步装饰器
    :param fn: 函数
    :return:
    """
    def wrapper(*args, **kwargs):
        th = Thread(target=fn, args=args, kwargs=kwargs)
        th.start()
return wrapper
```

```
@async_call
def move_up():
    '''
    上移机械臂
    '''
<1>根据所学内容补充代码

@async_call
def move_down():
    '''
    下移机械臂
    '''
    <2>根据所学内容补充代码
```

动手练习⑤

根据所学，自行编写代码。

- 在机械臂前方放置一个色块，通过执行上述脚本，控制机械臂将色块吸起，并移动机械臂，将其放置在另一个不同位置。
- 修改上述脚本，使其在实现相同功能的基础上移动速度更快。

2. 串口控制机械臂抓取物体

通过串口控制机械臂移动，并能正常使用吸泵的源代码如下：

```
import time
import serial
from threading import Thread
ser = serial.Serial("/dev/ttyACM0", 115200)
x = 180
y = 0
z = 100
stop_ = False
def reset():
    '''
    重置机械臂
    '''
    time.sleep(2)
    data = bytes("G0 X{0} Y{1} Z{2} F90\n".format(180,0,100),encoding='utf-8')
    ser.write(data)

def async_call(fn):
    """
    异步装饰器
    :param fn: 函数
    :return:
    """
    def wrapper(*args, **kwargs):
```

```
        th = Thread(target=fn, args=args, kwargs=kwargs)
        th.start()
    return wrapper

@async_call
def move_left():
    '''
    左移机械臂
    '''
    global stop_
    stop_ = True
    time.sleep(1)
    stop_ = False
    while not stop_:
        global x,y,z
        x_ = x
        y = y - 4
        y_ = y
        z_ = z
        data = bytes("G0 X{0} Y{1} Z{2} F90\n".format(x_,y_,z_),encoding='utf-8')
        ser.write(data)
        time.sleep(0.5)

@async_call
def move_right():
    '''
    右移机械臂
    '''
    global stop_
    stop_ = True
    time.sleep(1)
    stop_ = False
    while not stop_:
        global x,y,z
        x_ = x
        y = y + 4
        y_ = y
        z_ = z
        data = bytes("G0 X{0} Y{1} Z{2} F90\n".format(x_,y_,z_),encoding='utf-8')
        ser.write(data)
        time.sleep(0.5)

@async_call
def move_forward():
    '''
    前移机械臂
    '''
    global stop_
```

```
        stop_ = True
        time.sleep(1)
        stop_ = False
        while not stop_:
            global x,y,z
            x = x + 4
            x_ = x
            y_ = y
            z_ = z
            data = bytes("G0 X{0} Y{1} Z{2} F90\n".format(x_,y_,z_),encoding='utf-8')
            ser.write(data)
            time.sleep(0.5)

    @async_call
    def move_backward():
        '''
        后移机械臂
        '''
        global stop_
        stop_ = True
        time.sleep(1)
        stop_ = False
        while not stop_:
            global x,y,z
            x = x - 4
            x_ = x
            y_ = y
            z_ = z
            data = bytes("G0 X{0} Y{1} Z{2} F90\n".format(x_,y_,z_),encoding='utf-8')
            ser.write(data)
            time.sleep(0.5)

    @async_call
    def move_up():
        '''
        上移机械臂
        '''
        global stop_
        stop_ = True
        time.sleep(1)
        stop_ = False
        while not stop_:
            global x,y,z
            x_ = x
            y_ = y
            z = z + 4
            z_ = z
```

```
            data = bytes("G0 X{0} Y{1} Z{2} F90\n".format(x_,y_,z_),encoding='utf-8')
            ser.write(data)
            time.sleep(0.5)

@async_call
def move_down():
    '''
    下移机械臂
    '''
    global stop_
    stop_ = True
    time.sleep(1)
    stop_ = False
    while not stop_:
        global x,y,z
        x_ = x
        y_ = y
        z = z - 4
        z_ = z
        data = bytes("G0 X{0} Y{1} Z{2} F90\n".format(x_,y_,z_),encoding='utf-8')
        ser.write(data)
        time.sleep(0.5)

@async_call
def set_pump_on():
    '''
    打开吸泵
    '''
    data = b"M2231 V1\n"
    ser.write(data)

@async_call
def set_pump_off():
    '''
    关闭吸泵
    '''
    data = b"M2231 V0\n"
    ser.write(data)

def stop():
    global stop_
    stop_ = True
    print("停止成功")


reset()
```

动手练习⑥

在<1>、<2>处补上代码，使得机械臂能够正常使用和关闭吸泵。

```
import time
from uarm.wrapper import SwiftAPI
from threading import Thread
swift = SwiftAPI()
time.sleep(2)
swift.reset(speed=1000, x=180, y=0, z=100)
stop_ = False

position = swift.get_position()
x = position[0]
y = position[1]
z = position[2]
def async_call(fn):
    """
    异步装饰器
    :param fn: 函数
    :return:
    """
    def wrapper(*args, **kwargs):
        th = Thread(target=fn, args=args, kwargs=kwargs)
        th.start()
    return wrapper

@async_call
def set_pump_on():
    '''
    打开吸泵
    '''
    <1>

@async_call
def set_pump_off():
    '''
    关闭吸泵
    '''
    <2>

def stop_button():
    global stop_
    stop_ = True
    print("停止成功")
```

任务小结

本任务首先介绍了uArm-Python-SDK控制机械臂抓取物体、串口控制机械臂抓取物体的相关理论知识，包括对应函数的核心代码解释说明、异步装饰器等，接着展开对应的实验。

通过本任务的学习，读者将对机械臂控制有更深入的了解，在实践中逐渐熟悉机械臂抓取物体的方法。本任务的思维导图如图1-5-1所示。

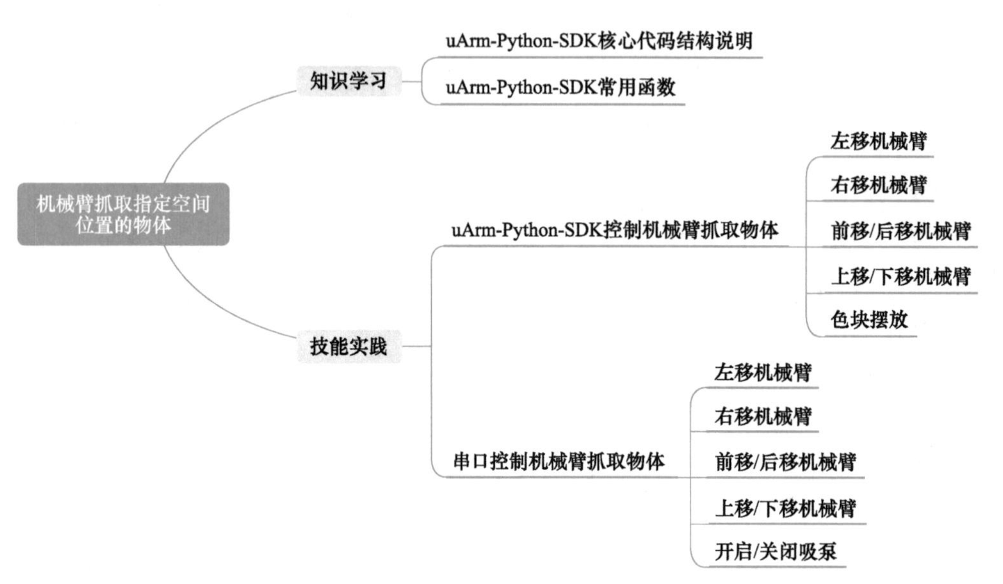

图1-5-1 思维导图

项目2

通过GPIO实现传送带运行

项目导入

17世纪中叶，美国开始应用架空索道传送散状物料；19世纪中叶，各种现代结构的传送带输送机相继出现；1868年，在英国出现了皮带式传送带输送机；1887年，在美国出现了螺旋输送机；1905年，在瑞士出现了钢带式输送机；1906年，在英国和德国出现了惯性输送机。此后，传送带输送机受到机械制造、电气、化工和冶金工业技术进步的影响不断完善，逐步由完成车间内部的传送发展到完成在企业内部、企业之间甚至城市之间的物料搬运，成为物料搬运系统机械化和自动化不可缺少的组成部分。

利用工作构件的旋转运动或往复运动，或利用介质在管道中的流动使物料向前输送。例如，辊子输送机的工作构件为一系列辊子，辊子做旋转运动以输送物料；螺旋输送机的工作构件为螺旋，螺旋在料槽中做旋转运动以沿料槽推送物料；振动输送机的工作构件为料槽，料槽做往复运动以输送置于其中的物料。

未来传送带设备将向着大型化、扩大使用范围、物料自动分拣、降低能量消耗、减少污染等方面发展。大型化包括大输送能力、大单机长度和大输送倾角等几个方面。水力输送装置的长度已达440km以上；带式输送机的单机长度已近15km，并已出现由若干台组成联系甲乙两地的“带式输送道”。不少国家正在探索长距离、大运量连续输送物料的更完善的输送机结构。扩大输送机的使用范围是指发展能在高温、低温条件下有腐蚀性、放射性、易燃性物质的环境中工作的，以及能输送炽热、易爆、易结团、黏性物料的传送带设备。

本项目要实现的GPIO传送带如图2-0-1所示。

图2-0-1 GPIO传送带

任务1 使用开发板GPIO控制传送带运行

知识目标

- 了解GPIO的定义及作用。
- 了解PWM的相关知识。

能力目标

- 能够使用GPIO控制传送带正转、反转。
- 能够基于GPIO完成传送带模块实验。

素质目标

- 具有认真严谨的工作态度，能及时完成任务。
- 具有综合运用各种工具处理任务需求的能力。

任务分析

任务描述：

了解GPIO的原理，学习使用GPIO控制传送带正转、反转，并完成基于GPIO的传送带模块实验。

任务要求：

- 完成传送带正转实验，实现传送带正向运行。
- 完成传送带反转实验，实现传送带反向运行。
- 基于GPIO完成传送带模块实验，了解GPIO的原理，学会使用GPIO、PWM，能够设置周期值、占空比。

任务计划

根据所学相关知识，制订本任务的任务计划表，见表2-1-1。

表2-1-1 任务计划表

项目名称	通过GPIO实现传送带运行
任务名称	使用开发板GPIO控制传送带运行
计划方式	自我设计
计划要求	请用5个计划步骤来完整描述出如何完成本任务

（续）

序　号	任务计划
1	
2	
3	
4	
5	

知识储备

GPIO

GPIO（General Purpose I/O Ports）为通用I/O端口。在嵌入式系统中，经常需要控制许多结构简单的外部设备或者电路，这些设备有的需要通过CPU控制，有的需要CPU提供输入信号。在此情况下，使用传统的串口或者并口控制设备就会比较复杂，所以在嵌入式微处理器上通常会提供一种通用I/O端口，也就是GPIO。

在最基本的层面上，GPIO是指计算机主板或附加卡上的一组引脚。这些引脚可以发送或接收电信号，但它们不为任何特定目的而设计，这就是为什么它们被称为通用I/O端口。而USB或DVI等常见端口的每个引脚都有指定的用途，由制定标准的管理机构确定。

GPIO在每个设备上的具体细节可能有所不同，但其理念始终是允许用户接收或发送电信号到任何设备。GPIO最常见的用途是操作定制电子设备。无论是构建机械臂还是创建气象站，GPIO接口都可以自定义信号，以便正确操作设备。

本任务使用的GPIO模块（见图2-1-1）是在SysfsGPIO接口的基础上实现的。Sysfs是一种GPIO访问，通过内核暴露给用户空间。

SysfsGPIO：通过Sysfs方式控制GPIO，先访问"/sys/class/gpio"目录，向export文件写入GPIO编号，使得该GPIO的操作接口从内核空间暴露到用户空间。GPIO的操作接口包括direction和value等，direction控制GPIO方向，value控制GPIO输出或获得GPIO输入。GPIO的文件I/O操作有4个函数：open、close、read、write。

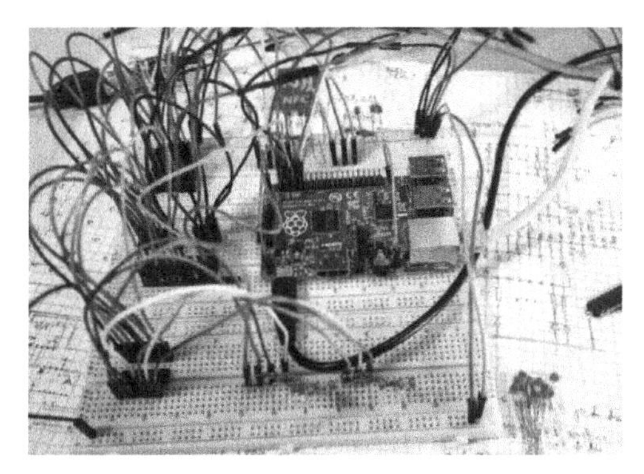

图2-1-1　GPIO模块

知识拓展

扫一扫，详细了解GPIO和PWM的原理、定义等相关知识。

GPIO和PWM的原理、定义

任务实施

1. 实验预览

步骤一 首先打开项目2任务1使用开发板GPIO控制传送带运动部分，单击“实验预览”部分的代码框，如图2-1-2所示。

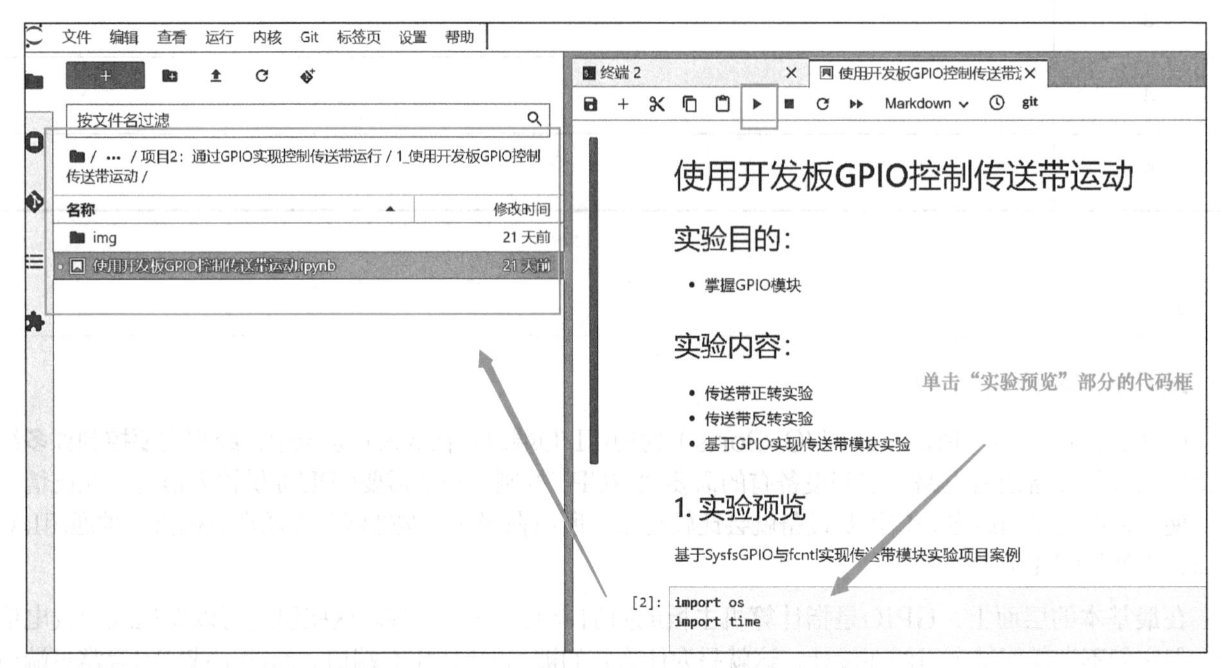

图2-1-2 单击“实验预览”部分的代码框

步骤二 运行主函数，如图2-1-3所示。

步骤三 查看运行结果，并与实验视频进行对照，查看结果是否相同。

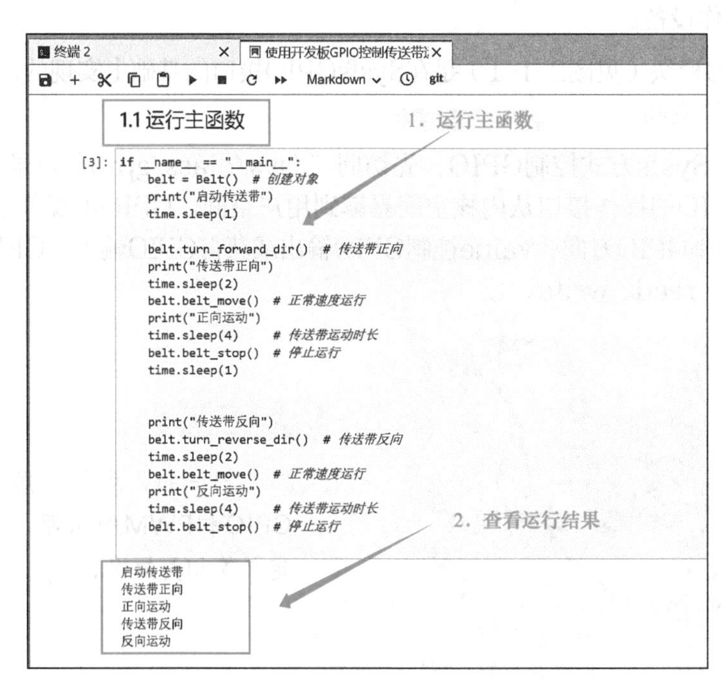

图2-1-3 运行主函数并查看运行结果

本任务的源代码如下：

```
def turn_forward_dir(self):
        """
        传送带正转
        :return:
        """
        os.system('echo 33 > /sys/class/gpio/export')
        os.system('echo out > /sys/class/gpio/gpio33/direction')
        os.system('echo 1 > /sys/class/gpio/gpio33/value')
        time.sleep(0.1)
        os.system('echo 33 > /sys/class/gpio/unexport')

def turn_reverse_dir(self):
        """
        传送带反转
        :param command:
        :return:
        """
        os.system('echo 33 > /sys/class/gpio/export')
        os.system('echo out > /sys/class/gpio/gpio33/direction')
        os.system('echo 0 > /sys/class/gpio/gpio33/value')
        time.sleep(0.1)
        os.system('echo 33 > /sys/class/gpio/unexport')

def belt_move(self):
        """
        传送带正常运行
        :return:
        """
        self.set_gpio_value(0)
        self.enable = 1
        start_cmd = 'echo ' + str(self.enable) + ' > /sys/class/pwm/pwmchip0/pwm0/enable'
        os.system(start_cmd)
def belt_stop(self):
        """
        传送带停止
        :param command:
        :return:
        """
        self.enable = 0
        stop_cmd = 'echo ' + str(self.enable) + ' > /sys/class/pwm/pwmchip0/pwm0/enable'
        os.system(stop_cmd)
        self.set_gpio_value(1)
```

主函数：

```
if __name__ == "__main__":
   belt = Belt() # 创建对象
```

```
print("启动传送带")
time.sleep(1)

belt.turn_forward_dir() # 传送带正向
print("传送带正向")
time.sleep(2)
belt.belt_move() # 正常速度运行
print("正向运动")
time.sleep(4)    # 传送带运动时长
belt.belt_stop() # 停止运行
time.sleep(1)

print("传送带反向")
belt.turn_reverse_dir() # 传送带反向
time.sleep(2)
belt.belt_move() # 正常速度运行
print("反向运动")
time.sleep(4)    # 传送带运动时长
belt.belt_stop() # 停止运行
```

运行结果如图2-1-4所示。

当传送带识别出结果并开始正向/反向运动则表示运行成功，如图2-1-5所示。

```
启动传送带
传送带正向
正向运动
传送带反向
反向运动
```

图2-1-4　运行结果

图2-1-5　传送带进行正向、反向运动

2. 使用GPIO控制传送带运行

GPIO接口路径为“/sys/class/gpio/gpioN/”，其具有以下读/写属性：

- direction：可填的值有in和out，表示输入和输出两种方向。通常可以写入该值。当写入值为out时默认为将value初始化为low。

- value：可填的值有low:0或high:1。如果GPIO被配置为out，则可以写入该值；任何非零值都被视为高值。

为确保无故障操作，可写入value的low和high，以将GPIO配置为具有该初始值的输出。请注意，如果内核不支持更改GPIO的方向，或者它是由内核代码导出的，且内核代码没有明确地允许用户空间重新配置这个GPIO，则该属性将不存在。

用于获得用户空间对GPIO控制的接口：/sys/class/gpio#echo N>export/unexport

- export：用户空间要求内核导出控制。

示例：echo 19>export，将创建一个GPIO19节点，通过将其编号19写入文件，将GPIO连接到用户空间。

- unexport：反转导出到用户空间。

示例：echo 19>unexport，将删除GPIO19节点。

GPIO的使用如图2-1-6所示，详细代码及说明如下：

```
root@debian10:/sys/class/gpio# ls
export  gpio11  gpio35  gpio4   gpio55  gpio65  gpio89     gpiochip128  gpiochip64  unexport
gpio10  gpio32  gpio36  gpio54  gpio56  gpio88  gpiochip0  gpiochip32   gpiochip96
root@debian10:/sys/class/gpio# echo 33 > export
root@debian10:/sys/class/gpio# ls
export  gpio11  gpio33  gpio36  gpio54  gpio56  gpio88  gpiochip0    gpiochip32  gpiochip96
gpio10  gpio32  gpio35  gpio4   gpio55  gpio65  gpio89  gpiochip128  gpiochip64  unexport
root@debian10:/sys/class/gpio# echo out > gpio33/direction
root@debian10:/sys/class/gpio# cat gpio33/value
0
root@debian10:/sys/class/gpio# echo 1 > gpio33/value
root@debian10:/sys/class/gpio# cat gpio33/value
1
root@debian10:/sys/class/gpio# ls
export  gpio11  gpio33  gpio36  gpio54  gpio56  gpio88  gpiochip0    gpiochip32  gpiochip96
gpio10  gpio32  gpio35  gpio4   gpio55  gpio65  gpio89  gpiochip128  gpiochip64  unexport
root@debian10:/sys/class/gpio# echo 33 > unexport
root@debian10:/sys/class/gpio# ls
export  gpio11  gpio35  gpio4   gpio55  gpio65  gpio89     gpiochip128  gpiochip64  unexport
gpio10  gpio32  gpio36  gpio54  gpio56  gpio88  gpiochip0  gpiochip32   gpiochip96
```

图2-1-6　GPIO的使用

```
#开始设置GPIO11 35
root@debian10:/sys/class/gpio# ls #查看GPIO接口
export gpio11 gpio35 gpio4 gpio55 gpio65 gpio89  gpiochip128 gpiochip64 unexport
gpio10 gpio32 gpio36 gpio54 gpio56 gpio88 gpiochip0 gpiochip32 gpiochip96
root@debian10:/sys/class/gpio# echo 33 > export        #创建一个GPIO33节点
root@debian10:/sys/class/gpio# ls
export gpio11 gpio33 gpio36 gpio54 gpio56 gpio88 gpiochip0  gpiochip32 gpiochip96
gpio10 gpio32 gpio35 gpio4 gpio55 gpio65 gpio89 gpiochip128 gpiochip64 unexport
root@debian10:/sys/class/gpio# echo out > gpio33/direction #GPIO33输出
root@debian10:/sys/class/gpio# cat gpio33/value
0
root@debian10:/sys/class/gpio# echo 1 > gpio33/value    #输入高电平1
root@debian10:/sys/class/gpio# cat gpio33/value
1
root@debian10:/sys/class/gpio# ls
export gpio11 gpio33 gpio36 gpio54 gpio56 gpio88 gpiochip0  gpiochip32 gpiochip96
gpio10 gpio32 gpio35 gpio4 gpio55 gpio65 gpio89 gpiochip128 gpiochip64 unexport
root@debian10:/sys/class/gpio# echo 33 > unexport       #删除GPIO33
root@debian10:/sys/class/gpio# ls
export gpio11 gpio35 gpio4 gpio55 gpio65 gpio89  gpiochip128 gpiochip64 unexport
gpio10 gpio32 gpio36 gpio54 gpio56 gpio88 gpiochip0 gpiochip32 gpiochip96
```

（1）导入相关的库

```
import os
import time
```

（2）设置传送带正转方向

```
os.system('echo 33 > /sys/class/gpio/export')
os.system('echo out > /sys/class/gpio/gpio33/direction')
os.system('echo 1 > /sys/class/gpio/gpio33/value')
time.sleep(0.1)
os.system('echo 33 > /sys/class/gpio/unexport')
```

函数说明

- os.system(command)：command为需要在shell中执行的命令语句。
- shell命令中，echo的语句格式一般有两种：echo "内容"：直接在终端输出内容；echo "内容" > 文件名称：向文件里写入内容。

代码注释：

- 通过echo 33 > /sys/class/gpio/export创建一个GPIO33节点。
- 通过echo out > /sys/class/gpio/gpio33/direction设置GPIO方向为输出方向。
- 通过echo 1 > /sys/class/gpio/gpio33/value将方向设置为正转。
- 通过time.sleep(0.1)设置休眠时间为0.1s，防止在设置过程中因为设备延迟而导致失败。
- 设置完成后，通过echo 33 > /sys/class/gpio/unexport删除传送带节点。

（3）PWM驱动

步骤一 查看PWM驱动。

/sys/class/pwm/pwmchipN：目录是为每个探测到的PWM控制器/芯片创建的，其中N是PWM芯片的基础。

```
# 查看PWM控制器
! ls /sys/class/pwm/
```

步骤二 调出PWM0接口。

os.path.exists(path)：用于判断路径path是否存在，若存在则返回True，不存在则返回False。

1）path如果写成绝对路径形式，则直接判断绝对路径path是否存在。

2）path如果写成相对路径形式，则从当前目录为起点，检查相对path是否存在。

```
if not os.path.exists('/sys/class/pwm/pwmchip0/pwm0'):
    os.system('echo 0 > /sys/class/pwm/pwmchip0/export')
```

代码注释：

- 通过os.path.exists()判断/sys/class/pwm/pwmchip0/pwm0是否存在。

● 若不存在，则通过echo 0 > /sys/class/pwm/pwmchip0/export调出【PWM0】接口。

步骤三 设置PWM0属性。

```
period = 1000*1000                    #设置频率为寄存器周期值
duty = 50                             #设置占空比为50%
reverse = 'normal'                    #输出是否反向
enable = 0                            #是否使能
if os.path.exists('/sys/class/pwm/pwmchip0/pwm0'):
  duty_cmd = 'echo ' + str(0) + ' > /sys/class/pwm/pwmchip0/pwm0/duty_cycle'
    os.system(duty_cmd)
  period_cmd = 'echo ' + str(period) + ' > /sys/class/pwm/pwmchip0/pwm0/period'
    os.system(period_cmd)
  duty_cmd = 'echo ' + str(int((period * duty) /100)) + ' > /sys/class/pwm/pwmchip0/pwm0/duty_cycle'
    os.system(duty_cmd)
  reverse_cmd = 'echo ' + reverse + ' > /sys/class/pwm/pwmchip0/pwm0/polarity'
    os.system(reverse_cmd)
  stop_cmd = 'echo ' + str(enable) + ' > /sys/class/pwm/pwmchip0/pwm0/enable'
    os.system(stop_cmd)
```

代码注释：

- 通过os.path.exists()判断/sys/class/pwm/pwmchip0/pwm0是否存在，若存在则继续执行。
- 通过'echo ' + str(0) + > /sys/class/pwm/pwmchip0/pwm0/duty_cycle'先将duty占空比值设置为0。
- 通过'echo ' + str(self.period) + ' > /sys/class/pwm/pwmchip0/pwm0/period'将period周期值设置为1000000。
- 通过'echo ' + str(int((self.period * self.duty) /100)) + ' > /sys/class/pwm/pwmchip0/pwm0/duty_cycle''将'duty'占空比值设置为500000。
- 通过'echo ' + self.reverse + ' > /sys/class/pwm/pwmchip0/pwm0/polarity'将polarity是否反向值设置为normal。
- 通过'echo ' + str(self.enable) + ' > /sys/class/pwm/pwmchip0/pwm0/enable'将enable是否使能值设置为0。

（4）正向运行传送带

步骤一 关闭针脚休眠，本任务中针脚的编号为42。

```
os.system('echo 42 > /sys/class/gpio/export')
os.system('echo out > /sys/class/gpio/gpio42/direction')
os.system('echo 0 > /sys/class/gpio/gpio42/value')
time.sleep(0.1)
os.system('echo 42 > /sys/class/gpio/unexport')
```

代码注释：

- 通过echo 42 > /sys/class/gpio/export创建一个GPIO42节点。

- 通过echo out > /sys/class/gpio/gpio42/direction设置GPIO方向为输出方向。
- 通过echo 0 > /sys/class/gpio/gpio42/value设置为关闭休眠状态。
- 设置完成后，通过echo 42 > /sys/class/gpio/unexport删除针脚节点。

步骤二 将PWM设置为使能状态，启动传送带。

```
enable = 1
start_cmd = 'echo ' + str(enable) + ' > /sys/class/pwm/pwmchip0/pwm0/enable'
os.system(start_cmd)
```

代码注释：

- 通过echo ' + str(enable) + ' > /sys/class/pwm/pwmchip0/pwm0/enable将enable是否使能值设置为1。

（5）正向停止传送带

步骤一 将PWM设置为不使能，停止传送带转动。

```
enable = 0
start_cmd = 'echo ' + str(enable) + ' > /sys/class/pwm/pwmchip0/pwm0/enable'
os.system(start_cmd)
```

代码注释：

- 通过'echo ' + str(enable) + ' > /sys/class/pwm/pwmchip0/pwm0/enable'将enable是否使能值设置为0。

步骤二 打开针脚休眠，本任务中针脚的编号为42。

代码注释：

- 通过echo 42 > /sys/class/gpio/export创建一个GPIO42节点。
- 通过echo out > /sys/class/gpio/gpio42/direction设置GPIO方向为输出方向。
- 通过echo 1 > /sys/class/gpio/gpio42/value设置为打开休眠状态。
- 设置完成后，通过echo 42 > /sys/class/gpio/unexport删除针脚节点。

注：如果没有进入休眠状态，传送带还是处于工作状态，就会消耗电能，产生热量。

（6）设置传送带反转方向

本任务中传送带的编号为33。

动手练习❶

- 在<1>处，使用os.system()函数，通过echo 33 > /sys/class/gpio/export创建一个GPIO33传送带节点。
- 在<2>处，使用os.system()函数，通过echo out > /sys/class/gpio/gpio33/direction设置GPIO方向为输出方向。
- 在<3>处，使用os.system()函数，通过echo 0 > /sys/class/gpio/gpio33/value设置为反转方向。

- 在<4>处，使用os.system()函数，通过echo 33 > /sys/class/gpio/unexport删除传送带节点。

```
<1>
<2>
<3>
time.sleep(0.1)
<4>
```

填写完成后执行代码，输出返回值为0，则说明填写正确。

（7）反向运行传送带

步骤一　关闭针脚休眠，本任务中针脚的编号为42。

动手练习②

- 在<1>处，使用os.system()函数，通过echo 42 > /sys/class/gpio/export创建一个GPIO42针脚节点。
- 在<2>处，使用os.system()函数，通过echo out > /sys/class/gpio/gpio42/direction设置GPIO方向为输出方向。
- 在<3>处，使用os.system()函数，通过echo 0 > /sys/class/gpio/gpio42/value设置为反转方向。
- 在<4>处，使用os.system()函数，通过echo 42 > /sys/class/gpio/unexport删除针脚节点。

```
<1>
<2>
<3>
time.sleep(0.1)
<4>
```

填写完成后执行代码，输出返回值为0，则说明填写正确。

步骤二　将PWM设置为使能状态，启动传送带。

动手练习③

- 在<1>处，定义'echo' + str(enable) + ' > /sys/class/pwm/pwmchip0/pwm0/enable'赋值给变量start_cmd。

```
enable = 1
<1>
os.system(start_cmd)
```

填写完成后执行代码，输出返回值为0，则说明填写正确。

（8）反向停止传送带

步骤一　将PWM设置为不使能，停止传送带转动。

代码注释：

- 通过'echo ' + str(enable) + ' > /sys/class/pwm/pwmchip0/pwm0/enable'将enable是否使能值设置为0。

动手练习④

- 在<1>处，定义'echo' + str(enable) + ' > /sys/class/pwm/pwmchip0/pwm0/enable'赋值给变量stop_cmd。

```
enable = 0
<1>
os.system(stop_cmd)
```

填写完成后执行代码，输出返回值为0，则说明填写正确。

步骤二 打开针脚休眠，本任务中针脚的编号为42。

动手练习⑤

- 在<1>处，使用os.system()函数，通过echo 42 > /sys/class/gpio/export创建一个GPIO42针脚节点。
- 在<2>处，使用os.system()函数，通过echo out > /sys/class/gpio/gpio42/direction设置GPIO方向为输出方向。
- 在<3>处，使用os.system()函数，通过echo 1 > /sys/class/gpio/gpio42/value设置为打开休眠状态。
- 在<4>处，使用os.system()函数，通过echo 42 > /sys/class/gpio/unexport删除针脚节点。

```
<1>
<2>
<3>
time.sleep(0.1)
<4>
```

填写完成后执行代码，输出返回值为0，则说明填写正确。

注：若没有进入休眠状态，传送带还是处于工作状态，就会消耗电能，产生热量。

任务小结

本任务了解了GPIO的原理，学习了如何使用相应命令去控制GPIO开启、关闭，设置GPIO状态，赋给GPIO特定的0、1高低电平值。掌握了使用GPIO控制传送带的命令，并完成正转、反转等实验，基于GPIO完成传送带模块实验。

通过本任务的学习，读者可对GPIO传送带的基本组成和使用有更深入的了解，在实践中逐渐熟悉GPIO的使用。本任务的思维导图如图2-1-7所示。

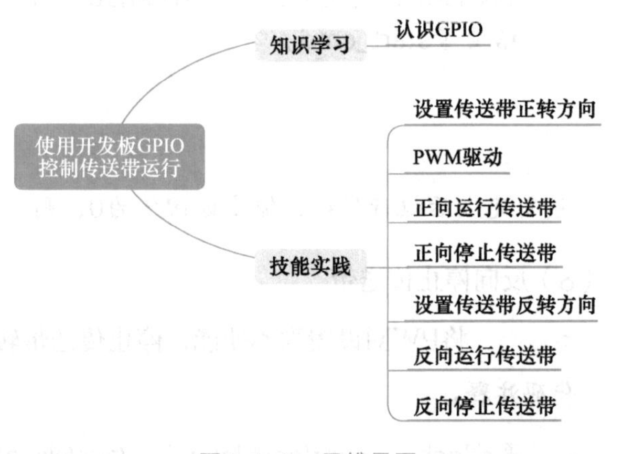

图2-1-7 思维导图

任务2 编写Python脚本控制传送带运动

知识目标

- 了解控制传送带的原理。

能力目标

- 能够使用SysfsGPIO库。
- 能够调用不同挡位控制传送带。
- 能够封装传送带模块。

素质目标

- 具有团队合作与解决问题的能力。
- 具有良好的职业道德。

任务分析

任务描述：

了解控制传送带的原理，学习设置传送带挡速，掌握编写Python脚本实现不同挡位控制传送带运动。

任务要求：

- 完成传送带模块封装的编写。
- 调用不同挡位控制传送带。

任务计划

根据所学相关知识，制订本任务的任务计划表，见表2-2-1。

表2-2-1 任务计划表

项目名称	通过GPIO实现传送带运行
任务名称	编写Python脚本控制传送带运动
计划方式	自我设计
计划要求	请用5个计划步骤来完整描述出如何完成本任务

（续）

序　号	任务计划
1	
2	
3	
4	
5	

知识储备

1. 文件描述符

Linux系统中把一切都看作文件（一切皆文件），当进程打开现有文件或创建新文件时，内核向进程返回一个文件描述符。文件描述符就是内核为了高效管理已被打开的文件所创建的索引，用来指向被打开的文件，所有执行I/O操作的系统调用都会通过文件描述符。

内核（Kernel）利用文件描述符（File Descriptor）来访问文件。文件描述符是非负整数。打开现存文件或新建文件时，内核会返回一个文件描述符。读写文件也需要使用文件描述符来指定需要读写的文件。

文件描述符、文件、进程间的关系：

1）每个文件描述符会与一个打开的文件相对应。

2）不同的文件描述符也可能指向同一个文件。

3）相同的文件可以被不同的进程打开，也可以在同一个进程被多次打开。

2. 函数封装

函数封装是一种函数的功能，它把一个程序员写的一个或者多个功能通过函数、类的方式封装起来，对外只提供一个简单的函数接口。当程序员在写程序的过程中需要执行同样的操作时，程序员（调用者）不需要写同样的函数来调用，直接可以从函数库里面调用。程序员也可以从网络上下载功能函数，然后封装到编译器的库函数中，当需要执行这一功能函数时，直接调用即可。程序员不必知道函数内部是如何实现的，只需要知道这个函数或者类提供什么功能。

简单说，就是工程量比较大时，可以采取函数封装的方法实现函数的重复使用。

任务实施

传送带启停流程图如图2-2-1所示。

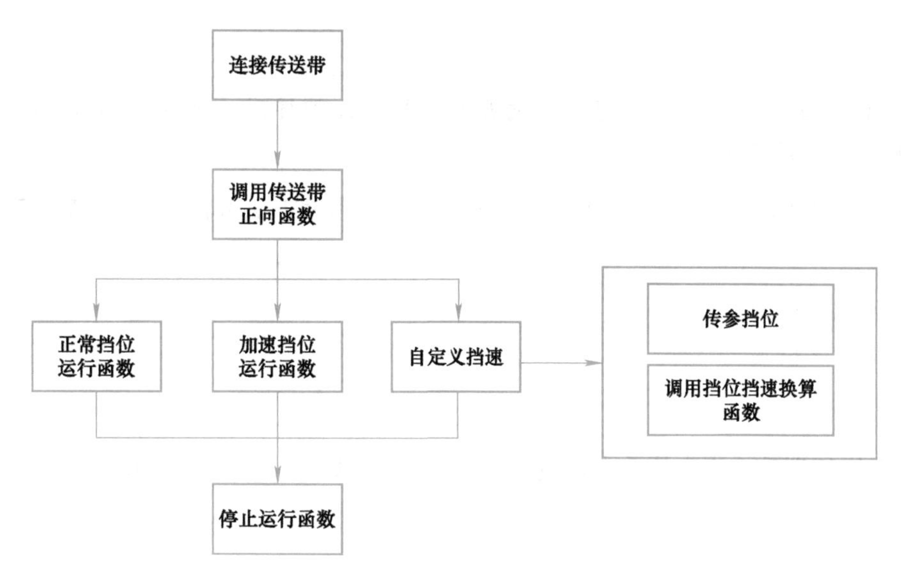

图2-2-1　传送带启停流程图

1. 基于SysfsGPIO实现传送带模块实验

（1）运行主函数

```
import os
from gpio4 import SysfsGPIO
import time

# 900*1000~1500*1000PWM的周期，对应挡位0~6
PWM_STEP_MIN = 0  # 速度挡位最小值
PWM_STEP_MAX = 6  # 速度挡位最大值
PWM_STEP_VALUE = 100

if __name__ == "__main__":
    belt = Belt()
    print("启动传送带")
    time.sleep(1)
```

（2）基于SysfsGPIO控制传送带运动

如需加深了解，可自行查看GPIO4源代码(./python_gpio4.py)。

步骤一　导入相关的库。

os：处理文件和目录。

gpio4：通用输入/输出端口。

```
import os
from gpio4 import SysfsGPIO
import time
```

步骤二　设置传送带默认正向运动。

动手练习❶

传送带GPIO接口编号为33，可通过查询开发板接口文档得到。通过SysfsGPIO类创建pin对象，用于将GPIO连接到用户空间。

- 在<1>处，用SysfsGPIO类创建接口编号33的控制接口，创建pin对象，设置GPIO方向为输出方向。

```
# 定义开发板的GPIO接口
dir_gpio = 33
pin = <1>
print(pin)
```

填写完成后执行代码，输出结果类似<gpio33 unexported at -0x7ffffff8083 fd17e>，则说明填写正确。

```
pin.export = True
pin.direction = 'out'
# 传送带正转
pin.value = 1
time.sleep(0.1)
```

函数说明

- gpio4：控制开发板GPIO。
- pin.export = True：将上面创建的对象pin中编号33写入export文件，请求接口，创建一个GPIO33节点。
- pin.direction = out：表示GPIO信号方向为输出方向。
- pin.value = 1：表示传送带运行方向为正转方向。
- time.sleep(0.1)：休眠时间为0.1s，是用于防止代码执行速度过快且设备还未响应而导致的一些错误。
- pin.export = False：将编号33写入unexport文件，删除GPIO33节点，退出GPIO连接。

（3）设置PWM驱动

步骤一 调出PWM0接口。

os. path. exists (path)：用于判断路径path是否存在，若存在则返回True，不存在则返回False。

1）path如果写成绝对路径的形式，则直接判断绝对路径path是否存在。

2）path如果写成相对路径的形式，则以当前目录为起点，检查相对路径path是否存在。

判断PWM0接口是否存在。若不存在，则请求接口。

```
if not os.path.exists('/sys/class/pwm/pwmchip0/pwm0'):
    os.system('echo 0 > /sys/class/pwm/pwmchip0/export')
pin.export = False
```

步骤二 PWM驱动属性设置。

os.popen(command[, mode[, bufsize]])：用于从一个命令打开一个管道。

函数说明

- command：使用的命令。
- mode：模式权限可以是r（默认）或w。
- bufsize：指明了文件需要的缓冲大小。0表示无缓冲；1表示行缓冲；其他正值表示使用参数大小的缓冲（大概值，以字节为单位）。负值表示使用系统的默认值，一般来说，对于tty设备，它是行缓冲；对于其他文件，它是全缓冲。如果没有改参数，则使用系统的默认值。

返回一个文件描述符号为fd的打开的文件对象。

```
period = 1000000             # 频率需要转换为寄存器周期值
duty = 50                    # 占空比需要转换为寄存器占空比值
reverse = 'normal'           # 输出是否反向
enable = 0                   # PWM是否使能，1为使能，0为不使能
if os.path.exists('/sys/class/pwm/pwmchip0/pwm0'):
  if duty > 100 or duty < 0:   # 占空比设置范围在0～100
    print("duty set error,set duty 100%")
    duty = 100
  duty_cycle = os.popen('cat /sys/class/pwm/pwmchip0/pwm0/duty_cycle')
  duty_value = duty_cycle.read()        # 获取开发板中占空比的值
  period1 = os.popen('cat /sys/class/pwm/pwmchip0/pwm0/period')
  period_value = period1.read()  # 获取开发板中周期的值
  if int(duty_value) > int(period_value):  # 如果当前的duty_value大于要设置的周期值，则先设置duty_cycle
    duty_cmd = 'echo ' + str(int((period * duty) / 100)) + ' > /sys/class/pwm/pwmchip0/pwm0/duty_cycle'
    os.system(duty_cmd)
    period_cmd = 'echo ' + str(period) + ' > /sys/class/pwm/pwmchip0/pwm0/period'
    os.system(period_cmd)
  else:
    period_cmd = 'echo ' + str(period) + ' > /sys/class/pwm/pwmchip0/pwm0/period'
    os.system(period_cmd)
    duty_cmd = 'echo ' + str(
      int((period * duty) / 100)) + ' > /sys/class/pwm/pwmchip0/pwm0/duty_cycle'
    os.system(duty_cmd)
  reverse_cmd = 'echo ' + reverse + ' > /sys/class/pwm/pwmchip0/pwm0/polarity'
    os.system(reverse_cmd)
  stop_cmd = 'echo ' + str(enable) + ' > /sys/class/pwm/pwmchip0/pwm0/enable'
    os.system(stop_cmd)
```

（4）关闭针脚休眠

动手练习2

针脚休眠接口编号为42，可通过查询开发板接口文档获得。通过SysfsGPIO类创建pin对象，用于将GPIO连接到用户空间。

- 在<1>处，实例化一个连接操作接口SysfsGPIO类为对象sleep_pin，接口编号为42。

- 在<2>处，将sleep_pin.export赋值为True，用于激活端口。
- 在<3>处，将sleep_pin.direction控制GPIO的输出方向为out。
- 在<4>处，将sleep_pin.value赋值为0，关闭休眠模式。
- 在<5>处，将sleep_pin.export赋值为False，用于关闭端口。

```
<1>
<2>
<3>
# 关闭休眠模式
<4>
<5>
```

（5）启动传送带

将PWM设置为使能状态，启动传送带运动。

```
enable = 1
start_cmd = 'echo ' + str(enable) + ' > /sys/class/pwm/pwmchip0/pwm0/enable'
os.system(start_cmd)
```

（6）停止传送带并设置针脚休眠

动手练习③

- 在<1>处，将0赋值给变量enable。
- 在<2>处，定义字符串'echo ' + str(enable) + ' > /sys/class/pwm/pwmchip0/pwm0/enable'，用于停止传送带运动。
- 在<3>处，将sleep_pin.value赋值为1，打开休眠模式。

```
# 停止传送带
<1>
start_cmd = <2>
os.system(start_cmd)
# 设置针脚休眠
sleep_pin = SysfsGPIO(42)
sleep_pin.export = True
sleep_pin.direction = 'out'
<3> # 打开休眠模式
sleep_pin.export = False
```

2. 编写Python脚本实现传送带不同挡位的运动

（1）编写传送带基础类

先编写传送带控制类基本功能。

```
class Belt(object):
  def __init__(self):
    try:
      self.step = 3          # 中速挡位
      self.period = 1100000    # 设置频率需要转换为设置寄存器周期值
```

```
            self.duty = 50              # 占空比duty需要转换为设置寄存器占空比值
            self.reverse = 'normal'  # 输出是否反向
            self.enable = 0             # PWM是否使能 1：使能  0：不使能
            self.turn_forward_dir()  # 默认方向：正向
            self.init_set_pwm()
        except Exception as e:
            print(e)  # 打印所有异常到屏幕

    def init_set_pwm(self):
        if not os.path.exists('/sys/class/pwm/pwmchip0/pwm0'):                #os
            os.system('echo 0 > /sys/class/pwm/pwmchip0/export')
        if os.path.exists('/sys/class/pwm/pwmchip0/pwm0'):
            if self.duty > 100 or self.duty < 0:
                print("duty set error,set duty 100%")
                self.duty = 100
            duty_cycle = os.popen('cat /sys/class/pwm/pwmchip0/pwm0/duty_cycle')
            duty_value = duty_cycle.read()
            period1 = os.popen('cat /sys/class/pwm/pwmchip0/pwm0/period')
            period_value = period1.read()
            if int(duty_value) > int(period_value): # 当前的duty_value大于要设置的周期period值，先设置duty_cycle
                duty_cmd = 'echo ' + str(
                    int((self.period * self.duty) / 100)) + ' > /sys/class/pwm/pwmchip0/pwm0/duty_cycle'
                os.system(duty_cmd)
                period_cmd = 'echo ' + str(self.period) + ' > /sys/class/pwm/pwmchip0/pwm0/period'
                os.system(period_cmd)
            else:
                period_cmd = 'echo ' + str(self.period) + ' > /sys/class/pwm/pwmchip0/pwm0/period'
                os.system(period_cmd)
                duty_cmd = 'echo ' + str(
                    int((self.period * self.duty) / 100)) + ' > /sys/class/pwm/pwmchip0/pwm0/duty_cycle'
                os.system(duty_cmd)
            reverse_cmd = 'echo ' + self.reverse + ' > /sys/class/pwm/pwmchip0/pwm0/polarity'
            os.system(reverse_cmd)
            stop_cmd = 'echo ' + str(self.enable) + ' > /sys/class/pwm/pwmchip0/pwm0/enable'
            os.system(stop_cmd)
```

函数说明

- 继承object对象，使用__init__在实例化时传入参数定义变量，便于初始化/设置一些属性值。
- 定义Belt类中的函数，函数需要传入self参数，self参数指的是类实例对象本身（注意：不是类本身）。例如：def __init__(self)。
- 定义传送带Belt类属性：self.step、self.period、self.duty、self.reverse、self.enable。
- 使用self.turn_forward_dir()和self.init_set_pwm()定义传送带正转方向，因为当前self.enable = 0，所以不启动传送带。

（2）封装函数——设置针脚休眠

通过SysfsGPIO实例化编号42对象并赋值给sleep_pin，设置针脚属性export、direction、

value，完成针脚休眠设置。

```
def set_sleep_mode(self, enable):
    """
    设置针脚休眠
    :return:
    """
    sleep_pin = SysfsGPIO(42)
    sleep_pin.export = True
    sleep_pin.direction = 'out'
    if enable == 1:
        sleep_pin.value = 1  # 打开休眠模式
    else:
        sleep_pin.value = 0  # 关闭休眠模式
    time.sleep(0.1)

    sleep_pin.export = False值
```

（3）封装函数——传送带正转

仿照（2）的设置，通过SysfsGPIO实例化编号33对象并赋值给pin，设置针脚属性export、direction、value，完成传送带正转设置。

```
def turn_reverse_dir(self):
    """
    传送带反转
    :param command:
    :return:
    """
    pin = SysfsGPIO(33)
    pin.export = True
    pin.direction = 'out'
    pin.value = 0
    time.sleep(0.1)
    pin.export = False
```

（4）封装函数——挡速计算

首先判断设置的挡位是否大于最大值，或者小于最小值。若是，则将挡位重新赋值为最大值或最小值，然后进行周期值换算。

```
def convert_fre(self, step):
    """
    挡速计算
    :param step: 挡位
    :return: 返回挡速
    """
if step < PWM_STEP_MIN:  # 判断挡速是否小于最小值
```

```
        step = PWM_STEP_MIN
    elif step > PWM_STEP_MAX: # 判断挡速是否大于最大值
        step = PWM_STEP_MAX
    self.period = (1500 - step * PWM_STEP_VALUE) * 1000 # 挡位换算成挡速
    return self.period
```

（5）封装函数——设置传送带挡速

读取当前duty_value值，若大于要设置的周期值，则先设置duty_cycle，防止设置报错。

```
def set_belt_reg(self, period, enable):
    """
    设置传送带挡速
    :param period: 周期
    :param enable: PWM输出是否使能
    :return: None
    """
    duty_cycle = os.popen('cat /sys/class/pwm/pwmchip0/pwm0/duty_cycle')
    duty_value = duty_cycle.read()
    if int(duty_value) > period: # 若当前的duty_value大于要设置的周期值，则先设置duty_cycle
        duty_cmd = 'echo ' + str(int((period * self.duty) / 100)) + ' > /sys/class/pwm/pwmchip0/pwm0/duty_cycle'
        os.system(duty_cmd)
        period_cmd = 'echo ' + str(period) + ' > /sys/class/pwm/pwmchip0/pwm0/period'
        os.system(period_cmd)
    else:
        period_cmd = 'echo ' + str(period) + ' > /sys/class/pwm/pwmchip0/pwm0/period'
        os.system(period_cmd)
        duty_cmd = 'echo ' + str(
            int((period * self.duty) / 100)) + ' >/sys/class/pwm/pwmchip0/pwm0/duty_cycle'
        os.system(duty_cmd)
stop_cmd = 'echo ' + str(enable) + ' > /sys/class/pwm/pwmchip0/pwm0/enable'
    os.system(stop_cmd)
```

（6）封装函数——传送带正常运行

1）关闭针脚休眠。

2）定义3挡位为正常运行挡速。

3）定义PWM为使能状态。

4）调用函数进行挡位换算。

5）调用函数设置传送带挡速并启动传送带。

```
def belt_move(self):
    """
    传送带正常运行
    :return:
    """
```

```
    self.set_sleep_mode(0)
    self.step = 3
    self.enable = 1
    self.period = self.convert_fre(self.step)  # 挡位换算
    self.set_belt_reg(self.period, self.enable)  # 设置传送带挡速
    pass
```

（7）封装函数——传送带加速运行

仿照步骤（6），将self. step挡位变量设置为6，使得传送带加速运行。

```
def belt_fast_move(self):
    """
    传送带加速运行 挡位6
    :param command:
    :return: None
    """
    self.set_sleep_mode(0)
    self.enable = 1  # PWM使能
    self.step = 6  # 挡位6
    self.period = self.convert_fre(self.step)  # 挡位换算
    self.set_belt_reg(self.period, self.enable)  # 设置传送带挡速
    pass
```

（8）封装函数——传送带自定义挡位

1）为函数增加一个挡位参数，用于自定义挡位设置。

2）将传入的参数step赋值给self. step挡位变量，使得能够调用该函数进行自定义挡位设置。

```
def belt_set_move_step(self, step):
    """
    传送带设置自定义挡位 0~6
    :param command: step 挡位
    :return:
    """
    self.set_sleep_mode(0)
    self.enable = 1  #  PWM使能
    self.step = step  # 自定义挡位
    self.period = self.convert_fre(self.step)   # 换算成对应的挡位
    self.set_belt_reg(self.period, self.enable)  # 设置传送带挡速
    pass
```

（9）封装函数——传送带停止

1）定义PWM为终止使能状态。

2）传入set_belt_reg函数中，停止传送带。

3）调用设置针脚休眠函数，打开针脚休眠。避免传送带在不工作的状态下一直消耗电能产生热量，使得电动机发热。

```
def belt_stop(self):
    """
    传送带停止
    :param command:
    :return:
    """
    self.enable = 0
    self.set_belt_reg(self.period, self.enable) # 设置传送带挡速
    self.set_sleep_mode(1)
```

3. 传送带完整类

将上述封装的函数叠加到Belt传送带类中。

```
import os
from gpio4 import SysfsGPIO
import time
# 900*1000~1500*1000PWM的周期 对应挡位0~6
PWM_STEP_MIN = 0 # 速度挡位最小值
PWM_STEP_MAX = 6 # 速度挡位最大值

PWM_STEP_VALUE = 100
class Belt(object):
def __init__(self):
      try:
         self.step = 3           # 中速挡位
         self.period = 1100000     # 频率需要转换为寄存器周期值
         self.duty = 50           # 占空比需要转换为寄存器占空比值
         self.reverse = 'normal'   # 输出是否反向
         self.enable = 0          # PWM是否使能，1为使能  0为不使能
         self.turn_forward_dir()   # 默认方向：正向
         self.init_set_pwm()
      except Exception as e:
         print(e) # 打印所有异常到屏幕

   def init_set_pwm(self):
      if not os.path.exists('/sys/class/pwm/pwmchip0/pwm0'):
         os.system('echo 0 > /sys/class/pwm/pwmchip0/export')
      if os.path.exists('/sys/class/pwm/pwmchip0/pwm0'):
         if self.duty > 100 or self.duty < 0:
            print("duty set error,set duty 100%")
            self.duty = 100
         duty_cycle = os.popen('cat /sys/class/pwm/pwmchip0/pwm0/duty_cycle')
         duty_value = duty_cycle.read()
         period1 = os.popen('cat /sys/class/pwm/pwmchip0/pwm0/period')
         period_value = period1.read()
         if int(duty_value) > int(period_value): # 若当前的duty_value大于要设置的周期值，则先设置duty_cycle
```

```
            duty_cmd = 'echo ' + str(int((self.period * self.duty) / 100)) + ' > /sys/class/pwm/pwmchip0/pwm0/duty_cycle'
            os.system(duty_cmd)
            period_cmd = 'echo ' + str(self.period) + ' > /sys/class/pwm/pwmchip0/pwm0/period'
            os.system(period_cmd)
        else:
            period_cmd = 'echo ' + str(self.period) + ' > /sys/class/pwm/pwmchip0/pwm0/period'
            os.system(period_cmd)
            duty_cmd = 'echo ' + str(
                int((self.period * self.duty) / 100)) + ' >/sys/class/pwm/pwmchip0/pwm0/duty_cycle'
            os.system(duty_cmd)
            reverse_cmd = 'echo ' + self.reverse + ' > /sys/class/pwm/pwmchip0/pwm0/polarity'
            os.system(reverse_cmd)
        stop_cmd = 'echo ' + str(self.enable) + ' > /sys/class/pwm/pwmchip0/pwm0/enable'
        os.system(stop_cmd)

    def convert_fre(self, step):
        """
        挡速计算
        :param step: 挡位
        :return: 返回挡速
        """
        if step < PWM_STEP_MIN:  # 判断挡速是否小于最小值
            step = PWM_STEP_MIN
        elif step > PWM_STEP_MAX:  # 判断挡速是否大于最大值
            step = PWM_STEP_MAX
        self.period = (1500 - step * PWM_STEP_VALUE) * 1000  # 挡位换算成挡速
        return self.period

    def turn_forward_dir(self):
        """
        传送带正转
        :param gpio: 开发板的GPIO口
        :return:
        """
        pin = SysfsGPIO(33)
        pin.export = True
        pin.direction = 'out'
        pin.value = 1
        time.sleep(0.1)
        pin.export = False

    def turn_reverse_dir(self):
        """
        传送带反转
        :param command:
        :return:
```

```
        """
        pin = SysfsGPIO(33)
        pin.export = True
        pin.direction = 'out'
        pin.value = 0
        time.sleep(0.1)
        pin.export = False

    def set_sleep_mode(self, enable):
        """
        设置针脚休眠
        :return:
        """
        sleep_pin = SysfsGPIO(42)
        sleep_pin.export = True
        sleep_pin.direction = 'out'
        if enable == 1:
            sleep_pin.value = 1  # 打开休眠模式
        else:
            sleep_pin.value = 0  # 关闭休眠模式
        time.sleep(0.1)
        sleep_pin.export = False

    def set_belt_reg(self, period, enable):
        """
        设置传送带挡速
        :param period: 周期
        :param enable: PWM输出是否使能
        :return: None
        """
        duty_cycle = os.popen('cat /sys/class/pwm/pwmchip0/pwm0/duty_cycle')
        duty_value = duty_cycle.read()
        if int(duty_value) > period:  # 若当前的duty_value大于要设置的周期值，则先设置duty_cycle
            duty_cmd = 'echo ' + str(int((period * self.duty) / 100)) + ' > /sys/class/pwm/pwmchip0/pwm0/duty_cycle'
            os.system(duty_cmd)
            period_cmd = 'echo ' + str(period) + ' >/sys/class/pwm/pwmchip0/pwm0/period'
            os.system(period_cmd)
        else:
            period_cmd = 'echo ' + str(period) + ' > /sys/class/pwm/pwmchip0/pwm0/period'
            os.system(period_cmd)
            duty_cmd = 'echo ' + str(
            int((period * self.duty) / 100)) + ' > /sys/class/pwm/pwmchip0/pwm0/duty_cycle'
            os.system(duty_cmd)
        stop_cmd = 'echo ' + str(enable) + ' > /sys/class/pwm/pwmchip0/pwm0/enable'
        os.system(stop_cmd)

    def belt_move(self):
```

```
        """
        传送带正常运行
        :return:
        """
        self.set_sleep_mode(0)
        self.step = 3
        self.enable = 1
        self.period = self.convert_fre(self.step)   # 挡位换算
        self.set_belt_reg(self.period, self.enable) # 设置传送带挡速
        pass

    def belt_fast_move(self):
        """
        传送带加速运行 挡位6
        :param command:
        :return: None
        """
        self.set_sleep_mode(0)
        self.enable = 1  # PWM使能
        self.step = 6  # 挡位6
        self.period = self.convert_fre(self.step)   # 挡位换算
        self.set_belt_reg(self.period, self.enable) # 设置传送带挡速
        pass

    def belt_set_move_step(self, step):
        """
        传送带设置自定义挡位 0~6
        :param command: step 挡位
        :return:
        """
        self.set_sleep_mode(0)
        self.enable = 1 # PWM使能
        self.step = step # 自定义挡位
        self.period = self.convert_fre(self.step)   # 挡位换算
        self.set_belt_reg(self.period, self.enable) # 设置传送带挡速
        pass

    def belt_stop(self):
        """
        传送带停止
        :param command:
        :return:
        """
        self.enable = 0
        self.set_belt_reg(self.period, self.enable) # 设置传送带挡速
        self.set_sleep_mode(1)
```

调用传送带类：实现传送带各功能的调用，按照先后顺序分别完成传送带正转和反转的正常运行、加速运行和自定义挡速运行。

```
belt = Belt()  # 创建对象
print("启动传送带")
time.sleep(1)

belt.turn_forward_dir() # 传送带正向
print("传送带正向")
time.sleep(2)
belt.belt_move() # 正常速度运行
print("正常速度运行")
time.sleep(3) # 传送带运动时长

belt.belt_fast_move() # 加速运行
print("加速运行")
time.sleep(3) # 传送带运动时长

belt.belt_set_move_step(2) # 自定义
print("自定义挡速: 2")
time.sleep(3) # 传送带运动时长
belt.belt_stop() # 停止运行
time.sleep(1)
```

动手练习4

编写Python脚本调用封装好的传送带基础类，再调用Belt类控制传送带运动，按照以下要求完成实验：

通过SysfsGPIO类创建pin对象，用于将GPIO连接到用户空间。

- 在<1>处实例化一个Belt类对象为belt。
- 在<2>处用对象belt调用类中函数turn_reverse_dir()，设置传送带运动方向为反向。
- 在<3>处使用对象belt调用类中函数belt_move()，设置传送带以正常的速度运行。
- 在<4>处使用对象belt调用类中函数belt_fast_move()，设置传送带加速运行。
- 在<5>处使用对象belt调用类中函数belt_set_move_step()，设置以挡速2运行传送带。
- 在<6>处使用对象belt调用类中函数belt_stop()，设置传送带停止运行。

```
<1> # 创建对象
print("启动传送带")
time.sleep(1)

<2> # 传送带反向
print("传送带反向")
time.sleep(2)
```

```
<3> # 正常速度运行
print("正常速度运行")
time.sleep(3) # 传送带运动时长

<4> # 加速运行
print("加速运行")
time.sleep(3) # 传送带运动时长

<5> # 自定义
print("自定义挡速:", str(2))
time.sleep(3) # 传送带运动时长

<6> # 停止运行
time.sleep(1)
```

任务小结

本任务主要介绍了传送带的原理，学习设置传送带挡速，并掌握编写Python脚本来实现不同挡位控制传送带运动。本任务的思维导图如图2-2-2所示。

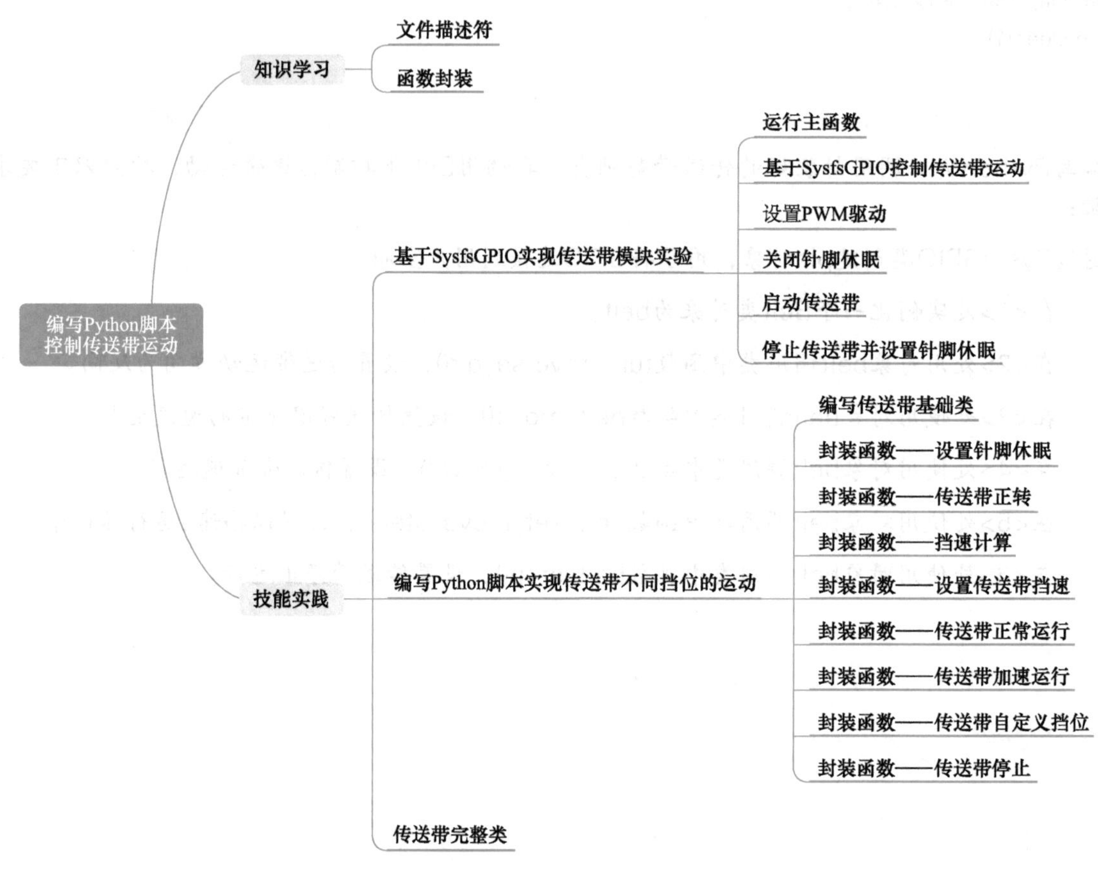

图2-2-2　思维导图

项目3

基于语音识别实现语音控制机械臂

项目导入

美国导演乔治·卢卡斯推出《星球大战》系列电影掀起了科幻电影的热潮，电影中人能跟机器人做语音交换。电影《钢铁侠》中托尼的计算机Jarvis，用纯粹的语音加手势的方式，更是将智能语音和智能交互的科幻浪潮推向巅峰。

语音技术是计算机领域中的关键技术，有自动语音识别技术（Automatic Speech Recognition，ASR）和语音合成技术（Text to Speech，TTS）。最早的语音技术因“自动翻译电话”计划而起，包含了语音识别、自然语言理解和语音合成三项非常重要的技术。如今，语音技术正在不断地发展进步，应用广泛，特别是在家庭娱乐场景之中，一切围绕日常生活而进行，交互频繁。

语言是人类主要的沟通方式，语音技术与机器人能力的结合会带来新时代的数字化体验。让计算机能听、能看、能说、能感觉，是未来人机交互的发展方向。本项目将基于语音识别实现语音控制机械臂，如图3-0-1所示。

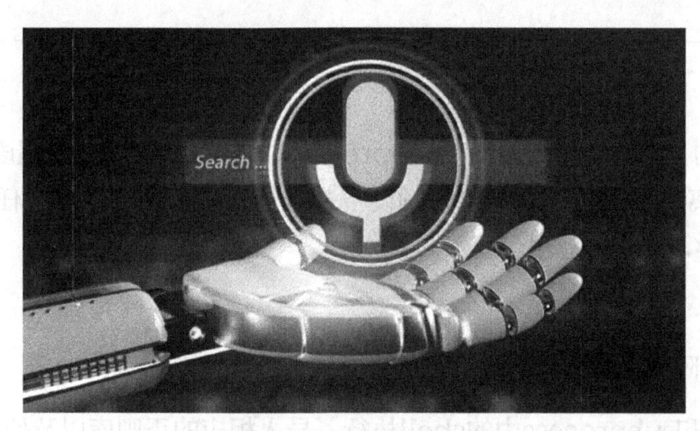

图3-0-1　语音控制机械臂

任务1 基于AI开发板实现离线ASR

知识目标

- 了解USB麦克风阵列。
- 掌握re正则匹配。
- 掌握subprocess中的shell执行。

能力目标

- 能够基于开发板实现语音合成。
- 能够将语音播报结合机械臂运动。
- 能够语音控制机械臂并实现执行任务状态应答功能。

素质目标

- 具有认真严谨的工作态度，能及时完成任务。
- 具有综合运用各种工具处理任务需求的能力。

任务分析

任务描述：

了解USB麦克风阵列，掌握re正则匹配和subprocess中的shell执行，掌握语音识别关键字匹配，理解并使用AI开发板实现离线ASR，成功连接音频设备并进行音频识别。在完成任务的过程中，能理解实现离线ASR的原理，将学习转化成应用。

任务要求：

- 了解USB麦克风阵列，认识生活中常见的麦克风。
- 掌握re正则匹配和subprocess中的shell执行，导入相应的正则库以及使用正则函数。
- 完成语音识别关键字匹配，能够正确匹配关键字。

任务计划

根据所学相关知识，制订本任务的任务计划表，见表3-1-1。

表3-1-1 任务计划表

项目名称	基于语音识别实现语音控制机械臂
任务名称	基于AI开发板实现离线ASR
计划方式	自我设计
计划要求	请用5个计划步骤来完整描述出如何完成本任务
序 号	任 务 计 划
1	
2	
3	
4	
5	

知识储备

1. USB麦克风阵列

普通麦克风是指单个的麦克风，或者是没有加入处理电路或芯片的多个麦克风。常见的麦克风如图3-1-1所示。

麦克风阵列（Array Microphone）是多个麦克风按一定方式排列在一起，由于加入了芯片，可以通过芯片消除环境中各种干扰（比如回声），大大提高了在恶劣环境中的音色识别性能，也可以降低噪声。麦克风阵列主要用在人工智能上，实现远距离识别有用信号，也就是提高清晰度。现在远程会议、刑侦、庭审等情境中都有这种麦克风阵列。

麦克风阵列是由2个以上数量的声学数字或模拟麦克风组成特定的阵列阵型，利用特定阵型的麦克风阵列技术实现更优质的拾音效果。特定阵型的麦克风提供多声道音频数据到处理器进行DSP算法处理，可以实现优质的远场拾音、回声消除、降噪和声源定位等效果。理论上，麦克风阵列的麦克风数量与拾音效果成正比，目前现有的麦克风阵列技术普遍为2个或4个麦克风，随着处理器的性能不断加强，麦克风阵列的麦克风单元数量也在不断增多以便提供优质的拾音效果。

图3-1-1 常见麦克风

2. 正则表达式

正则表达式（Regular Expression）又称规则表达式，在代码中常简写为regex、regexp或RE，是一种文本模式，包括普通字符（例如，a到z之间的字母）和特殊字符（称为“元字符”），是计算机科学的一个概念。正则表达式使用单个字符串来描述、匹配一系列某个句法规则的字符串，通常被用来检索、替换那些符合某个模式（规则）的文本。

许多程序设计语言都支持利用正则表达式进行字符串操作。例如，在Perl中就内建了一个功能强大的正则表达式引擎。正则表达式这个概念最初是由UNIX中的工具软件（例如sed和grep）普及开来的，后来广泛运用于Scala、PHP、C#、Java、C++、Objective-c、Perl、Swift、VBScript、JavaScript、Ruby以及Python等。

正则表达式被广泛地应用到各种UNIX或类似于UNIX的工具中，如大家熟知的Perl。Perl的正则表达式源自于Henry Spencer编写的regex，之后已演化成了PCRE（Perl Compatible Regular Expressions，Perl兼容正则表达式），PCRE是一个由Philip Hazel开发的、为很多现代工具所使用的库。正则表达式的第一个实际应用程序即为UNIX中的qed编辑器。

正则表达式具有以下特点：

1）灵活性、逻辑性和功能性非常强。

2）可以迅速地用极简单的方式实现字符串的复杂控制。

3）对于初学者来说，比较晦涩难懂。

4）由于正则表达式主要应用对象是文本，因此它在各种文本编辑器场合都有应用，小到编辑器EditPlus，大到Microsoft Word、Visual Studio等大型编辑器，都可以使用正则表达式来处理文本内容。

知识拓展

扫一扫，详细了解声卡序列号的相关知识，以及正则表达式的使用方法。

声卡序列号及正则表达式

任务实施

1. 实验预览

本任务源代码如下：

```
import re
import subprocess
import time
import serial
BASE_PATH = '/usr/local'  # 语音目录
# 语音设备类
class SpeechSolve(object):
    def __init__(self):
        self.voice_recognition = BASE_PATH + '/speech/recognition/bin/'    #路径标识

    def check_net(self):
        """
        判断网口2（eth1）能否通信
        :return:
```

```
        """
        try:
            cmd_ip_eth1 = "ip addr show 'eth1'| grep 'inet '| awk '{print $2}'"
            eth1_content = subprocess.getstatusoutput(cmd_ip_eth1)
# 执行cmd命令，返回一个元组
            if eth1_content[0] == 0 and eth1_content[1] != ' ':
                ping_ip_cmd = "ping -I eth1 -w 1 www.baidu.com | grep 'packet loss'"
                ping_content = subprocess.getstatusoutput(ping_ip_cmd)
# 执行cmd命令，返回一个元组
                if ping_content[0] == 0 and ping_content[1] != ' ':
                    if '100% packet loss' in ping_content[1]:
                        return False
                    else:
                        return True
                else:
                    return False
            else:
                return False
        except Exception as e:
            print(e)
            return False
    def get_device_id(self):
        """
        获取音频设备ID
        :return: 返回设备ID号
        """
        try:
            # 编译正则表达式，生成一个 Pattern 对象
            pattern = re.compile(r'.*card (.*?): .*, device (.*?): .*')
            dev_cmd = "aplay -l"
            res_content = subprocess.getstatusoutput(dev_cmd)  # 执行cmd命令，返回一个元组
            if res_content[0] == 0 and res_content[1] != ' ':
            # 从res_content[1]查找所有满足pattern的子串，并以列表的形式返回查找的结果，如果未找到则返回一个空列表。
                result = pattern.findall(res_content[1])
                if result:
                    return result[2]
                else:
                    return ' '
            else:
                return ' '
        except Exception as e:
            print('系统错误，获取设备ID失败：' + str(e))
            return ' '

    def recognition(self):
```

```
"""
语音识别
:return: 返回识别结果，未识别成功返回None
"""
try:
    if not self.check_net():
        # 编译正则表达式，生成一个 Pattern 对象
        pattern = re.compile(r'<rawtext>(.*?)</rawtext>')
        recognition_cmd = 'cd ' + self.voice_recognition + ' && ./asr_offline_record_sample'
        print('正在监听……')
        res_content = subprocess.getstatusoutput(recognition_cmd) # 执行cmd命令，返回一个元组
#           print(res_content[0])
#           print(res_content[1])
        if res_content[0] == 0 and 'Result' in res_content[1]:
# 从res_content[1]查找所有满足pattern的子串，并以列表的形式返回查找的结果，如果未找到则返回一个空列表。
            result = pattern.findall(res_content[1])
            print(result)
            if result:
                return result[0]
            else:
                return None
        else:
            return None
    else:
        print('网口2通信正常，无法使用语音识别')
        return None
```

主函数:

```
if __name__ == "__main__":
    speech = SpeechSolve() # 创建对象
    while True:
        try:
            if speech.get_device_id():
                result = speech.recognition() # 语音识别
                if result == '点头':
                    print("识别成功：点头")
                    pass
                elif result == '左转':
                    print("识别成功：左转")
                    pass
                elif result == '右转':
                    print("识别成功：右转")
                    pass
                else:
                    print('无法识别')
```

```
        else:
            print('无音频设备')
            time.sleep(2)
    except Exception as e:
        print(e)
```

打开notebook，选中代码框，运行主函数并观察实验结果，如图3-1-2所示。

```
终端 2    基于新大陆AI开发板实现离线
Markdown  git

    except Exception as e:
        print('系统错误，识别失败：' + str(e))
        return None

单击"运行"按钮

1.1 主函数

[ ]: if __name__ == "__main__":
         speech = SpeechSolve()  # 创建对象
         while True:
             try:
                 if speech.get_device_id():
                     result = speech.recognition()  # 语音识别
                     if result == '点头':
                         print("识别成功：点头")
                         pass
                     elif result == '左转':
                         print("识别成功：左转")
                         pass
                     elif result == '右转':
                         print("识别成功：右转")
                         pass
                     else:
                         print('无法识别')
                 else:
                     print('无音频设备')
                     time.sleep(2)
             except Exception as e:
                 print(e)

运行主函数
```

图3-1-2　在notebook上运行主函数

2. 基于AI开发板实现离线ASR

（1）导入必要的包和模块

re：提供了一个正则表达式引擎接口，它允许将正则表达式编译成模式对象，然后通过这些模式对象执行模式匹配搜索和字符串分割、子串替换等操作。re模块为这些操作分别提供了模块级别的函数以及相关类的封装。

subprocess：允许创建一个新的进程让其执行另外的程序，并与它进行通信，获取标准的输入、标准输出、标准错误以及返回码等。

```
import re
import subprocess
import time
```

（2）获取音频设备声卡序号

步骤一　查询实际声卡序号。

aplay：是一个ALSA的声卡命令行soundfile录音机的驱动程序。aplay -l用于显示实际声卡序号。

subprocess.getstatusoutput(cmd)：在shell中执行cmd命令。

动手练习1

- 在<1>处，定义变量dev_cmd存放查询声卡序列的cmd命令aplay -l字符串。
- 在<2>处，使用subprocess.getstatusoutput()函数，执行cmd命令dev_cmd变量，并将返回值赋值给变量res_content。

```
<1>
<2> # 执行cmd命令，返回一个元组
```

返回值：返回在shell中执行cmd产生的(exitcode, output)。

填写完成后执行代码，查看是否能够得到声卡的返回值，输出结果如图3-1-3所示。

```
res_content[0]:  0
res_content[1]:  **** List of PLAYBACK Hardware Devices ****
card 0: rockchiprk809co [rockchip,rk809-codec], device 0: ff890000.i2s-rk817-hifi rk817-hifi-0 []
  Subdevices: 1/1
  Subdevice #0: subdevice #0
card 1: rockchiphdmi [rockchip,hdmi], device 0: ff8a0000.i2s-i2s-hifi i2s-hifi-0 []
  Subdevices: 1/1
  Subdevice #0: subdevice #0
card 3: Device [USB PnP Sound Device], device 0: USB Audio [USB Audio]
  Subdevices: 1/1
  Subdevice #0: subdevice #0
```

图3-1-3　输出结果

```
print("res_content[0]: ", res_content[0])
print("res_content[1]: ", res_content[1])
```

步骤二　编译正则表达式。

函数说明

re.compile(pattern[, flag])函数用于编译正则表达式，生成一个pattern对象。

- pattern是一个字符串形式的正则表达式。
- flag是一个可选参数，表示匹配模式，比如忽略大小写、多行模式等。

```
print("res_content[0]: ", res_content[0])
print("res_content[1]: ", res_content[1])
```

步骤三　进行正则匹配获取音频设备序号。

如果查询音频设备成功，且有返回值，则从res_content[1]查找所有满足pattern的子串，并以列表的形式返回查找的结果，如果未找到则返回一个空列表。

进行正则匹配获取音频设备序号。

```
if res_content[0] == 0 and res_content[1] != '':
    result = pattern.findall(res_content[1])
    dev_id = result
    print(dev_id)
```

若USB Audio音频设备对应的序号card返回值为0，即('3','0')，表示音频设备成功挂载在开发板上，如图3-1-4所示。

```
card 3: Device [USB PnP Sound Device], device 0: USB Audio [USB Audio]
  Subdevices: 1/1
  Subdevice #0: subdevice #0
```

图3-1-4　card返回值为0

（3）网口2（eth1）通信判断

步骤一 IP查询。

开发板有两个以太网卡，语音识别程序绑定了第一个网口，如果使用第二个网口将会出现问题，所以对第二个网口进行检查。若可以与公网进行通信，应禁用第二网口。首先需要获取开发板的IP地址。

```
cmd_ip_eth1 = "ip addr show 'eth0'| grep 'inet '| awk '{print $2}'"
eth1_content = subprocess.getstatusoutput(cmd_ip_eth1)    # 执行cmd命令，返回一个元组
eth1_content
```

函数说明

ip addr show 'eth1'| grep 'inet '| awk '{print $2}'

- ip addr show：用于给出网口的IP信息。
- grep：用于查找文件里符合条件的字符串，匹配'inet'字符串。
- awk：是一种处理文本文件的语言，是一个强大的文本分析工具，选取并输出第二字段的数据。若无IP，则没有返回值，也表示无网络。

动手练习2

在<1>处填写代码，仿照上述查询网口1的方式，对网口2（eth1）进行IP查询。

```
# 代码补充
<1>
eth1_content
```

填写完成后执行代码，查看网口2的IP，输出结果为(0, '')，则无IP输出，填写正确。

步骤二 检测网络畅通。

主要命令为"ping -I eth1 -w 1 www.baidu.com | grep 'packet loss'"

执行代码，若网络通畅，则0丢包。

```
if eth1_content[0] == 0 and eth1_content[1] != '':
    # ping 命令检测网络是否通畅
    ping_ip_cmd = "ping -I eth1 -w 1 www.baidu.com | grep 'packet loss'"
    ping_content = subprocess.getstatusoutput(ping_ip_cmd) # 执行cmd命令，返回一个元组
    if ping_content[0] == 0 and ping_content[1] != '':
        if '100% packet loss' in ping_content[1]:
```

```
            print("False_3")
        else:
            print("True")
    else:
        print("False_2")
else:
    print("False_1")
```

（4）语音识别

步骤一 设置语音识别路径。

```
BASE_PATH = '/usr/local' # 语音目录
# 语音识别路径
voice_recognition = BASE_PATH + '/speech/recognition/bin/'
```

步骤二 开始语音识别。

首先定义变量recognition_cmd用于存放shell界面执行的cmd命令，主要命令如下：'cd ' + voice_recognition + ' && ./asr_offline_record_sample'，表示需要进入到变量voice_recognition中的目录，执行语音识别文件。

1）shell命令——条件判断（&&）：

&&：用来执行条件成立后执行的命令。

2）shell命令——./ 执行：

①如果使用 ./ 执行，可以理解为程序运行在一个全新的shell中，不继承当前shell的环境变量的值，同时，若在程序中改变了当前shell中的环境变量（不使用export），则新的shell的环境变量值不变。

②./ 只能用于拥有执行权限的文件。

注意：若一次识别不成功，可重新运行当前步骤代码，重新开始语音识别。

动手练习③

- 在<1>处，定义cmd命令进入语音识别目录'cd ' + voice_recognition，执行成功后使用&&执行语音识别脚本 ./asr_offline_record_sample，赋值给变量recognition_cmd用于后续执行cmd命令。
- 在<2>处，使用subprocess.getstatusoutput()函数，执行cmd命令recognition_cmd变量，并将返回值赋值给变量res_content。

```
# &&：用来执行条件成立后执行的命令
<1>
print('正在监听……')
<2> # 执行cmd命令，返回一个元组
```

填写完成后执行以下代码，查看是否输出0，输出结果如图3-1-5所示。

```
print(res_content[0])
print(res_content[1])
```

```
0
构建离线识别语法网络...
构建语法成功！ 语法ID:call
离线识别语法网络构建完成，开始识别...
card 1: Device [USB PnP Sound Device], device 0: USB Audio [USB Audio]
Start Listening...
识别完成！
```

图3-1-5　输出结果

re.compile(pattern[, flag])函数用于编译正则表达式，生成一个pattern对象。

```
# 编译正则表达式，生成一个 pattern 对象
pattern = re.compile(r'<rawtext>(.*?)</rawtext>')
```

如果res_content[0]音频识别成功，且result在返回值中，则从res_content[1]查找所有满足pattern的子串，并以列表的形式返回查找的结果。

```
# 返回识别结果result[0]
if res_content[0] == 0 and 'result' in res_content[1]:
# 从res_content[1]查找所有满足pattern的子串，并以列表的形式返回查找的结果，如果未找到则返回一个空列表
    result = pattern.findall(res_content[1])
    print(result)
    if result:
        result[0]
```

（5）语音识别关键字配置

科大讯飞命令词识别BNF语法（文件路径为：./call.bnf）的文件分为五个部分：文档标示头（不需要进行更改）；语法名称；槽声明；主规则（可引用子规则）；文档主体（具体的定义槽、引用规则）。

- 文档标示头：它定义了文档的版本和编码格式，注意文档的内容必须和这里声明的编码格式统一，如图3-1-6所示。
- 语法名称：一个文件只能有一个语法名称，作为这个BNF文件的一个识别名称，如图3-1-7所示。

```
#BNF+IAT 1.0 UTF-8;
```

图3-1-6　文档标示头

```
!grammar call;
```

图3-1-7　语法名称

- 槽声明：可以理解为活字印刷术中字盘里的那些小坑，必须填入各种文字才行。通过槽声明可以非常方便地动态修改识别命令。声明完槽后在文档底部具体去定义每个声明过的槽的具体内容，这样语音识别引擎就会根据槽的内容去动态匹配指令。槽声明如图3-1-8所示。
- 主规则（可引用子规则）：首先声明一个主规则名称，如图3-1-9所示。然后为这个规则定义详细的识别规则，注意名称要与声明的主规则名称一样，如图3-1-10所示。冒号后面都是一些引用规则，引用规则由一系列槽组成。

```
!slot <name>;
```

图3-1-8　槽声明

```
!start <ruleName>
```

图3-1-9　主规则

- 文档主体（具体的定义槽、引用规则）：这个地方放引用规则和槽定义，如图3-1-11所示。

```
<ruleName>:<controlTV>|<controlAir>|<controlLight>;
```

图3-1-10　详细的识别规则

```
<controlTV>:<open><TV>;//引用规则

<TV>:电视|电视机;//槽的具体定义
<open>:打开|开了|开起来|开|开一下;
```

图3-1-11　文档主体

BNF文件结构很简单，基本就这五个部分，比较麻烦的是规则定义部分。文档规定只能定义一个主规则，所以可以在主规则中引用子规则来减少代码量。

任务小结

本任务首先介绍了USB麦克风阵列，掌握re正则匹配和subprocess中shell执行，并通过AI开发板实现离线ASR，将文本合成语音并进行语音播报。本任务的思维导图如图3-1-12所示。

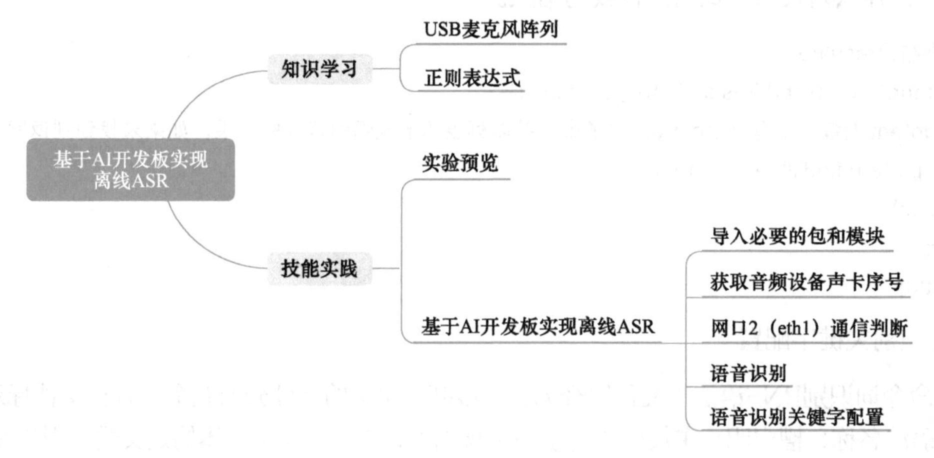

图3-1-12　思维导图

任务2　基于AI开发板实现离线TTS

知识目标

- 理解语音合成（TTS）。
- 了解语音合成常见的方法。
- 掌握语音播报的方法。

能力目标

- 能够基于AI开发板实现文本合成语音。
- 能够将语音播报结合机械臂运动。

- 具有团队合作与解决问题的能力。
- 具有良好的职业道德精神。

任务分析

任务描述：

基于AI开发板实现文本合成语音，学习语音播报的方法，能将语音播报结合机械臂运动。在实验的过程中，能理解实现离线TTS的原理，根据所学完成语音合成，通过合成语音完成对应实验目标。

任务要求：

- 将给定文本合成语音。
- 使用AI开发板进行语音播报，并能正确播报对应的合成语音。
- 完成语音播报控制机械臂运动的指定任务。

根据所学相关知识，制订本任务的任务计划表，见表3-2-1。

表3-2-1 任务计划表

项目名称	基于语音识别实现语音控制机械臂
任务名称	基于AI开发板实现离线TTS
计划方式	自我设计
计划要求	请用5个计划步骤来完整描述出如何完成本任务
序　号	任 务 计 划
1	
2	
3	
4	
5	

知识储备

1. 语音合成

语音合成（Text-To-Speech，TTS）是一种将文本转成语音的技术，它能将任意文字信息实时转化为标准流畅的语音并朗读出来。语音合成示意如图3-2-1所示。语音合成广泛应用于语音导航、有声读物、机器人、语音助手、自动新闻播报等场景，提升人机交互体验，提高语音类应用构建效率。

语音合成和语音识别技术是实现人机语音通信，建立一个有听和讲能力的口语系统所必需的两项关键技术。文语转换系统实际上可以看作一个人工智能系统，除了包括语义学规则、词汇规则、语音学规则外，还必须对文字的内容有很好的理解，这也涉及自然语言理解的问题。文语转换过程是先将文字序列转换成音韵序列，再由系统根据音韵序列生成语音波形。其中第一步涉及语言学处理，例如分词、字音转换等，以及一整套有效的韵律控制规则；第二步需要先进的语音合成技术，能按要求实时合成高质量的语音流。因此一般说来，文语转换系统都需要一套复杂的文字序列到音素序列的转换程序，也就是说，文语转换系统不但要应用数字信号处理技术，而且必须有大量的语言学知识的支持。

图3-2-1　语音合成

2. 语音合成方法

语音合成技术的研究已有两百多年的历史，但真正具有实用意义的近代语音合成技术是随着计算机技术和数字信号处理技术的发展而发展起来的，主要是让计算机能够产生高清晰度、高自然度的连续语音。在语音合成技术的发展过程中，早期的研究主要是采用参数合成方法，后来又出现了波形拼接的合成方法。

1）参数合成。在语音合成技术的发展中，早期的研究主要是采用参数合成方法。值得提及的是Holmes的并联共振峰合成器（1973）和Klatt的串/并联共振峰合成器（1980），只要精心调整参数，这两个合成器都能合成出非常自然的语音。具有代表性的一个文语转换系统是美国DEC公司的DECtalk（1987）。但是经过多年的研究与实践表明，由于准确提取共振峰参数比较困难，虽然利用共振峰合成器可以得到许多逼真的合成语音，但是整体合成语音的音质难以达到文语转换系统的实用要求。

2）波形拼接。自20世纪80年代末期至今，语言合成技术又有了新的进展，特别是基音同步叠加（PSOLA）方法的提出（1990），使基于时域波形拼接方法合成的语音的音色和自然度大大提高。20世纪90年代初，基于PSOLA技术的法语、德语、英语、日语等语种的文语转换系统都已经研制成功。这些系统的自然度比以前基于LPC方法或共振峰合成器的文语合成系统的自然度要高，并且基于PSOLA方法的合成器结构简单易于实时实现，有很大的商用前景。

知识拓展

扫一扫，详细了解语音合成的应用及实现方法。

语音合成的应用及实现方法

任务实施

1. 实验预览

本任务源代码如下：

```
import subprocess
import serial
import time
import re
BASE_PATH = '/usr/local' # 语音目录
```

```
class SpeechSolve(object):

    def __init__(self):
        self.voice_broadcast = BASE_PATH + '/speech/broadcast/bin/'

    def check_net(self):
        """
        判断网口2（eth1）能否通信
        :return:
        """
        try:
            cmd_ip_eth1 = "ip addr show 'eth1'| grep 'inet '| awk '{print $2}'"    #网口2通信设置
            eth1_content = subprocess.getstatusoutput(cmd_ip_eth1)
            if eth1_content[0] == 0 and eth1_content[1] != ' ':
                ping_ip_cmd = "ping -I eth1 -w 1 www.baidu.com | grep 'packet loss'"
                ping_content = subprocess.getstatusoutput(ping_ip_cmd)
                if ping_content[0] == 0 and ping_content[1] != ' ':
                    if '100% packet loss' in ping_content[1]:
                        return False
                    else:
                        return True
                else:
                    return False
            else:
                return False
        except Exception as e:
            print(e)
            return False

    def get_device_id(self):
        """
        获取音频设备ID
        :return: 返回设备ID号
        """
        try:
            pattern = re.compile(r'.*card (.*?): .*, device (.*?): .*')
            dev_cmd = "aplay -l"
            res_content = subprocess.getstatusoutput(dev_cmd)
            if res_content[0] == 0 and res_content[1] != ' ':
                result = pattern.findall(res_content[1])
                if result:
                    return result[2]
                else:
                    return ' '
            else:
                return ' '
```

```
        except Exception as e:
            print('系统错误，获取设备ID失败：' + str(e))
            return ' '
    def broadcast(self, text):
        """
        语音合成
        :param text: 文本内容
        :return: 返回状态值，与信息
        """
        try:
            if not self.check_net():
                print('语音合成开始')
                broadcast_cmd = 'cd ' + self.voice_broadcast + " && ./tts_offline_sample {}".format(text)
```

（1）初始化类

```
# 初始化语音类
speech = SpeechSolve()
# 实例化机械臂并设置波特率
tty = serial.Serial("/dev/ttyACM0", 115200)
time.sleep(2)
tty.write(b"G0 X200 Y0 Z60 F90\n")    # 初始坐标
wait_for_what(tty, b"ok")              # 等待指令
```

（2）左转

```
speech.broadcast("准备左转")            #合成语音
device_id = speech.get_device_id()     #获取播放设备ID
speech.play_sound(device_id)           #播放合成语音
tty.write(b"G0 X200 Y-110 Z60 F90\n") # 左转机械臂
wait_for_what(tty, b"ok")              #读取串口返回数据
```

（3）右转

```
speech.broadcast("准备右转")            #合成语音
device_id = speech.get_device_id()     #获取播放设备ID
speech.play_sound(device_id)           #播放合成语音
tty.write(b"G0 X200 Y110 Z60 F90\n")  #右转
wait_for_what(tty, b"ok")              #读取串口返回数据
```

（4）复原初始位置

```
speech.broadcast("复原位置")            #合成语音
device_id = speech.get_device_id()     #获取播放设备ID
speech.play_sound(device_id)           #播放合成语音
tty.write(b"G0 X200 Y0 Z60 F90\n")    #初始坐标
wait_for_what(tty, b"ok")              #等待指令
```

函数说明

- import subprocess：导入执行Linux指令的库。
- import serial：导入串口依赖库。
- import time：导入时间库。
- import re：导入正则库。
- BASE_PATH = '/usr/local'：设置语音合成程序根路径。
- def __init__(self)：类初始化函数，语音合成实例化时初始化语音合成程序路径。
- self.voice_broadcast=BASE_PATH + '/speech/broadcast/bin/'：语音合成程序路径。
- def check_net(self)：网络检测函数，开发板有两个以太网卡，此函数用来检查第二个网口是否可以与公网进行通信。语音合成程序绑定了第一个网口，如果使用第二个网口将会出现问题，所以在使用语音程序时要禁用第二网口，此函数用来判断第二网口是否被禁用。
- def get_device_id(self)：获取语音设备ID，获取方法是使用Linux指令检索出语音设备，通过正则匹配到语音设备ID，并进行返回。
- def broadcast(self, text)：传入参数为文本内容，在执行语音合成程序时将文本内容以外参形式传入，合成对应的语音，函数将文本内容合成对应执行程序的命令，合成执行完后，将在语音合成程序所在同级目录生成tts_sample.wav的wav语音文件。
- play_sound(self, dev_id)：对语音合成生成的语音文件tts_sample.wav进行播报。
- speech = SpeechSolve()：初始化语音类。

2. 使用AI开发板将文本合成语音

（1）导入必要的包和模块

re：提供了一个正则表达式引擎接口，它允许将正则表达式编译成模式对象，然后通过这些模式对象执行模式匹配搜索和字符串分割、子串替换等操作。re模块为这些操作分别提供了模块级别的函数以及相关类的封装。

subprocess：允许创建一个新的进程让其执行另外的程序，并与它进行通信，获取标准的输入、标准输出、标准错误以及返回码等。

```
import re
import subprocess
import time
```

（2）调用语音合成函数

步骤一 网口2的通信判断。

在broadcast语音合成函数中首先进行了网口2的通信判断。

```
speech = SpeechSolve( )              #初始化语音类
speech. broadcast("准备左转")        #合成语音
```

步骤二 IP查询。

开发板有两个以太网卡，语音识别程序绑定了第一个网口，如果使用第二个网口将会出现问题，所以对第二个网口进行检查。若可以与公网进行通信，应禁用掉第二网口。

首先需要获取开发板的IP地址，可参考任务1。

```
cmd_ip_eth1 = "ip addr show 'eth1'| grep 'inet '| awk '{print $2}'"
eth1_content = subprocess.getstatusoutput(cmd_ip_eth1)    # 执行cmd命令，返回一个元组
eth1_content
```

步骤三 检查网络是否畅通。

```
if eth1_content[0] == 0 and eth1_content[1] != ' ':
  # ping 命令检测网络是否通畅
  ping_ip_cmd = "ping –I eth1 –w 1 www.baidu.com | grep 'packet loss'"
  ping_content = subprocess.getstatusoutput(ping_ip_cmd)  # 执行cmd命令，返回一个元组
  if ping_content[0] == 0 and ping_content[1] != ' ':
    if '100% packet loss' in ping_content[1]:
      print("False_3")
    else:
      print("True")
  else:
    print("False_2")
else:
  print("False_1")
```

步骤四 语音文本合成。

确认了网口2不能进行通信后，开始进行语音文本合成。

步骤五 查看语音合成程序目录。

查看语音合成后生成的文件tts_sample. wav的时间戳，用于与之后重新生成的语音合成文件进行对比。

步骤六 设置语音合成路径。

使用初始化speech = SpeechSolve()时定义的语音合成路径self. voice_broadcast = BASE_PATH + '/speech/broadcast/bin/'，进行语音文本合成。

```
BASE_PATH = '/usr/local' # 语音目录
# 语音合成路径
self. voice_broadcast = BASE_PATH + '/speech/broadcast/bin/'
self. voice_broadcast
```

步骤七 开始语音合成。

首先定义变量broadcast_cmd用于存放shell界面执行的cmd命令，主要命令如下：

'cd ' + voice_broadcast + " && ./tts_offline_sample {}". format(“这是一个语音合成测试”)

命令表示：需进入到变量voice_broadcast中的目录，执行语音合成文件。

1）shell命令——条件判断（&&）：

&&：用来执行条件成立后执行的命令。

2）shell命令——./ 执行

① 如果使用 ./ 执行，可以理解为程序运行在一个全新的shell中，不继承当前shell的环境变量的值，同时若在程序中改变了当前shell中的环境变量（不使用export），则新的shell的环境变量值不变。

② ./ 只能用于拥有执行权限的文件。

动手练习❶

- 在<1>处，定义cmd命令进入语音合成目录'cd '+ voice_broadcast，执行成功后使用&&执行语音合成脚本./tts_offline_sample {}，使用.format("这是一个语音合成测试")方式传入合成文本脚本，并赋值给变量broadcast_cmd用于后续执行cmd命令。
- 在<2>处，使用subprocess.getstatusoutput()函数，执行cmd命令broadcast_cmd变量，并将返回值赋值给变量res_content。

```
# &&：用来执行条件成立后执行的命令
<1>
<2> # 执行cmd命令，返回一个元组
```

填写完成后执行代码，查看语音合成是否成功，输出结果为语音合并成功，则表示填写正确。

步骤八 查看语音合成程序目录。

再执行查看语音合成程序目录，查看tts_sample. wav时间戳，看是否新生成了tts_sample. wav

```
!ls –l /usr/local/speech/broadcast/bin/
```

即将tts_sample. wav生成新的文件和时间戳，与步骤五的时间戳对比，查看是否新生成了tts_sample. wav。

（3）获取设备上可播放的音响ID

```
device_id = speech. get_device_id( )  # 获取设备上可播放的音响ID
```

步骤一 查询实际声卡序号。

```
# aplay是一个ALSA的声卡命令行soundfile录音机的驱动程序; aplay –l为显示实际声卡序号
dev_cmd = "aplay –l"
res_content = subprocess.getstatusoutput(dev_cmd)  # 执行cmd命令，返回一个元组
print("res_content[0]: ", res_content[0])
print("res_content[1]: ", res_content[1])
```

上面代码执行结果保存在变量res_content中：

res_content [0] 为0表示程序执行通过，非零表示执行失败。

res_content [1] 为执行命令返回的结果。

步骤二 编译正则表达式。

```
# 编译正则表达式，生成一个 pattern 对象
pattern = re.compile(r'.*card (.*?): .*, device (.*?): .*')
```

步骤三 进行正则匹配获取音频设备序号。

```
if res_content[0] == 0 and res_content[1] != ' ':
    result = pattern.findall(res_content[1])
    dev_id = result[2]
    print(dev_id)
```

（4）调用语音播报函数

```
speech. play_sound(device_id)
```

听听音响是否播报出前面合成的文字内容。首先定义变量play_cmd用于存放shell界面执行的cmd命令，主要命令如下：

```
'cd ' + voice_broadcast + "&& aplay -Dplughw:{ },{ } tts_sample. wav". format(dev_id[0], dev_id[1] )
```

命令表示：需要进入到上述定义的变量voice_recognition中的目录，选择音频播放设备，播放语音合成的文件tts_sample. wav。

动手练习②

- 在<1>处，定义cmd命令进入语音合成目录'cd ' + voice_broadcast，执行成功后使用&&执行定义语音设备并进行文本播报aplay -Dplughw:{},{} tts_sample.wav，使用format(dev_id[0], dev_id[1])填入音频ID，赋值给变量play_cmd用于后续执行cmd命令。
- 在<2>处，使用subprocess.getstatusoutput()函数，执行cmd命令play_cmd，并将返回值赋值给变量res_content。

```
<1>
<2> # 执行cmd命令，返回一个元组
```

填写完成后执行，如果语音播报成功，且返回值中有Playing WAVE 'tts_sample.wav'，则打印True，否则打印False。

```
if res_content[0] == 0 and "Playing WAVE 'tts_sample.wav'" in res_content[1]:
    print("True")
else:
    print("False")
```

动手练习③

按照以下要求完成实验：

1）通过调用语音类，合成一段“你好！世界”的语音。

2）使用麦克风阵列的音响功能播放该语音（请参照notebook进行代码修改）。

根据要求将代码补充完整并运行。

- 在<1>处，实例化语音类SpeechSolve，创建speech对象。
- 在<2>处，使用speech.broadcast()合成文本你好！世界。
- 在<3>处，使用speech.get_device_id()获取音响ID，赋值给device_id。
- 在<4>处，使用speech.play_sound()读取音响ID device_id，并播放该语音。

```
#请在下方完成代码编写
<1>
<2>
<3>
<4>
```

3. 机械臂执行动作语音提示

在项目1学习了uArm-Python-SDK，现在来进一步了解uArm-Python-SDK。它是通过串口协议封装的uArm机械臂开发套件，内部封装了大量机械臂的动作方法。开发者通过Python函数式编程的方式即可实现对机械臂的控制，而无须关注设备与机械臂底层通信的过程，只需要通过调用对应的方法即可让机械臂执行想要的动作。

函数说明

- SwiftAPI是程序连接机械臂与执行机械臂各种动作封装的API类，初始化方法swift = SwiftAPI()可以根据机械臂配置传入参数，如端口、波特率等，正常可以使用默认参数，初始化时可以不传入参数。
- SwiftAPI().reset(speed=None, wait=True, timeout=None, x=200, y=0, z=150)：reset()用于重置机械臂位置，默认机械臂返回的位置是“x=200,y=0,z=150”，需要变更位置，调用该方法时传入变更后的位置坐标；speed参数为机械臂的移动速度，即机械臂在执行动作的运动速度，可根据需要在调用reset方法时传入需要的速度值，默认是1000，可根据这个速度作为参考值，进行相应的调整。
- SwiftAPI().set_position(x=X,y=Y,z=Z)：set_position()是控制某个设备或机器人在三维空间中的位置。通过指定不同的x、y和z坐标值，可以将设备或机器人移动到不同的位置。

（1）串口访问机械臂

```
# 实例化机械臂并设置波特率
tty = serial.Serial("/dev/ttyACM0", 115200)
```

函数说明

```
serial.Serial(name, baudrate)
```

- name：设备串口。
- baudrate：串口波特率。

（2）机械臂完成指令等待函数

```
def wait_for_what(dev, what):
    """
    :param dev: 设备
    :param what: 等待指令
    :return: None
    """
    while True:
        line = dev.readline()
        if line.find(what) >= 0:
            break
```

函数说明

函数wait_for_what(dev, what)用于让机械臂在完成指令后进行等待。

- dev：选择等待的机械臂设备。
- what：用于等待的指令。

读取设备的返回值：

- read()：直接读取字节到字符串中，包括了换行符。优点：读取整个文件，将文件内容放到一个字符串变量中。缺点：如果文件非常大，尤其是大于内存时，无法使用此方法。
- readline()：读取整行，包括行结束符，并作为字符串返回。优点：readline()方法每次读取一行；返回的是一个字符串对象，保持当前行的内存。缺点：比readlines()慢得多。
- readlines()：读取所有行然后把它们作为一个字符串列表返回。优点：一次性读取整个文件；自动将文件内容分析成一个行的列表。
- find()：检测字符串中是否包含子字符串str。

（3）机械臂动作

初始化机械臂位置：

```
# 初始化机械臂位置
tty.write(b"G0 X200 Y0 Z60 F90\n") # 初始化位置
wait_for_what(tty, b"ok")          # 等待指令
```

机械臂向左运动：

```
# 左转运动
tty.write(b"G0 X200 Y-110 Z60 F90\n") # 左转坐标
tty.write(b"G0 X200 Y0 Z60 F90\n")    # 初始坐标
wait_for_what(tty, b"ok")             # 等待指令
```

机械臂向右运动：

```
# 右转运动
tty.write(b"G0 X200 Y110 Z60 F90\n")  # 右转坐标
tty.write(b"G0 X200 Y0 Z60 F90\n")    # 初始坐标
wait_for_what(tty, b"ok")             # 等待指令
```

点头运动：

```
# 点头运动
tty.write(b"G0 X200 Y0 Z100 F90\n")   # 抬头坐标
wait_for_what(tty, b"ok")             # 等待指令
tty.write(b"G0 X200 Y0 Z50 F90\n")    # 低头坐标
wait_for_what(tty, b"ok")             # 等待指令
tty.write(b"G0 X200 Y0 Z60 F90\n")    # 初始坐标
wait_for_what(tty, b"ok")             # 等待指令
```

任务小结

本任务首先介绍了语音合成的定义、常见的方法及应用场景。通过任务实施，完成了使用AI开发板进行语音合成、基于语音指令执行相应的动作的实验。

通过本任务的学习，读者将对机械臂的使用有更深入的了解，在实践中逐渐熟悉使用语音控制机械臂流程。本任务的思维导图如图3-2-2所示。

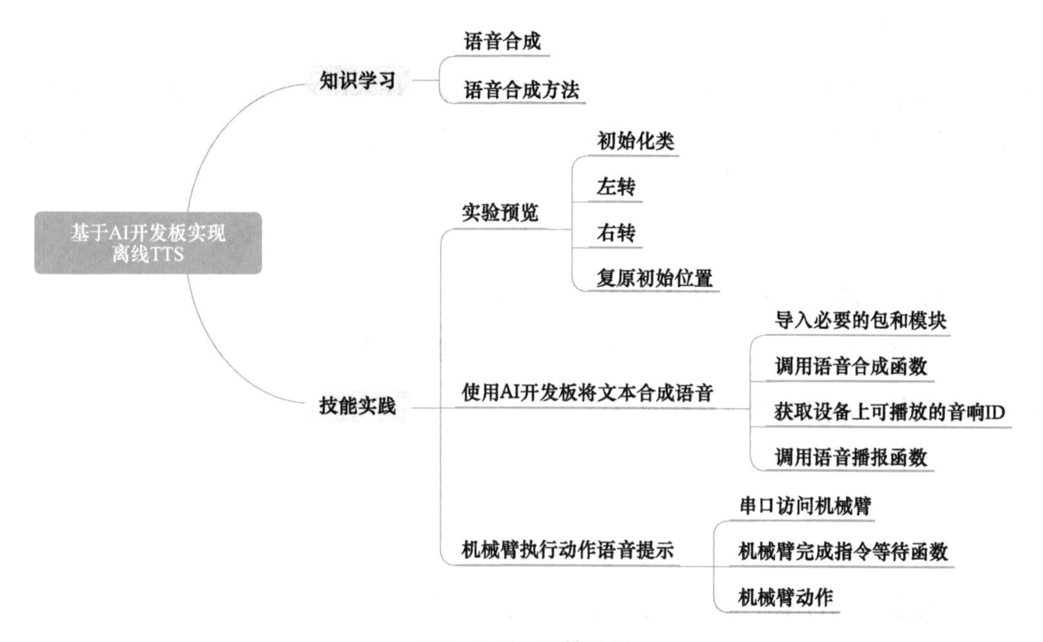

图3-2-2　思维导图

任务3　语音控制机械臂并实现执行任务状态应答功能

知识目标

- 了解应答功能函数。
- 了解BNF范式。
- 了解语音唤醒。

能力目标

- 能够语音控制机械臂并实现执行任务状态应答功能。
- 能够改写BNF文件。
- 能够完成应答功能逻辑实验。

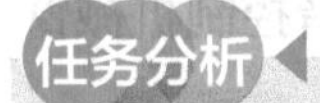

- 具有团队合作与解决问题的能力。
- 具有良好的职业道德精神。

任务分析

任务描述：

此任务要求同学们了解语音控制机械臂，并实现执行任务状态应答功能，掌握BNF文件的改写，完成应答功能逻辑实验，并对本章知识进行复习巩固。在实验的过程中，能理解复习巩固语音合成、语音播报等知识的原理，将学习转化成应用。

任务要求：

- 掌握语音控制机械臂并实现执行任务状态应答功能，并完成相关实验；
- 完成机械臂语音唤醒实验，唤醒后，对机械臂进行测试，能完成语音合成播报的指定任务；
- 了解BNF文件，并完成BNF文件的改写。

任务计划

根据所学相关知识，制订本任务的任务计划表，见表3-3-1。

表3-3-1　任务计划表

项目名称	基于语音识别实现语音控制机械臂
任务名称	语音控制机械臂并实现执行任务状态应答功能
计划方式	自我设计
计划要求	请用5个计划步骤来完整描述出如何完成本任务
序　号	任务计划
1	
2	
3	
4	
5	

知识储备

1. 应答功能函数

应答功能函数又称响应函数（Response Function），是指在网络的输入端加上激励信号，在网络的输出端便可获得相应的响应信号，该响应信号就称为响应函数。响应函数可以是电压响应函数，可以是电流响应函数，也可以是功率响应函数。

响应函数可以理解为视图函数，对应于一个访问请求，可以是任何一个可调用的程序，但至少有一个Request实例作为参数（有请求才会有响应），并返回一个HTTP Response实例或者一个执行其他操作的协同程序，说起来可能有些难以理解，实际上是区分了同步和异步的响应函数。同步响应函数直接返回Resonse实例，异步则是返回一个未来才能返回的函数。

2. 巴科斯范式

巴科斯范式（BNF）是以美国人巴科斯（Backus）和丹麦人诺尔（Naur）的名字命名的一种形式化的语法表示方法，用来描述语法的一种形式体系，是一种典型的元语言，又称巴科斯-诺尔形式（Backus-Naur form）。它不但能严格地表示语法规则，而且所描述的语法是与上下文无关的。它具有语法简单，表示明确，便于语法分析和编译的特点。

BNF表示语法规则的方式为：非终结符用尖括号括起。每条规则的左部是一个非终结符，右部是由非终结符和终结符组成的一个符号串，中间一般以“：：=”分开。具有相同左部的规则可以共用一个左部，各右部之间以直竖“|”隔开。

3. 语音唤醒

语音唤醒（又称为语音触发）是一种语音识别技术，可以使用特定的语音识别算法检测到指定指令，然后响应相应的动作，如图3-3-1所示。它可以让用户与智能设备交流，执行用户指定的操作，例如调整设备设置、发起任务、实时控制设备等。

语音唤醒凭借自己的效率和使用方便性，在智能家居和日常生活中得到广泛应用，如智能电视、智能手机、智能门锁等。它可以通过识别用户的唤醒指令，自动识别到指令，并启动相应的响应动作，让智能设备更智能地与用户交互。

另一方面，语音唤醒技术不但可以用于启动设备的操作，而且可以用于控制智能家居设备，让智能家居设备更智能地连接用户与设备，提供便捷的使用方式。

图3-3-1　语音唤醒

知识拓展

扫一扫，了解BNF的相关用法、语音唤醒的原理、模型等相关知识。

BNF及语音唤醒

任务实施

1. 实验预览

步骤一　根据提示打开项目3中的任务3语音控制机械臂实现执行任务状态应答功能，并单击运行实验预览，如图3-3-2所示。

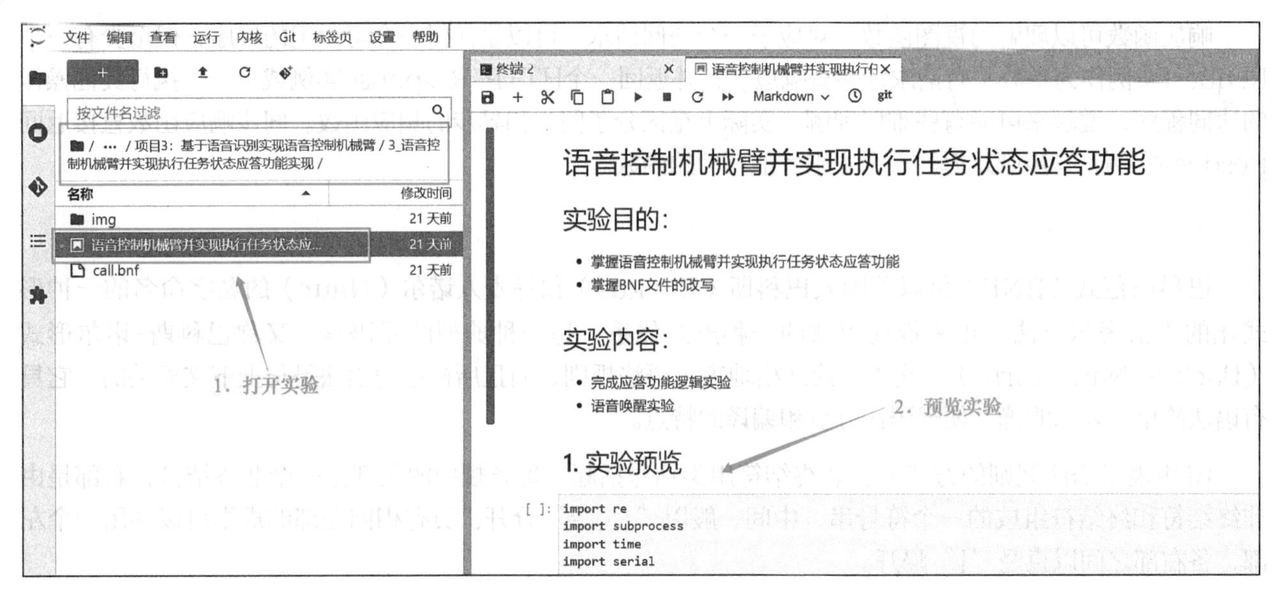

图3-3-2　实验预览

步骤二　运行机械臂控制函数代码块部分，预览效果，如图3-3-3所示。

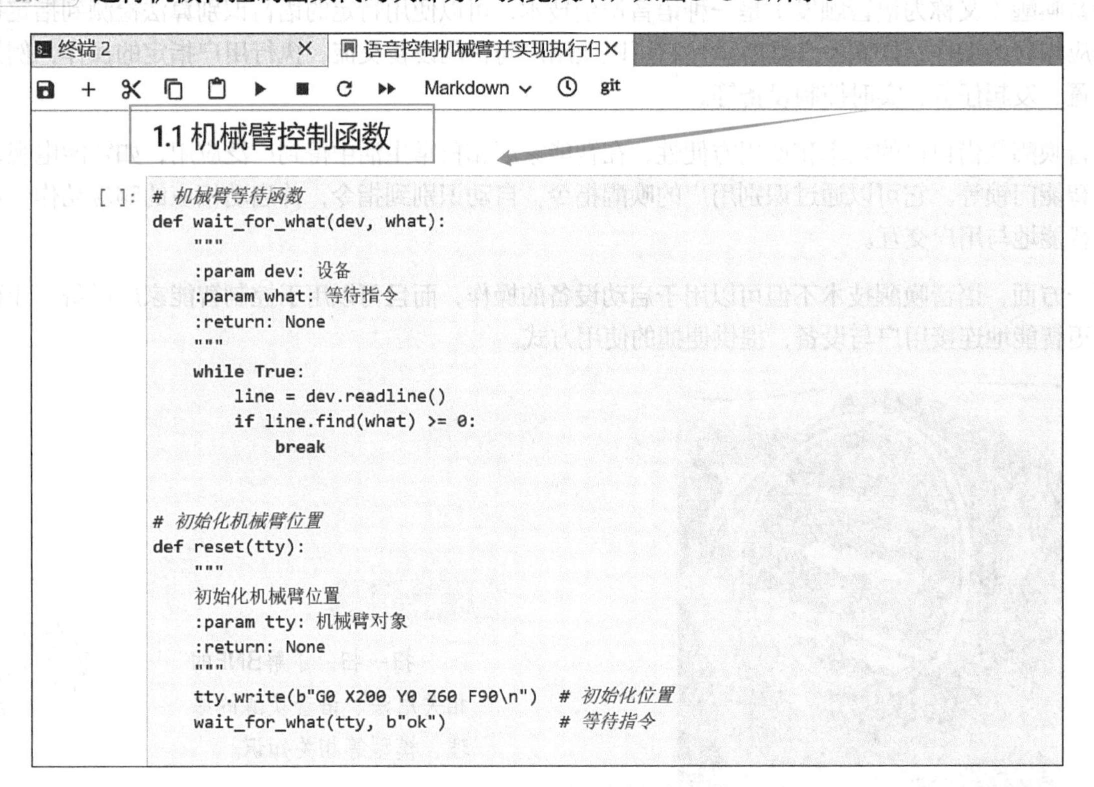

图3-3-3　单击运行机械臂控制函数

对应的源代码如下：

```
# 机械臂等待函数
def wait_for_what(dev, what):
    """
    :param dev: 设备
    :param what: 等待指令
    :return: None
    """
```

```
    while True:
        line = dev.readline()
            break
# 初始化机械臂位置
def reset(tty):
    """
    初始化机械臂位置
    :param tty: 机械臂对象
    :return: None
    """
    tty.write(b"G0 X200 Y0 Z60 F90\n") # 初始化位置
    wait_for_what(tty, b"ok")         # 等待指令

# 左转运动
def left(tty):
    """
    左转运动
    :param tty: 机械臂对象
    :return: None
    """
tty.write(b"G0 X200 Y-110 Z60 F90\n") # 左转坐标
wait_for_what(tty, b"ok")         # 等待指令
# 右转运动
def right(tty):
    """
    右转运动
    :param tty: 机械臂对象
    :return: None
    """
    tty.write(b"G0 X200 Y110 Z60 F90\n") # 右转坐标
    wait_for_what(tty, b"ok")          # 等待指令

# 点头运动
def up_down(tty):
    """
    点头运动
    :param tty: 机械臂对象
    :return: None
    """
    tty.write(b"G0 X200 Y0 Z100 F90\n") # 抬头坐标
    wait_for_what(tty, b"ok")          # 等待指令
    tty.write(b"G0 X200 Y0 Z50 F90\n") # 低头坐标
    wait_for_what(tty, b"ok")          # 等待指令
    tty.write(b"G0 X200 Y0 Z60 F90\n") # 初始坐标
    wait_for_what(tty, b"ok")          # 等待指令
```

步骤三 运行语音控制流程函数，预览效果，如图3-3-4所示。

1.2 语音控制流程函数

```
[ ]: def tty_reply(tty):
         speech = SpeechSolve()  # 创建对象
         while True:
             try:
                 reset(tty)
                 if speech.get_device_id():
                     result = speech.recognition()  # 语音识别
                     if result == '点头':
                         speech.broadcast('收到' + result)  # 语音合成
                         speech.play_sound(speech.get_device_id())  # 语音播放
                         print("点头")
                         up_down(tty)  # 调用点头函数
                         pass
                     elif result == '左转':
                         speech.broadcast('收到' + result)  # 语音合成
                         speech.play_sound(speech.get_device_id())  # 语音播放
                         print("左转")
                         left(tty)  # 调用左转函数
                         pass
                     elif result == '右转':
                         speech.broadcast('收到' + result)  # 语音合成
                         speech.play_sound(speech.get_device_id())  # 语音播放
                         print("右转")
                         right(tty)  # 调用右转函数
                         pass
                     else:
                         print('无法识别')
                 else:
                     print('无音频设备')
                     time.sleep(2)
             except Exception as e:
                 print(e)


     if __name__ == '__main__':
         tty = serial.Serial("/dev/ttyACM0", 115200)
         time.sleep(5)
         tty_reply(tty)
```

图3-3-4　运行语音控制流程函数

对应的源代码如下：

```
def tty_reply(tty):
    speech = SpeechSolve() # 创建对象
    while True:
        try:
            reset(tty)
            if speech.get_device_id():
                result = speech.recognition() # 语音识别
                if result == '点头':
                    speech.broadcast('收到' + result) # 语音合成
                    speech.play_sound(speech.get_device_id()) # 语音播放
```

```
                print("点头")
                up_down(tty) # 调用点头函数
                pass
            elif result == '左转':
                speech.broadcast('收到' + result) # 语音合成
                speech.play_sound(speech.get_device_id()) # 语音播放
                print("左转")
                left(tty) # 调用左转函数
                pass
            elif result == '右转':
                speech.broadcast('收到' + result) # 语音合成
                speech.play_sound(speech.get_device_id()) # 语音播放
                print("右转")
                right(tty) # 调用右转函数
                pass
            else:
                print('无法识别')
        else:
            print('无音频设备')
            time.sleep(2)
    except Exception as e:
        print(e)


if __name__ == '__main__':
    tty = serial.Serial("/dev/ttyACM0", 115200)
    time.sleep(5)
    tty_reply(tty)
```

预览实验结果：（具体效果请参照实验演示）机械臂根据指令进行相应方向移动，并完成抬头、低头、复原初始坐标等指令。

结束预览：可以通过中断内核停止实验流程。

2. 任务流程

前面已经通过实验预览了解了本任务要实现的具体功能，接下来在完成任务之前，还要了解具体流程，以便更好地理解任务步骤并完成本任务。

首先要实例化机械臂（具体过程请参照任务1），用类函数创建对象。接着实例化语音设备，获取音频设备的ID，并设置初始化机械臂位置。在完成以上步骤后开始进行语音监听，对收集到的语音信号进行语音识别、语音合成，并在完成合成语音后进行相应的语音播报（具体步骤请参照任务1、任务2）。完成语音部分后，要设置相应的机械臂移动步骤来匹配所监听到的语音，例如点头函数、左转函数、右转函数、机械臂位置初始化等，来达到语音控制机械臂移动的目的。任务流程图如图3-3-5所示。

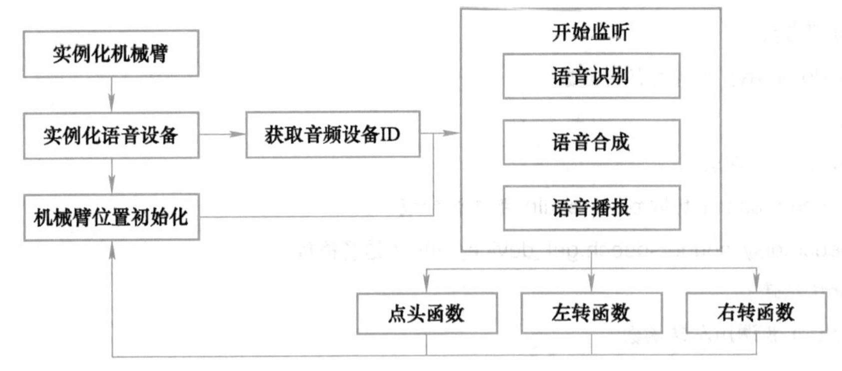

图3-3-5 任务流程图

3. 设置机械臂动作

本任务与任务2基于AI开发板实现离线TTS（../2_基于AI开发板实现离线TTS/基于AI开发板实现离线TTS.ipynb）中的机械臂执行动作语音提示内容相同，如图3-3-6所示。

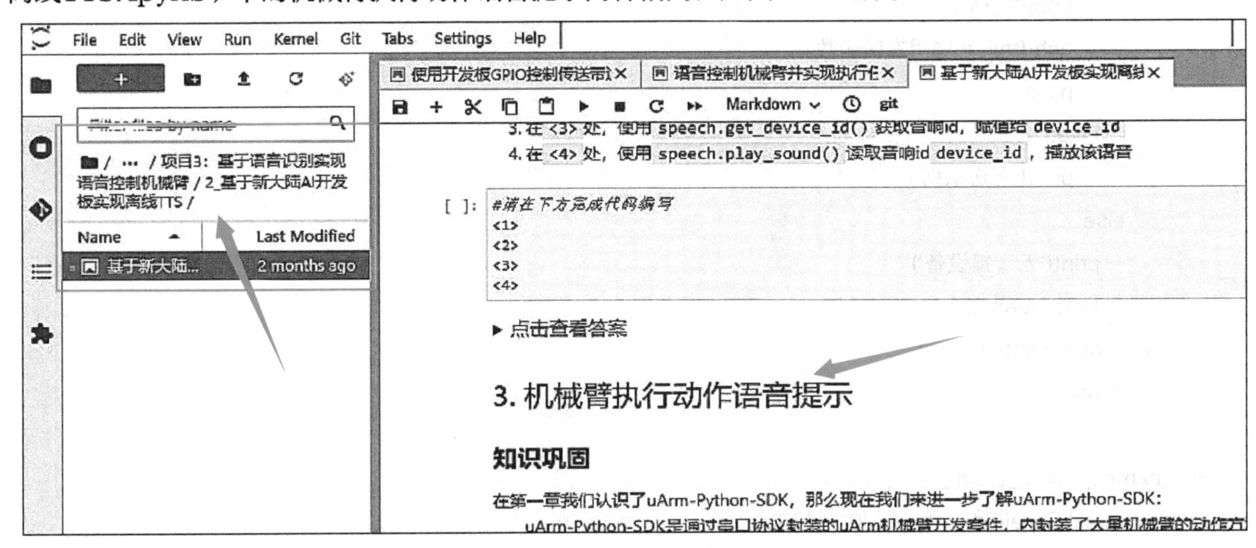

图3-3-6 机械臂执行动作语音提示

（1）机械臂完成等待指令

```
import re
import subprocess
import time
import serial

def wait_for_what(dev, what):
    """
    :param dev: 设备
    :param what: 等待指令
    :return: None
    """
    while True:
        line = dev.readline()
        # print(line)
        if line.find(what) >= 0:
            # print("break")
            break
```

（2）将机械臂动作进行函数封装

步骤一 实例化机械臂并设置波特率。

```
tty = serial.Serial("/dev/ttyACM0", 115200)
```

步骤二 设置机械臂对应的移动函数。

初始化机械臂位置：

```
def reset(tty):
    """
    初始化机械臂位置
    :param tty: 机械臂对象
    :return: None
    """
    tty.write(b"G0 X200 Y0 Z60 F90\n")  # 初始化位置
    wait_for_what(tty, b"ok")         # 等待指令
```

机械臂左转运动：

```
def left(tty):
    """
    左转运动
    :param tty: 机械臂对象
    :return: None
    """
    tty.write(b"G0 X200 Y-110 Z60 F90\n")  # 左转坐标
    wait_for_what(tty, b"ok")            # 等待指令
```

机械臂右转运动：

```
def right(tty):
    """
    右转运动
    :param tty: 机械臂对象
    :return: None
    """
    tty.write(b"G0 X200 Y110 Z60 F90\n")  # 右转坐标
    wait_for_what(tty, b"ok")           # 等待指令
```

机械臂点头运动：

```
def up_down(tty):
    """
    点头运动
    :param tty: 机械臂对象
    :return: None
    """
    tty.write(b"G0 X200 Y0 Z100 F90\n")   # 抬头坐标
    wait_for_what(tty, b"ok")           # 等待指令
    tty.write(b"G0 X200 Y0 Z50 F90\n")   # 低头坐标
    wait_for_what(tty, b"ok")           # 等待指令
    tty.write(b"G0 X200 Y0 Z60 F90\n")   # 初始坐标
    wait_for_what(tty, b"ok")           # 等待指令
```

4. 语音控制机械臂并实现应答功能

设置相应的语音控制机械臂并实现应答功能，如图3-3-7所示。

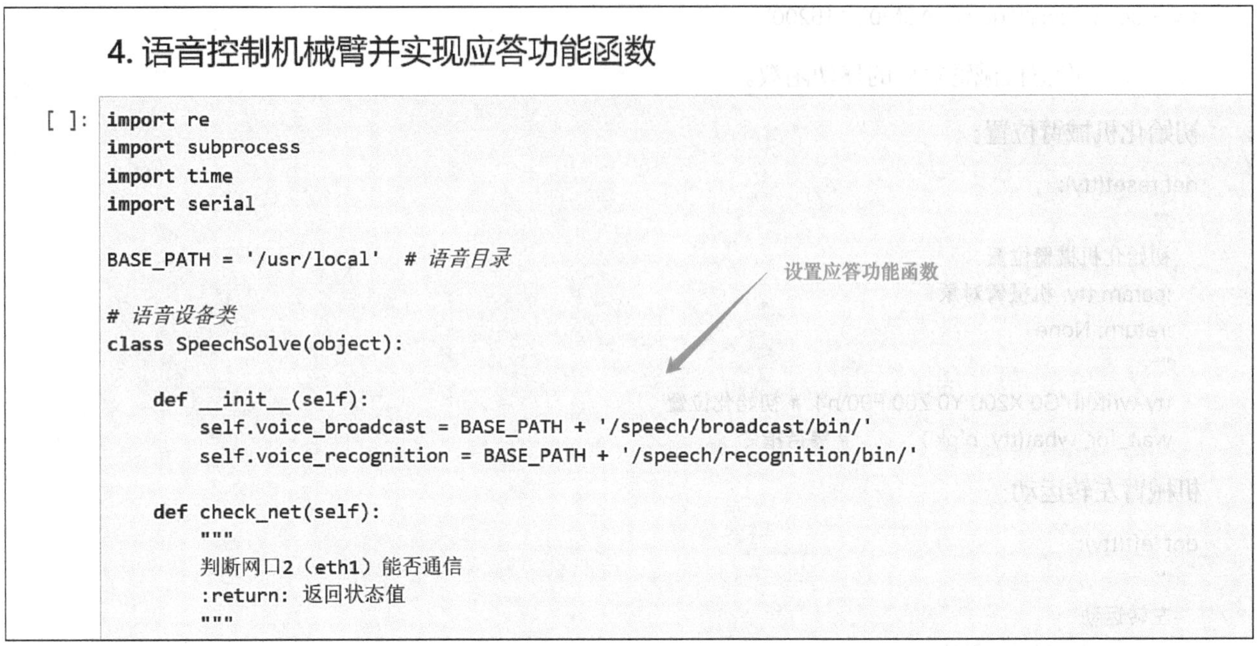

4. 语音控制机械臂并实现应答功能函数

```
[ ]: import re
     import subprocess
     import time
     import serial

     BASE_PATH = '/usr/local'  # 语音目录

     # 语音设备类
     class SpeechSolve(object):

         def __init__(self):
             self.voice_broadcast = BASE_PATH + '/speech/broadcast/bin/'
             self.voice_recognition = BASE_PATH + '/speech/recognition/bin/'

         def check_net(self):
             """
             判断网口2（eth1）能否通信
             :return: 返回状态值
             """
```

设置应答功能函数

图3-3-7　设置应答功能函数

动手练习❶

- 在<1>处，实例化语音类SpeechSolve()，赋值给变量speech。
- 在<2>处，使用reset()函数，初始化机械臂tty的位置。
- 在<3>处，使用<1>处定义的变量speech调用类中函数get_device_id()，获取音频设备ID。
- 在<4>处，使用<1>处定义的变量speech调用类中函数recognition()进行语音识别，并将返回值赋值给result。
- 在<5>处，仿照if判断语音识别结果为“点头”，完成左转逻辑编写。
- 在<6>处，仿照if判断语音识别结果为“点头”，完成右转逻辑编写。

```
def tty_reply(tty):
    <1>#请在此处添加代码
    while True:
        try:
            <2>#请在此处添加代码
            if <3>:#请在此处添加代码
                <4> # 语音识别
                if result == '点头':
                    speech.broadcast('收到' + result) # 语音合成
                    speech.play_sound(speech.get_device_id()) # 语音播放
                    print("点头")
```

```
                up_down(tty) # 调用点头函数
                pass
            elif <5>#请在此处添加代码
            elif <6>#请在此处添加代码
            else:
                print('无法识别')
        else:
            print('无音频设备')
                        time.sleep(2)
    except Exception as e:
        print(e)

if __name__ == '__main__':
    tty = serial.Serial("/dev/ttyACM0", 115200)
    time.sleep(5)
    tty_reply(tty)
```

结束预览，可以通过中断内核，停止实验流程。

5. 语音唤醒实验

（1）改写BNF文件

动手练习❷

- 在<1>处，增加一个awaken槽声明。
- 在<2>处，增加一个主规则awkControl。
- 在<3>处，主规则awkControl引用<awaken>。
- 在<4>处，槽的具体定义为“小陆小陆”。

```
#BNF+IAT 1.0 UTF-8;
!grammar call;

!slot <want>;
!slot <buy>;
//机械臂
!slot <tty>;
//唤醒
<1>#请在此处添加声明

!start <callstart>;
<callstart>:<wantbuy>|<ttyControl>|<2>#请在此处添加规则;
```

```
<wantbuy>:<want><buy>|<buy>;
<3>#请在此处添加引用<awaken>
<ttyControl>:<tty>;

<want>:我想|我要|请|帮我|我想要|请帮我;
<buy>:买|添加|购买;

//机械臂
<tty>:点头|左转|右转;

//唤醒
<4>#请在此处添加定义
```

完成动手练习2后，打开“./call.bnf ”路径下的BNF文件进行改写，将上述代码复制粘贴至BNF文件内。

执行以下代码，将改写后的BNF文件复制到语音识别目录下。

```
!cp ./call.bnf /usr/local/speech/recognition/bin/
```

（2）编写语音线程

通过语音线程的方式，优先识别到“小陆小陆”，达到唤醒效果，再进行后续的流程实验。如图3-3-8所示选择编写语音线程。

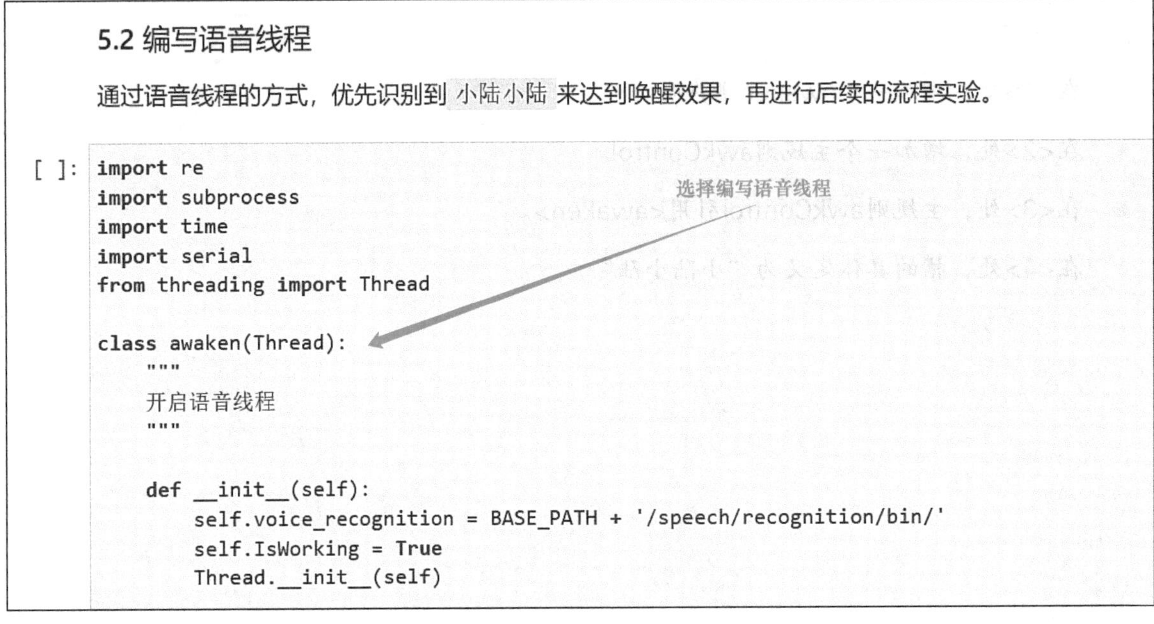

图3-3-8　编写语音线程

（3）将语音线程迭代进上述流程中

通过呼叫“小陆小陆”来进行唤醒，收到“小陆”给回提示“我在呢”，然后15s内命令机械臂进行“点头”“左转”“右转”。如无回应，则需要重新呼叫“小陆小陆”进行唤醒，详细步骤请查看Jupyter，如图3-3-9所示。运行后机械臂展示对应的效果如图3-3-10所示。

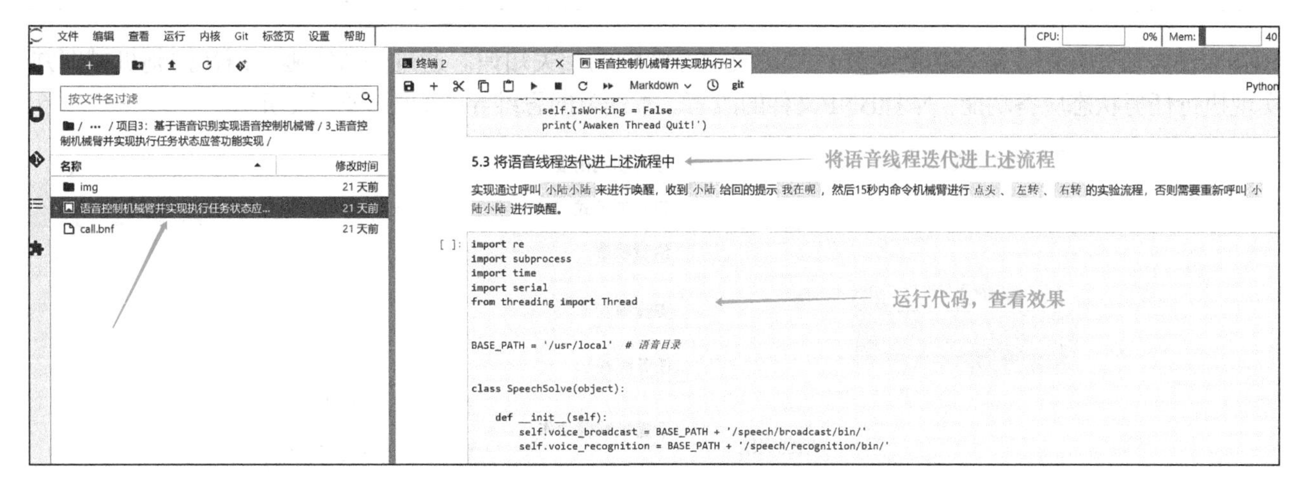

图3-3-9　运行代码并查看效果

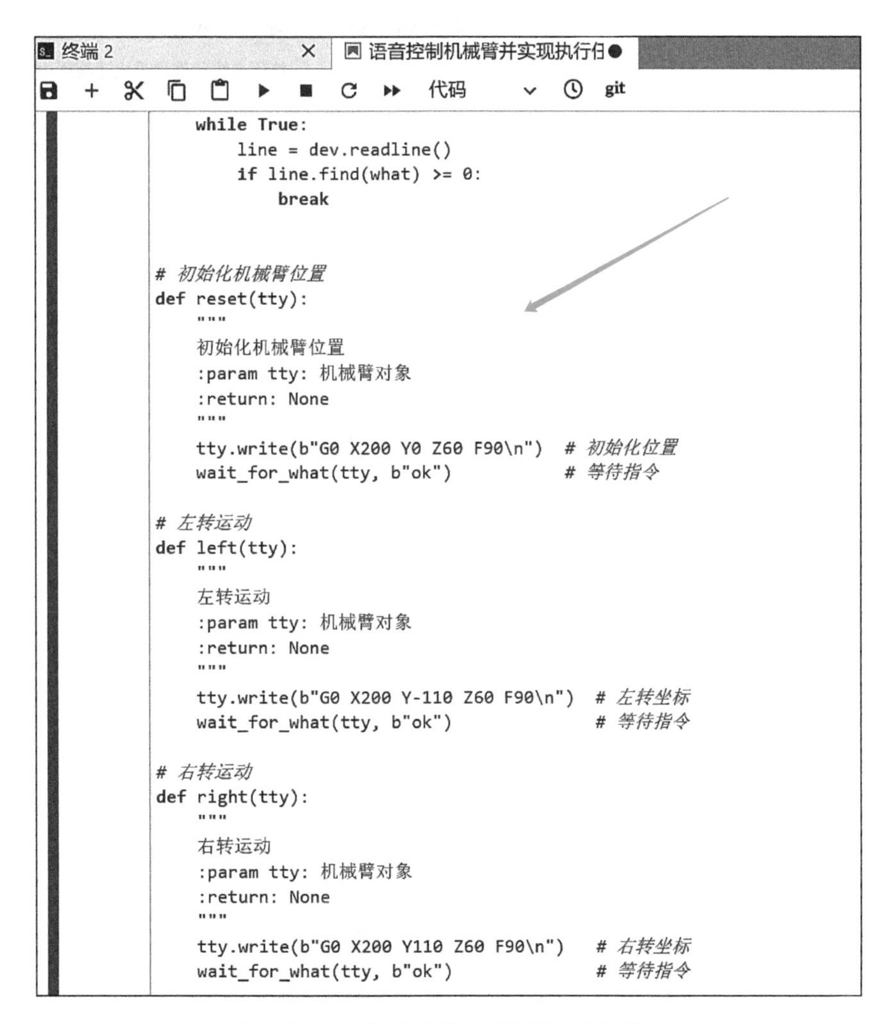

图3-3-10　运行后机械臂展示对应的效果

任务小结

本任务首先介绍了应答功能函数、BNF及语音唤醒的相关知识。通过任务实施，语音控制机械臂并实现执行任务状态应答功能，掌握BNF文件的改写。本任务的思维导图如图3-3-11所示。

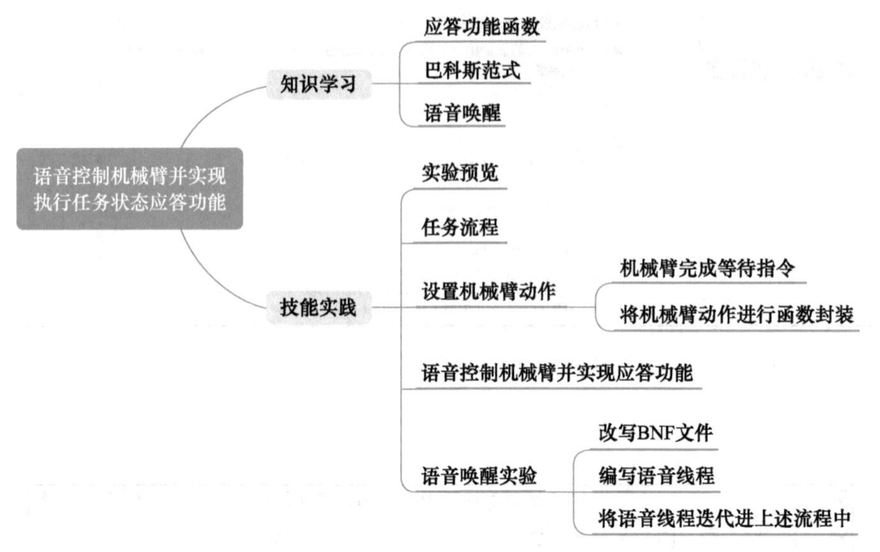

图3-3-11 思维导图

项目4

使用YOLO模型实现目标检测

项目导入

近年来，我国机器人技术取得了巨大的成就，很多重大工程应用享誉国际，极大地提升了国人的自豪感。例如，“中国天眼”（500米口径球面射电望远镜FAST）采用了并联机器人技术来驱动，而这离不开“中国天眼之父”南仁东对梦想的执着追求和坚守。南仁东放弃国外的高薪和优越的环境，历尽艰辛，终于建成了属于我国的大口径射电望远镜，极大地提升了我国在天文和科技领域的国际话语权。2021年6月，备受瞩目的中国空间站迎来了7自由度机械臂，它可以用于空间站的日常检查、维护，也可以用于对接飞船、捕获卫星等，这让中国空间站如虎添翼。此外，我国的嫦娥系列月球探测车、蛟龙号载人潜水器、国产大型邮轮、航空母舰等重大工程实践，机器人及其技术都在其中发挥着重大作用。

这些重大工程项目的成功，离不开科学家和工程师的艰苦奋斗。他们的爱国奉献和精益求精的大国工匠精神值得我们学习。我们应该加强对科技强国的认知，同时也应认识到祖国之强大，树立作为一个中国人的自豪感和爱国情怀。

任务1 机械臂色块分拣图像采集

知识目标

- 掌握图像采集的方法。
- 掌握OpenCV相关知识及保存图像的方法。

能力目标

- 能够使用色块采集的方法。

- 能够编写基于OpenCV的色块图像采集自动化脚本。

素质目标

- 具有认真严谨的工作态度，能及时完成任务。
- 具有动手实践、积极探索的能力。

任务分析

任务描述：

掌握图像数据采集的方法与要求，学习常用图像数据采集的方法，了解并学习OpenCV保存图像的方法，掌握基于OpenCV的色块图像采集自动化脚本编写。

任务要求：

- 了解并掌握常用图像数据采集方法。
- 了解并掌握OpenCV保存图像的方法，能够实现OpenCV保存图像，并能设置自动保存和手动保存。
- 完成编写基于OpenCV的色块图像采集自动化脚本。

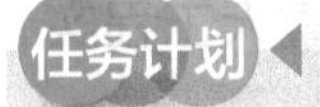

任务计划

根据所学相关知识，制订本任务的任务计划表，见表4-1-1。

表4-1-1　任务计划表

项目名称	使用YOLO模型实现目标检测
任务名称	机械臂色块分拣图像采集
计划方式	自我设计
计划要求	请用5个计划步骤来完整描述出如何完成本任务
序　　号	任 务 计 划
1	
2	
3	
4	
5	

知识储备

1. 常用图像数据采集方法

1）开源数据集。和代码开源一样，随着人工智能的发展，数据这种人工智能时代重要的资源已经有越来越多的公开资源了。可以直接下载所需的模型进行训练，如手写字数据集MNIST、目标检测数据集COCO、人脸识别LWF等，这些都是各自领域比较热门的公开数据集。

2）网络爬虫。网络上有非常多的数据资源，图片资源也非常多，而从网络上高效获取图片的方法是使用网络爬虫工具。网络爬虫也是一种获取图片数据的方法之一。

3）摄像采集。有时人工智能应用场景难以找到合适的且符合场景的数据集，这时候就需要根据实际的场景进行数据采集，而采集的方法是使用摄像头进行拍摄。

4）视频获取。有些时候需要的图片数据可能在一帧帧的视频里，这时候就需要从视频里将图像数据提取出来。

2. OpenCV

OpenCV（见图4-1-1）是一个基于Apache 2.0许可（开源）发行的跨平台计算机视觉和机器学习软件库，可以运行在Linux、Windows、Android和Mac操作系统上。它是轻量级软件而且高效，由一系列C函数和少量C++类构成，同时提供了Python、Ruby、MATLAB等语言的接口，实现了图像处理和计算机视觉方面的很多通用算法。OpenCV主要倾向于实时视觉应用，并在可用时利用MMX和SSE指令。它如今也提供对于C#、Ruby、GO的支持。

图4-1-1　OpenCV

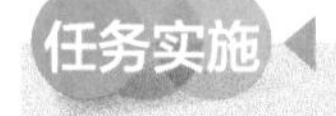

1. 使用OpenCV保存图像

通过OpenCV调用摄像头，每10s保存当前捕获的图片并按顺序进行命名，保存10张后停止。具体步骤如图4-1-2和图4-1-3所示。

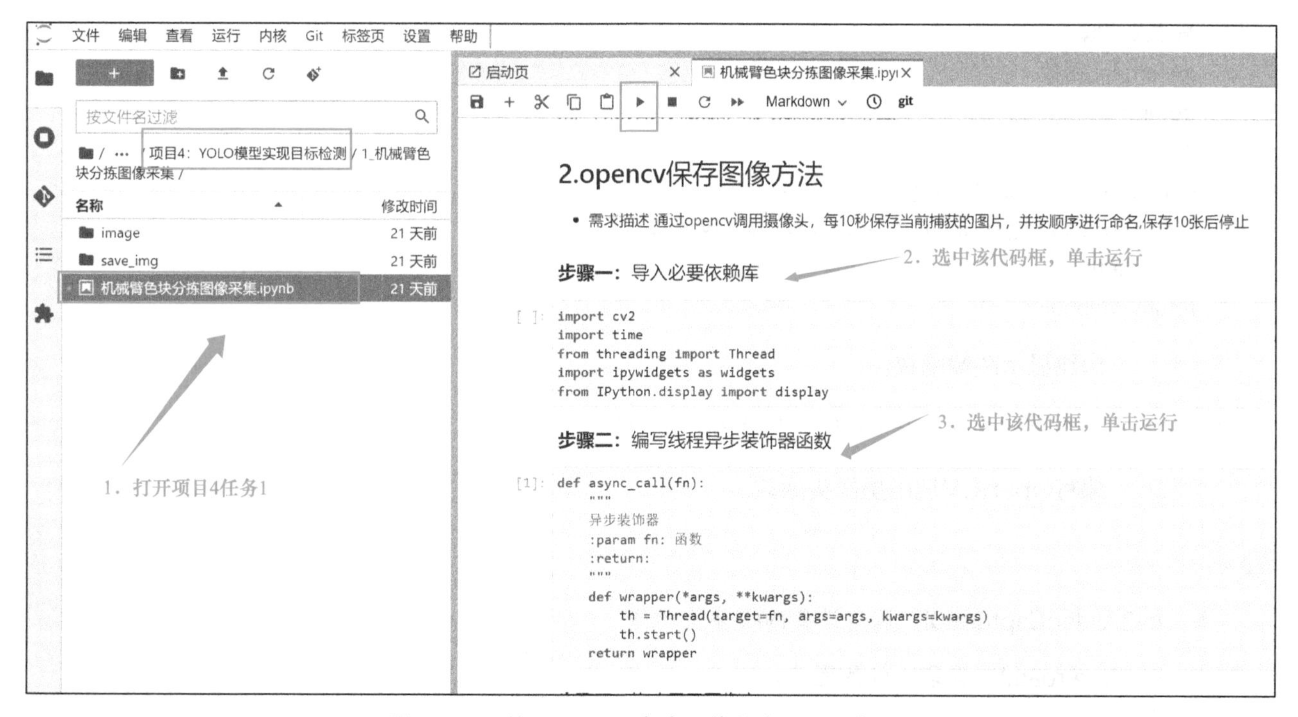

图4-1-2　使用OpenCV保存图像的步骤一、步骤二

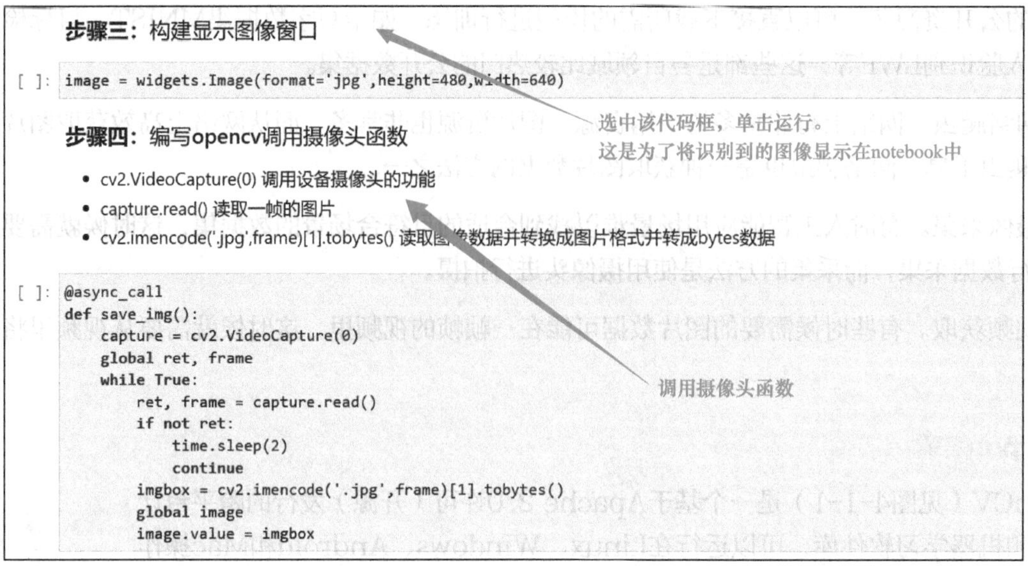

步骤三：构建显示图像窗口

```
[ ]: image = widgets.Image(format='jpg',height=480,width=640)
```

选中该代码框，单击运行。
这是为了将识别到的图像显示在notebook中

步骤四：编写opencv调用摄像头函数

- cv2.VideoCapture(0) 调用设备摄像头的功能
- capture.read() 读取一帧的图片
- cv2.imencode('.jpg',frame)[1].tobytes() 读取图像数据并转换成图片格式并转成bytes数据

```
[ ]: @async_call
     def save_img():
         capture = cv2.VideoCapture(0)
         global ret, frame
         while True:
             ret, frame = capture.read()
             if not ret:
                 time.sleep(2)
                 continue
             imgbox = cv2.imencode('.jpg',frame)[1].tobytes()
             global image
             image.value = imgbox
```

调用摄像头函数

图4-1-3　使用OpenCV保存图像的步骤三、步骤四，并得到图像

步骤一 导入必要的依赖库。

```
import cv2
import time
from threading import Thread
import ipywidgets as widgets
from IPython.display import display
```

步骤二 编写线程异步装饰器函数。

```
def async_call(fn):
    """
    异步装饰器
    :param fn: 函数
    :return:
    """
    def wrapper(*args, **kwargs):
        th = Thread(target=fn, args=args, kwargs=kwargs)
        th.start()
    return wrapper
```

步骤三 构建显示图像函数。

```
image = widgets.Image(format='jpg',height=480,width=640)
```

步骤四 编写OpenCV调用摄像头函数。

函数说明

- cv2.VideoCapture(0)：调用设备的摄像头功能。
- capture.read()：读取一帧的图片。
- cv2.imencode('.jpg',frame)[1].tobytes()：读取图像数据转成字节数据。

```
@async_call
def save_img():                              #保存图像函数
    capture = cv2.VideoCapture(0)           #采集图像
    global ret, frame
    while True:
        ret, frame = capture.read()         #读取图像
        if not ret:
            time.sleep(2)
            continue
        imgbox = cv2.imencode('.jpg',frame)[1].tobytes()
        global image
        image.value = imgbox
```

动手练习❶

1. 在<1>处，填写通过OpenCV使用USB摄像头的代码。
2. 在<2>处，填写通过OpenCV读取图像数据并将图片格式转换成字节数据的代码。

```
@async_call
def save_img():
    <1>
    global ret, frame
    while True:
        ret, frame = capture.read()
        if not ret:
            time.sleep(2)
            continue
        <2>
        global image
        image.value = imgbox
```

步骤五　保存图像前先清空save_img文件夹。

```
# 慎重执行，否则会清空采集好的图像数据
!rm -rf ./save_img/*.png
```

运行图像识别后得到的结果如图4-1-4所示。

步骤六　显示图像与保存图像。

采集图像时建议使用计算机与开发板直连的方式进行，使用无线方式采集图片时，可能会因为传输速度慢而导致摄像头画面延迟比较严重。

```
frame = None #图像全局变量
ret = None
save_img() #执行调用摄像头获取图片的函数
display(image)#显示图片
num = 1 #计数变量
while True:
    image_name = './save_img/'+str(num)+'.png' #图片名称构建，将图片保存在save_img目录
    if not ret:
```

```
        continue
    cv2.imwrite(image_name, frame) #保存图片
    print(str(num)+'.png')
    num +=1
    time.sleep(2)
    if num > 10: #大于10张图片后退出循环
        print("图像采集完毕！")
        break
```

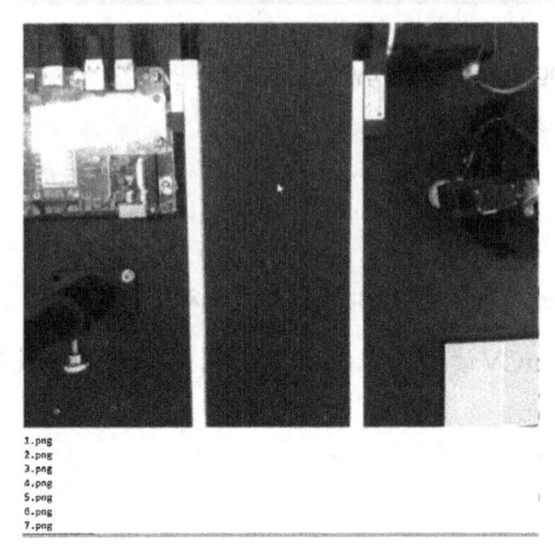

图4-1-4　运行图像识别后得到的结果

注意：图像采集完毕，重启内核释放摄像头资源，防止后续实验无法进行。

动手练习②

在上面的OpenCV保存图片代码的基础上，修改以下代码，让其可以通过手动控制进行图片保存（将摄像头变成一部自制的照相机）。

- 在<1>处，添加代码，使TakePhoto具备异步的功能。
- 在<2>处，添加代码，保证照相开关可以正常恢复。
- 在<3>处，添加代码，使图片可以正常保存。

打开Jupyter中的“动手实验”进行预览，如图4-1-5所示。

动手实验

在上面的OpenCV保存图片代码的基础上，修改以下代码，让其可以通过手动控制进行图片保存（将摄像头变成一部自制的照相机）

1. 在 <1> 处，添加代码，是TakePhoto具备异步的功能。
2. 在 <2> 处，添加代码，保证照相开关可以正常恢复。
3. 在 <3> 处，添加代码，使图片可以正常保存。

```
[ ]: import cv2
     import time
     from threading import Thread
     import ipywidgets as widgets
     from IPython.display import display

     def async_call(fn):
         """
         异步装饰器
         :param fn: 函数
         :return:
         """
         def wrapper(*args, **kwargs):
             th = Thread(target=fn, args=args, kwargs=kwargs)
             th.start()
         return wrapper

     image = widgets.Image(format='jpg',height=480,width=640)
```

图4-1-5　打开Jupyter中的动手实验

```
frame = None #图像全局变量
save_img() #执行调用摄像头获取图片的函数
display(image)#显示图片
take_photo = None #照相开关
exit_var = None #退出开关
<1>
def TakePhoto():
    global <2>
    print("等待照相.....")
    num = 1 #计数变量
    while True:
        image_name = './save_img/'+str(num)+'.png' #图片名称构建，将图片保存在save_img目录
        if (frame is None):
            continue
        if take_photo:   #照相开关打开
            <3>
            print("{0}拍照成功".format(str(num)+'.png'))
            num +=1
            take_photo = None
            print("等待照相.....")
        if exit_var: #退出循环
            break
def button():
    global take_photo  # 照相按钮
    take_photo = True

TakePhoto()
```

保存图像前先清空save_img文件夹。

```
# 慎重执行，否则会清空采集好的图像数据
!rm -rf ./save_img/*.png
```

重复执行button按钮代码，可重复拍照。

```
button
```

2. 基于OpenCV的色块图像采集自动化脚本编写

步骤一　导入必要的依赖库。

```
import cv2
import time
from threading import Thread
import ipywidgets as widgets
from IPython.display import display
```

步骤二　编写线程异步装饰器函数。

```
def async_call(fn): # 异步装饰器
    def wrapper(*args, **kwargs):
```

```
        th = Thread(target=fn, args=args, kwargs=kwargs)
        th.start()
    return wrapper
```

步骤三 构建显示图像窗口。

```
image=widgets.Image(format='jpg',height=480,width=640)
```

步骤四 编写OpenCV调用摄像头的函数。

```
@async_call
def save_img():
    capture = cv2.VideoCapture(0)
    global frame
    while True:
        ret, frame = capture.read()
        if not ret:
            time.sleep(2)
            continue
        imgbox = cv2.imencode('.jpg',frame)[1].tobytes()
        global image
        image.value = imgbox
```

步骤五 定义采集参数。

函数说明

- color_list：要采集色块的颜色种类。
- img_num：单种颜色采集图片数量。
- take_img：保存图片开关。

```
color_list = ["green","yellow","red","blue"]
img_num = 100
take_img = None
```

步骤六 定义功能函数。

```
@async_call
def collect():
    global take_img
    for c in color_list:
        for i in range(1,img_num+1):
            image_name = './image/'+c+'_'+str(i)+'.png'
            print("等待{0}保存".format(c+'_'+str(i)+'.png'))
            while True:
                if take_img:
                    cv2.imwrite(image_name, frame) #保存图片
                    print("{0}保存成功".format(c+'_'+str(i)+'.png'))
                    print("*"*30)
```

```
        take_img = None
        break
```

步骤七 定义保存图片开关。

```
color_list = ["green","yellow","red","blue"]
img_num = 100
take_img = None
```

步骤八 执行脚本。

```
frame = None
save_img()
display(image)
collect()
```

步骤九 保存图像前先清空image文件夹。

```
# 慎重执行，否则会清空采集好的图像数据
!rm -rf ./image/*.png
```

步骤十 保存图片。

选择合适的图片Jupyter单元格，选中代码button并按住<Ctrl+Enter>组合键即可保存要采集的图片。

```
button
```

任务小结

本任务首先介绍了常见的图像数据采集的方法以及OpenCV的相关知识。接着通过任务实施使用OpenCV来进行色块图像的采集与保存。本任务的思维导图如图4-1-6所示。

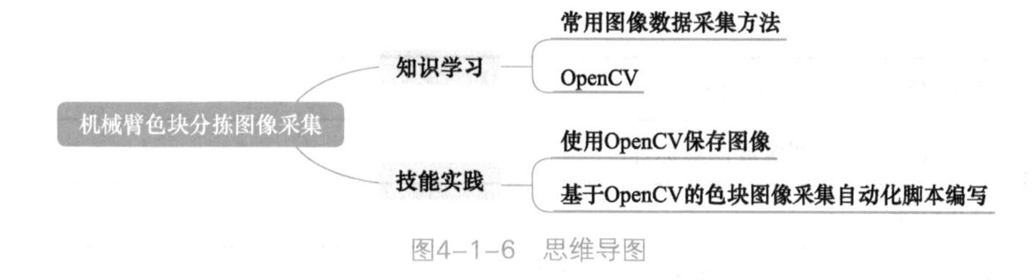

图4-1-6 思维导图

任务2 机器人色块分拣图像数据集标注

知识目标

- 熟悉数据标注及常见的标注工具。
- 熟悉目标检测图像标注的要求。

- 掌握数据转换的方法。

能力目标

- 能够安装并使用精灵标注助手工具。
- 能够完成数据的标注与转换。

素质目标

- 具有团队合作与解决问题的能力。
- 具有良好的职业道德精神。

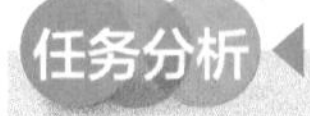

任务分析

任务描述：

本任务要求掌握精灵标注助手工具的使用，在Windows 10上安装图片标注工具；学习并了解目标检测图像标注要求；掌握标注数据转换，使用图片标注工具进行相应分类图片标注，并能够自行编写Python脚本，自动化处理标注数据。

任务要求：

- 掌握精灵标注助手工具的使用，完成工具安装。
- 掌握目标检测图像标注的要求，学习如何对图像数据进行类型标注。
- 标注数据并完成数据转换。

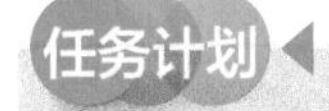

任务计划

根据所学相关知识，制订本任务的任务计划表，见表4-2-1。

表4-2-1　任务计划表

项目名称	使用YOLO模型实现目标检测
任务名称	机器人色块分拣图像数据集标注
计划方式	自我设计
计划要求	请用5个计划步骤来完整描述出如何完成本任务
序　号	任 务 计 划
1	
2	
3	
4	
5	

1. 数据标注

数据标注是指给原始数据（如图像、视频、文本、音频和3D等）添加标签的过程，带有标签的数据被称为训练数据，这些标签形成了数据属于哪一类对象的表示，帮助机器学习模型在未来遇到从未见过的数据时，也能准确识别数据中的内容。训练数据可以有多种形式，包括图像、语音、文本等特征，这取决于所使用的机器学习模型和手头要解决的任务。它可以是有标注的或无标注的。当训练数据被标注时，相应的标签被称为Ground Truth。

图像数据标注（见图4-2-1）包括2D包围框标注、多边形标注、语义分割标注、关键点标注、折线标注、立体框标注等。语音/音频数据标注是对来自人、动物、环境、乐器等的音频成分进行分类和转写。文本标注类型较为丰富，但不论哪种类型，它的主要意图是让机器学习算法能够理解文本背后的语义含义。

图4-2-1　图像数据标注

2. 数据转换

数据转换是将数据从一种格式或结构转换为另一种格式或结构的过程。数据转换对于数据集成和数据管理等活动至关重要。数据转换可以包括一系列活动：可以转换数据类型，通过删除空值或重复数据来清理数据、丰富数据或执行聚合，具体取决于项目的需要。

软件的全面升级带来了数据库的全面升级，每一个软件对其后面的数据库的构架与数据的存储形式都是不相同的，这样就需要数据的转换了。由于数据量不断增加，原来数据构架不合理，不能满足各方面的要求，从而需要数据本身的转换。

1. 在Windows 10上安装图片标注工具（精灵标注助手）

步骤一　下载精灵标注助手安装包。

可到http://www.jinglingbiaozhu.com上下载对应Windows 10版本的安装包，或使用实验提

供的资源包里的安装包进行安装。

步骤二 安装精灵标注助手，双击安装包，单击“我接受”按钮，如图4-2-2所示。

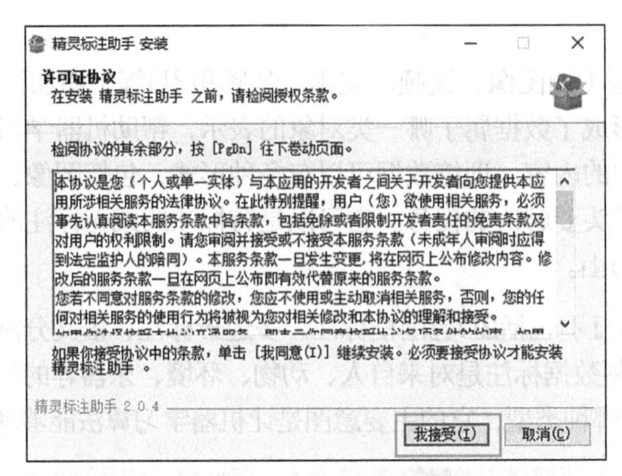

图4-2-2 单击“我接受”按钮

步骤三 选择安装目录并单击“安装”按钮进行软件安装，如图4-2-3所示。

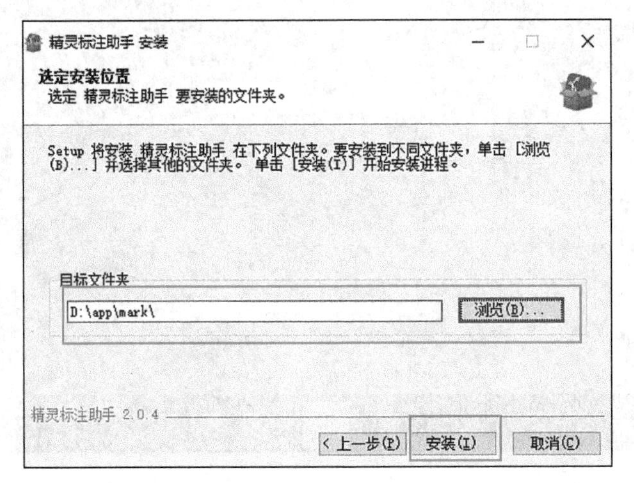

图4-2-3 选择安装目录

安装完成如图4-2-4所示。

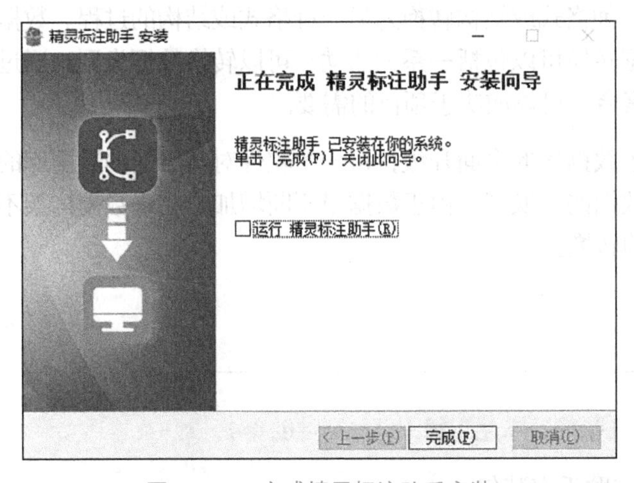

图4-2-4 完成精灵标注助手安装

步骤四 打开安装好的精灵标注工具，如图4-2-5所示。

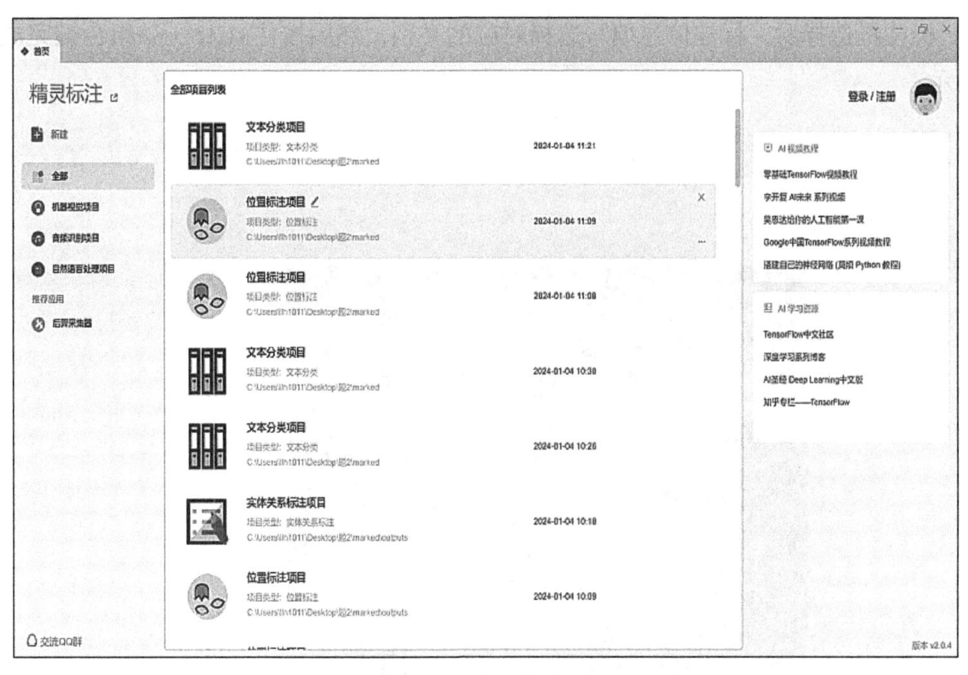

图4-2-5　打开标注工具

注：可以正常打开安装后的软件，则说明安装成功。

2．使用图片标注工具进行分类图片标注

步骤一　打开安装好的精灵标注工具，新建一个标注项目（图片数据在同级目录image. rar中），如图4-2-6所示。

图4-2-6　新建一个标注项目

步骤二　导入要标注的图片（导入的图片路径不能有中文），分类值填写“red, green，yellow, blue”，直接填写单词，中间使用英文逗号间隔，不需要附带引号，然后单击“创建”按钮，如图4-2-7所示。

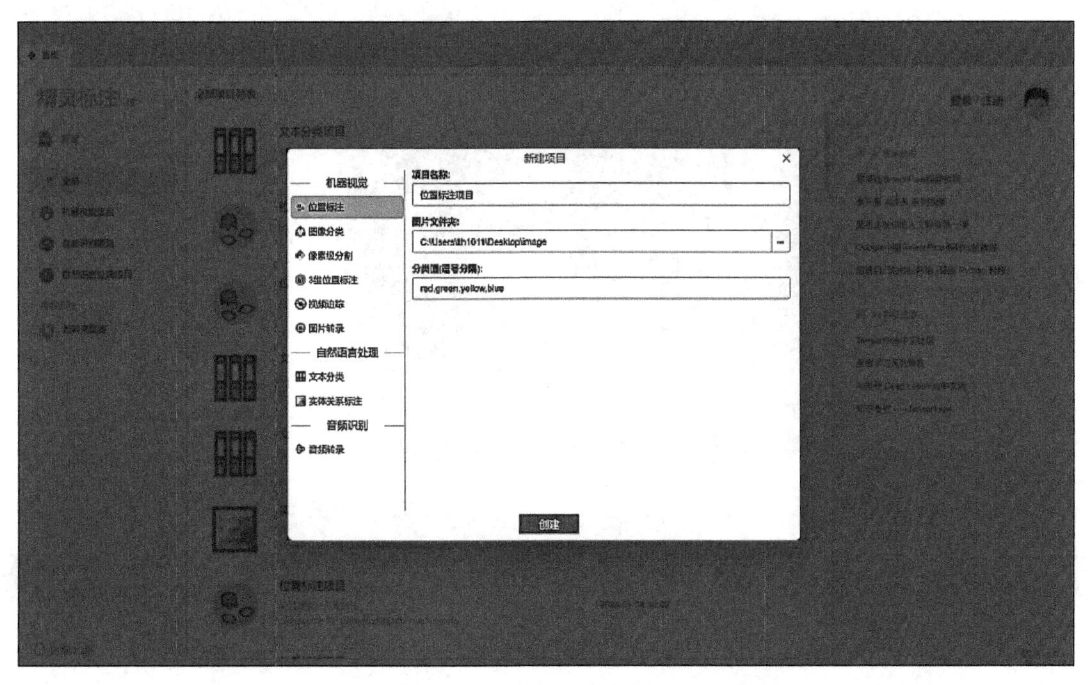

图4-2-7　新建一个标注项目

步骤三　标注框选择后，标注信息填写选择对应的类别，然后按住<Ctrl+S>组合键完成标注保存，如图4-2-8所示。

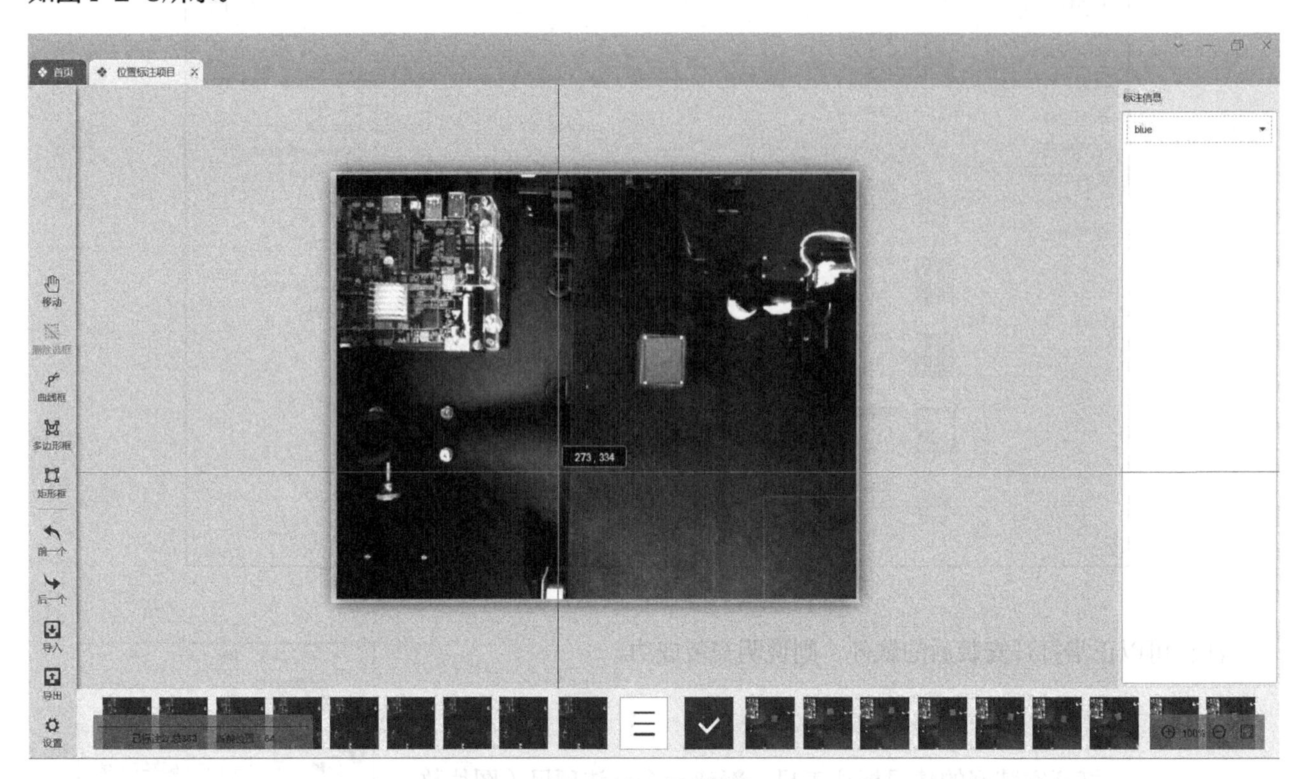

图4-2-8　框选标注

步骤四　进行下一个标注，如图4-2-9所示。

图4-2-9　进行下一个标注

步骤五　完成所有的数据标注后单击中间的菜单，导出标注信息xml文件，如图4-2-10所示。

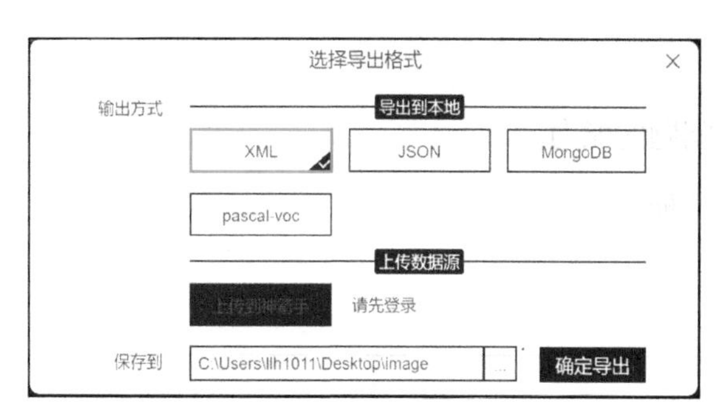

图4-2-10　选择格式后确定导出

动手练习

按上述分类数据标注的方法，将自己采集到的色块图片使用精灵标注助手进行分类标注，并将标注结果导出。

任务小结

本任务首先介绍了语音合成的定义、常见的方法及应用场景。通过任务实施，完成了使用图片标注工具进行分类图片标注的实验。

通过本任务的学习，读者将对图像数据集的标注有更深入的了解，在实践中逐渐熟悉标注流程。本任务相关的思维导图如图4-2-11所示。

图4-2-11　思维导图

任务3　机械臂色块分拣深度神经网络模型训练

知识目标

- 了解目标检测算法及应用。
- 了解YOLO模型网络结构。
- 了解模型量化。

能力目标

- 能够基于caffe框架进行物体分类模型训练。
- 能够进行数据集配置、数据转换、模型训练和评估。

素质目标

- 具有团队合作与解决问题的能力。
- 具有良好的职业道德精神。

任务分析

任务描述：

要求了解YOLO的模型结构，学习目标检测算法；学习并了解caffe框架下的色块模型训练；下载安装模型训练工具，了解并掌握模型训练工具的使用，完成数据集配置、数据转换、数据标注、模型训练等。

任务要求：

- 了解YOLO的模型结构及目标检测算法。
- 掌握基于caffe框架的色块模型训练。
- 掌握模型训练工具的使用方法。

任务计划

根据所学相关知识，制订本任务的任务计划表，见表4-3-1。

表4-3-1　任务计划表

项目名称	使用YOLO模型实现目标检测
任务名称	机械臂色块分拣深度神经网络模型训练
计划方式	自我设计
计划要求	请用5个计划步骤来完整描述出如何完成本任务
序　　号	任 务 计 划
1	
2	
3	
4	
5	

知识储备

1. 目标检测算法的任务及应用

（1）目标检测算法任务

目标检测算法任务是在给定的图片中精确找到物体所在的位置，并标注物体的类别，如图4-3-1所示。

图4-3-1　标注物体的类别

（2）目标检测算法应用

目标检测算法在人们的日常生活中有着许多应用实例，如自动驾驶、行人检测、农作物病害检测、垃圾分类等，如图4-3-2～图4-3-5所示。

图4-3-2　自动驾驶

图4-3-3　行人检测

图4-3-4　农作物病害检测

图4-3-5　垃圾分类

2. YOLO算法

（1）YOLO算法介绍

在了解了目标检测算法的应用实例后，接下来要了解目标检测算法任务中的核心YOLO算法，如图4-3-6和图4-3-7所示。

YOLO（You Only Look Once）是一种使用卷积神经网络进行目标检测的算法，也是其中速度较快的物体检测算法之一。虽然它不是最准确的物体检测算法，但是在需要实时检测并且准确度不需要过高的情况下，它是一个很好的选择。

与识别算法相比，检测算法不仅预测类别标签，还检测对象的位置。因此，它不仅将图像分类到一个类别中，还可以在图像中检测多个对象。该算法将单个神经网络应用于整个图像。这意味着该网络将图像分成区域，并为每个区域预测边界框和概率。这些边界框是由预测的概率加权的。

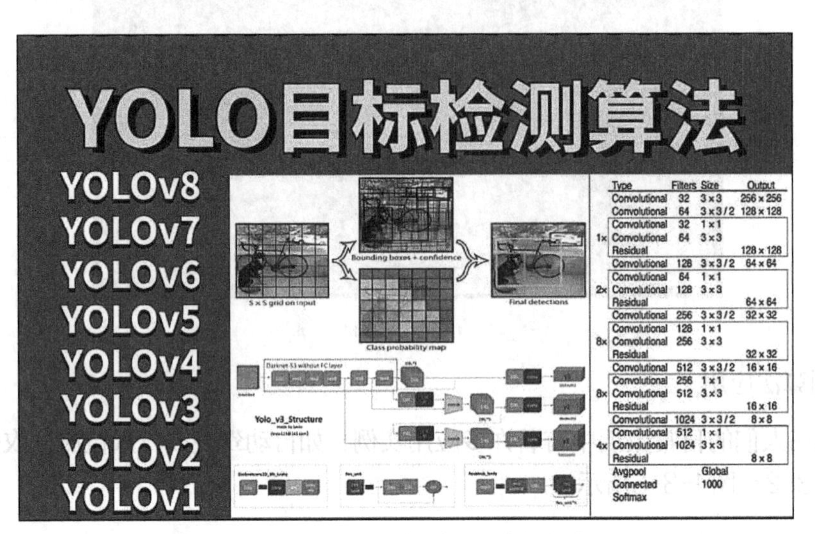

图4–3–6　YOLO算法版本

Real-Time Detectors	Train	mAP	FPS
100Hz DPM [31]	2007	16.0	100
30Hz DPM [31]	2007	26.1	30
Fast YOLO	2007+2012	52.7	**155**
YOLO	2007+2012	**63.4**	45
Less Than Real-Time			
Fastest DPM [38]	2007	30.4	15
R-CNN Minus R [20]	2007	53.5	6
Fast R-CNN [14]	2007+2012	70.0	0.5
Faster R-CNN VGG-16[28]	2007+2012	73.2	7
Faster R-CNN ZF [28]	2007+2012	62.1	18
YOLO VGG-16	2007+2012	66.4	21

图4–3–7　YOLO算法与其他算法比较

（2）YOLO算法网络结构

YOLO的网络结构参考GooLeNet模型，包含24个卷积层和2个全连接层，对于卷积层，主要使用1×1卷积来做channle reduction，紧跟3×3卷积。对于卷积层和全连接层，采用Leaky ReLU激活函数，最后一层采用线性激活函数。

3. 模型量化

模型量化即以较低的推理精度损失将连续取值（或者大量可能的离散取值）的浮点型模型权重或流经模型的张量数据定点近似（通常为int8）为有限多个（或较少的）离散值的过程，它是以更少位数的数据类型用于近似表示32位有限范围浮点型数据的过程，而模型的输入输出依然是浮点型，从而达到减少模型尺寸大小、减少模型内存消耗及加快模型推理速度等目标。

模型量化的优点：①缩小模型尺寸，如8位整型量化可减少75%的模型大小。②减少存储空间，在边缘侧存储空间不足时更具有意义。③易于在线升级，模型更小意味着更加容易传输。④减少内存耗用，更小的模型大小意味着不需要更多的内存。⑤加快推理速度，访问一次32位浮点型可以访问四次int8整型，整型运算比浮点型运算更快。⑥减少设备功耗，内存

知识拓展

扫一扫，详细了解神经网络、模型量化方法等相关知识。

神经网络与模型量化

耗用少了推理速度快了自然减少了设备功耗。⑦支持微处理器，有些微处理器属于8位的，低功耗运行浮点运算速度慢，需要进行8bit量化。

任务实施

1. caffe框架下的YOLO色块识别模型训练

(1) 下载模型训练工具

在本任务同级目录下载模型训练工具，如图4-3-8所示。

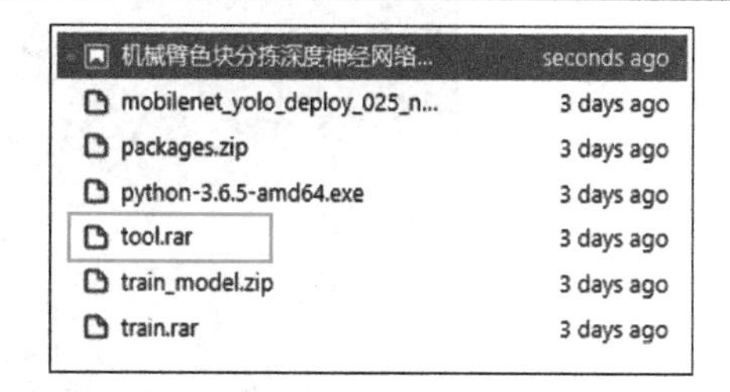

图4-3-8　下载模型训练工具

(2) 模型工具说明

此训练工具，仅适用于3559A开发板。

本工具仅限于caffe框架下物体分类模型训练，界面如图4-3-9所示。任务步骤如下：

1) 数据集配置：选择图片数据→选择标注数据→生成文本路径。

2) 数据转换：设置类别名称→选择caffe工具包路径→生成caffe数据库。

3) 模型训练：选择模型→设置训练类别数量→设置训练迭代次数→开始训练模型。

4) 模型评估：选择要评估的模型→选择deploy路径→加载图片→开始评估模型。

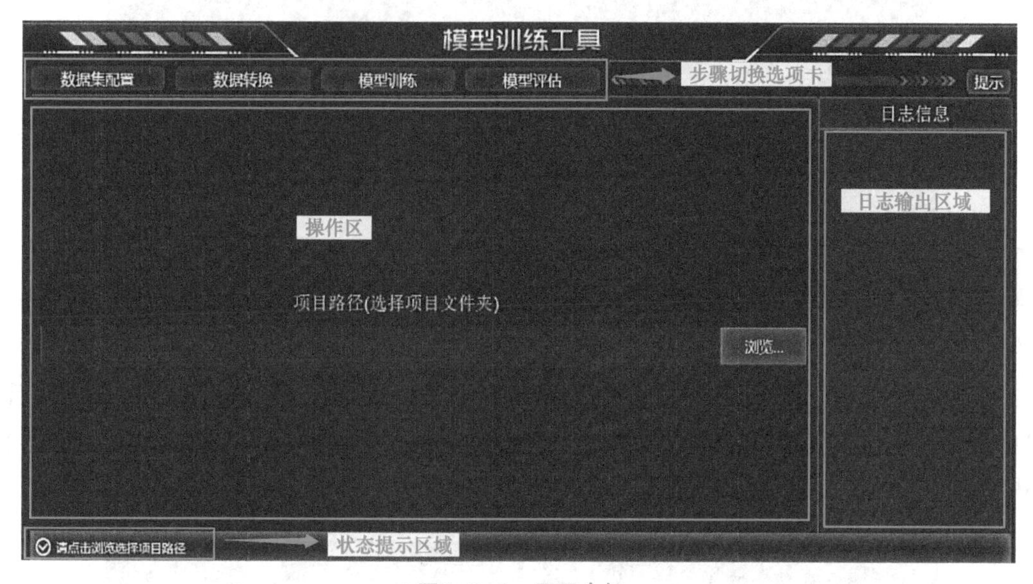

图4-3-9　界面介绍

(3) 步骤详解（详细内容请参考Jupyter中“2.2 模型训练工具”中的第三点）

1) 准备项目文件。

步骤一　下载并解压工具，单击“./ModelTool/caffetools.exe”，运行模型训练工具。

步骤二　在Windows 10任意磁盘新建一个项目文件夹，以英文形式命名，本操作文档项目文件夹为ToolTest。

步骤三　在模型训练工具中单击“浏览”按钮，选择项目路径，并在状态提示区展示相应的提示，如图4-3-10所示。

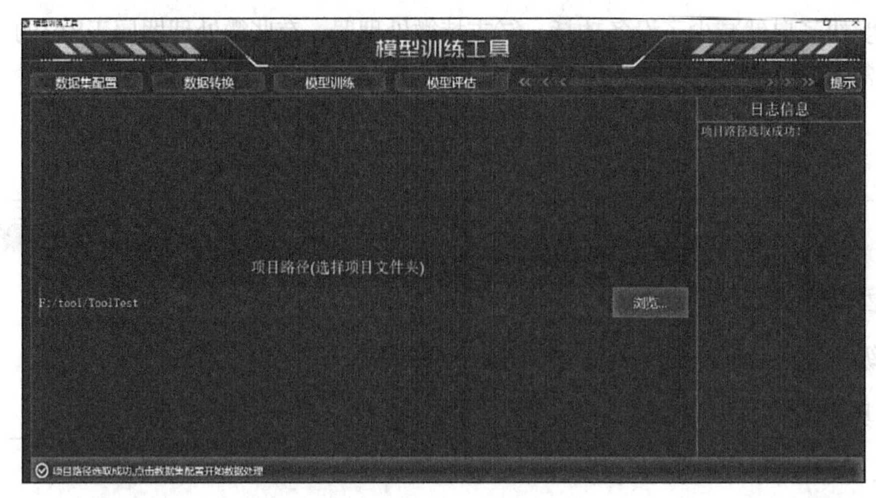

图4-3-10　选择项目路径

2）配置数据集。

步骤一　单击“数据集配置”选项卡进入数据集配置界面，如图4-3-11所示。

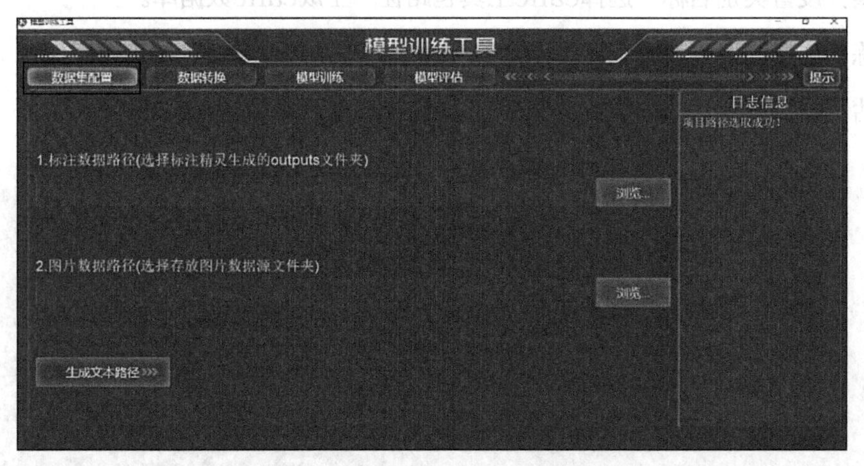

图4-3-11　进入数据集配置界面

步骤二　按界面信息，单击“浏览”按钮选择标注精灵生成的标注数据，路径选择成功后会在项目路径step1中生成“XMLLabels”文件夹（配套数据源路径：./train/data/outputs），如图4-3-12和图4-3-13所示。

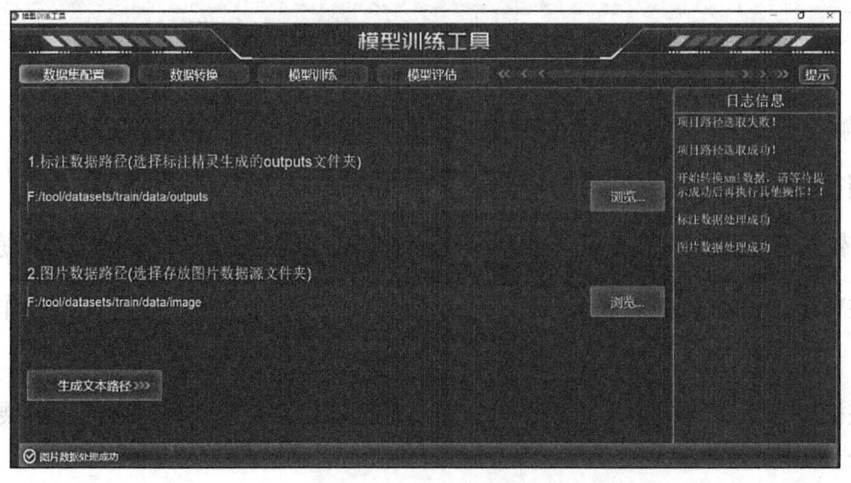

图4-3-12　生成标注数据

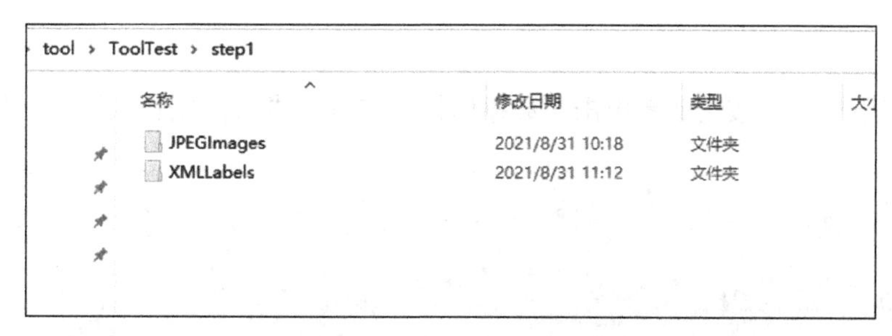

图4-3-13 在数据路径中生成文件夹

步骤三 单击“浏览”按钮，选择图片数据路径。选择成功后会在项目路径下step1中生成“JPEGImages”文件（配套数据源路径：./train/data/image），如图4-3-14和图4-3-15所示。

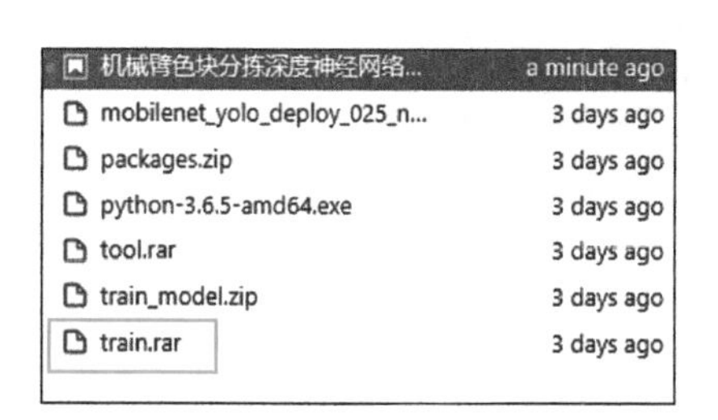

图4-3-14 选择图片数据路径

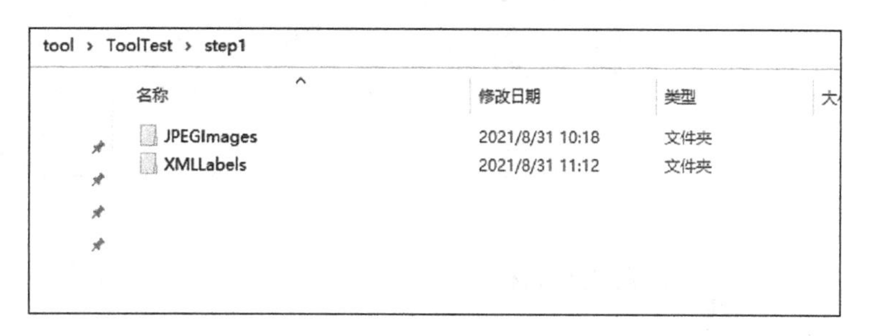

图4-3-15 生成文件夹

步骤四 单击“生成文本路径”按钮，执行成功后会在项目路径下step1中生成“trainval.txt”“test.txt”两个文件，如图4-3-16和图4-3-17所示。

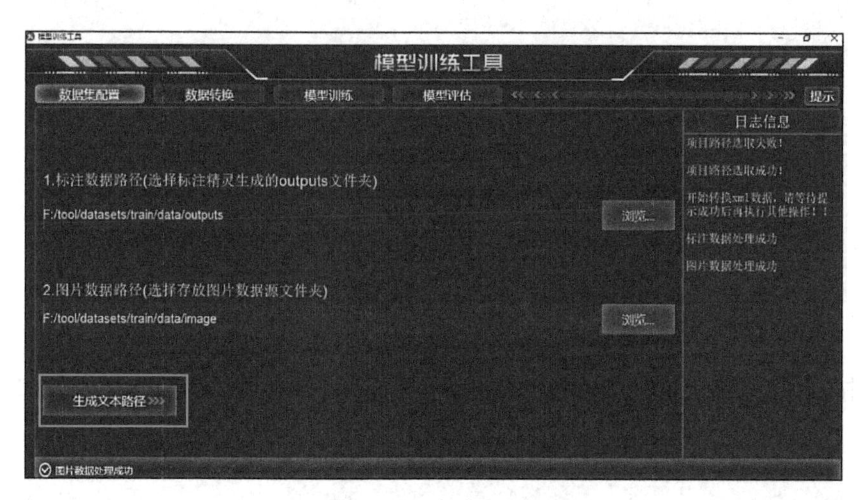

图4-3-16 生成文本路径

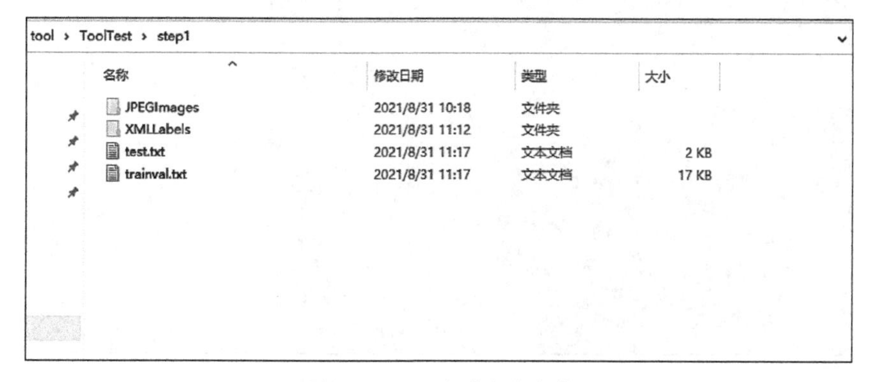

图4-3-17 生成文本文件

3）数据转换。

步骤一 单击“下一步”按钮或者单击“数据转换”选项卡进入数据转换界面，如图4-3-18所示。

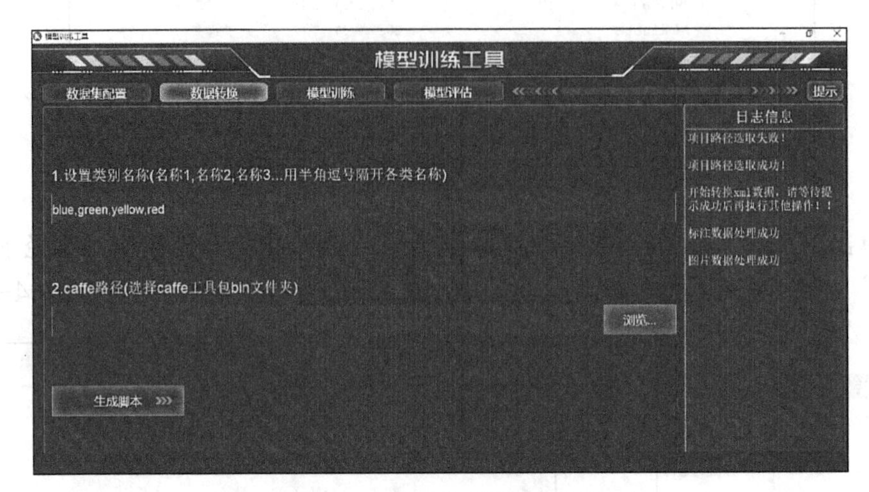

图4-3-18 进行数据转换

步骤二 设置类别名称，以半角逗号隔开，如图4-3-19所示。

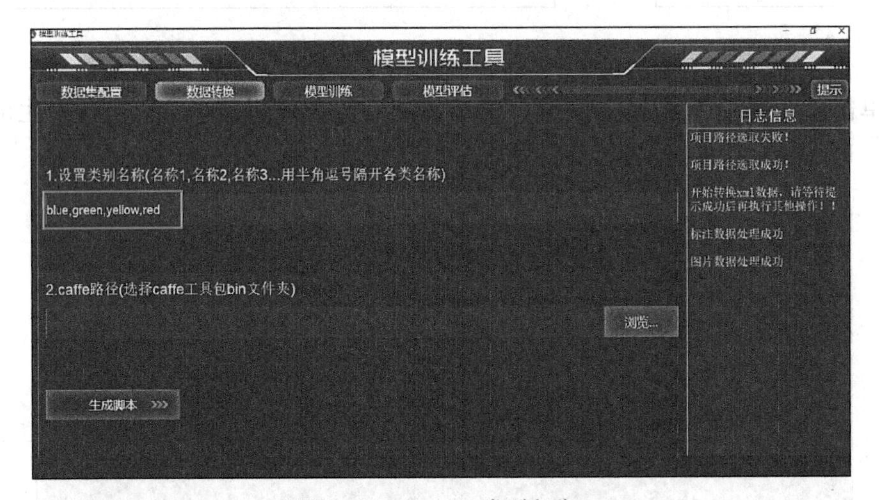

图4-3-19 设置类别名称

步骤三 单击“浏览”按钮，选择caffe工具包路径（配套工具包路径：./caffe），如图4-3-20所示。

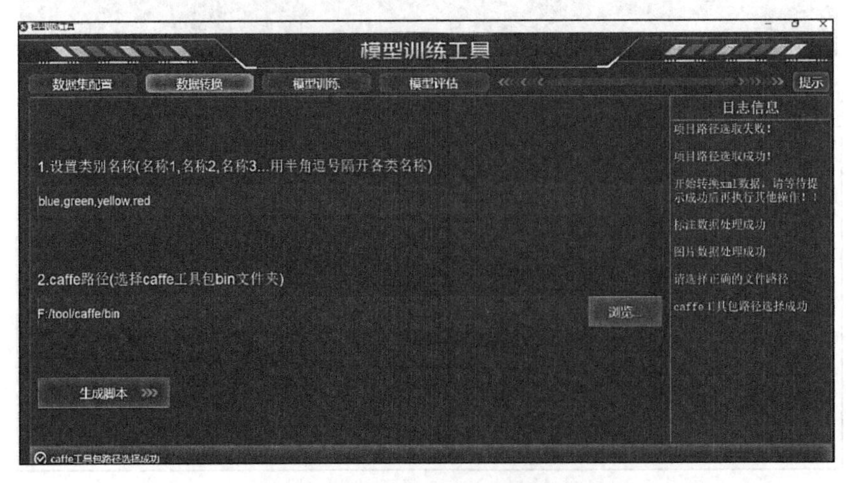

图4-3-20 选择caffe工具包路径

步骤四 单击“生成脚本”按钮，应用会在项目路径step2中生成“creat_lmdb.bat”“labelmap.prototxt”文件，如图4-3-21所示。

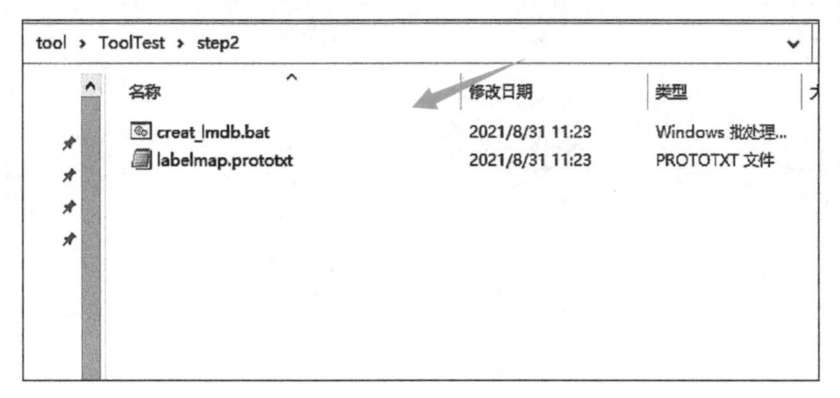

图4-3-21 生成脚本文件

步骤五 单击“运行脚本”按钮，应用会自动运行creat_lmdb.bat脚本，系统弹出命令窗口执行脚本，如图4-3-22所示。执行成功后会在项目路径step2中生成“test_lmdb”“trainval_lmdb”文件，如图4-3-23所示。

图4-3-22 运行脚本

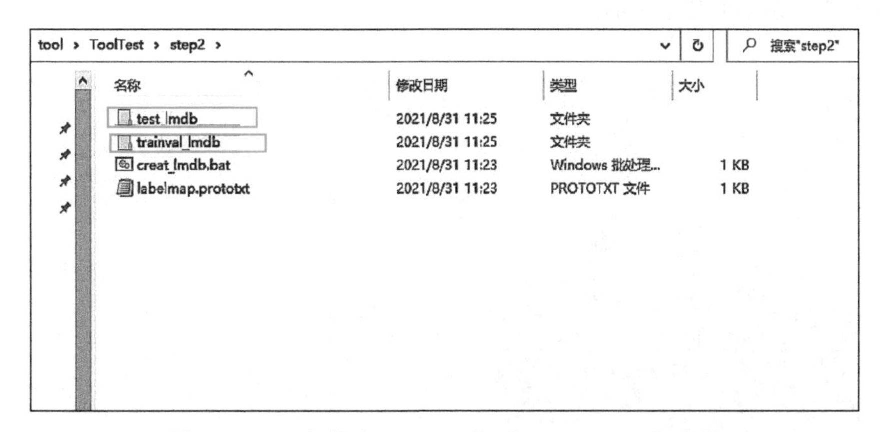

图4-3-23 生成“test_lmdb”“trainval_lmdb”文件

4）模型训练。

步骤一 单击“下一步”按钮或者“模型训练”选项卡，进入模型训练界面，如图4-3-24所示。

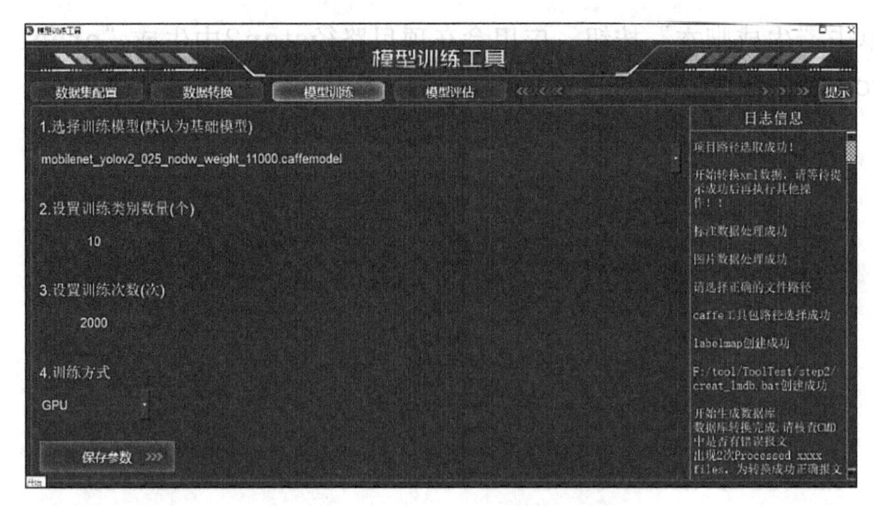

图4-3-24 进入“模型训练”选项卡

步骤二 输入训练类别数，本任务训练类别数为4类（blue, green, yellow, reed），输入4即可，如图4-3-25所示。

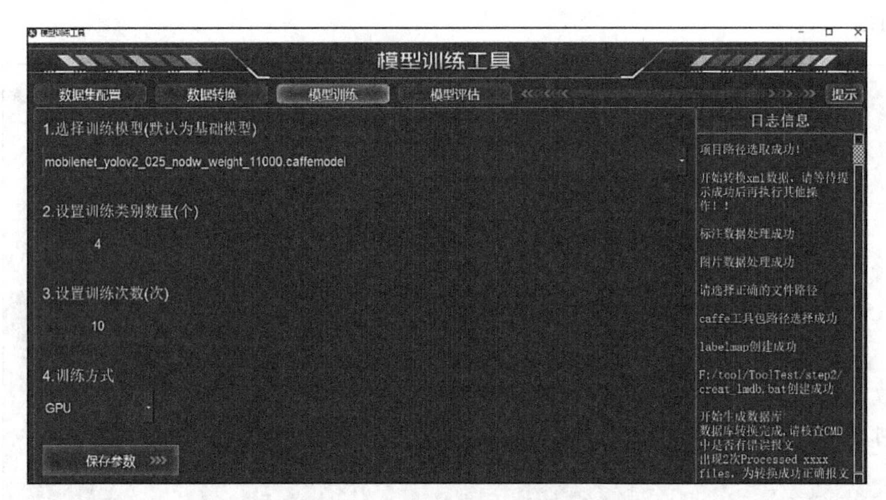

图4-3-25 输入训练类别数

步骤三 设置训练次数。为了方便演示，本次训练次数设置成10次，训练方式可根据机器配置选择GPU或CPU进行训练，如图4-3-26所示。

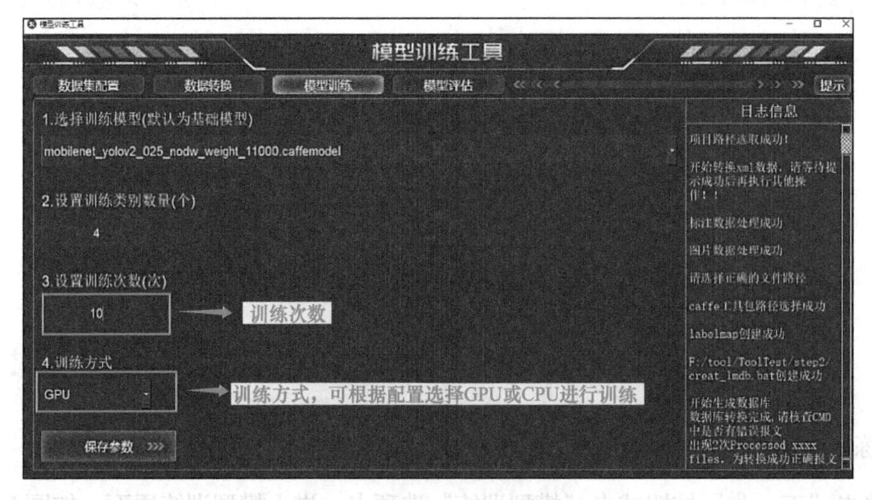

图4-3-26 设置训练次数

步骤四 保存参数，系统会在step3中生成图4-3-27中的文件。设置成功后的页面如图4-3-28所示。

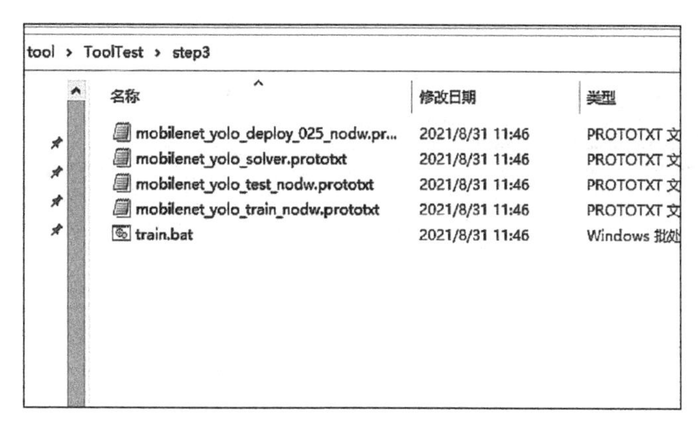

图4-3-27　系统生成文件

图4-3-28　设置成功后的页面

步骤五 单击“开始训练”按钮，系统会弹出命令行窗口开始训练模型。训练成功后，会在step3中生成模型文件、日志文件，如图4-3-29和图4-3-30所示。

图4-3-29　开始训练模型

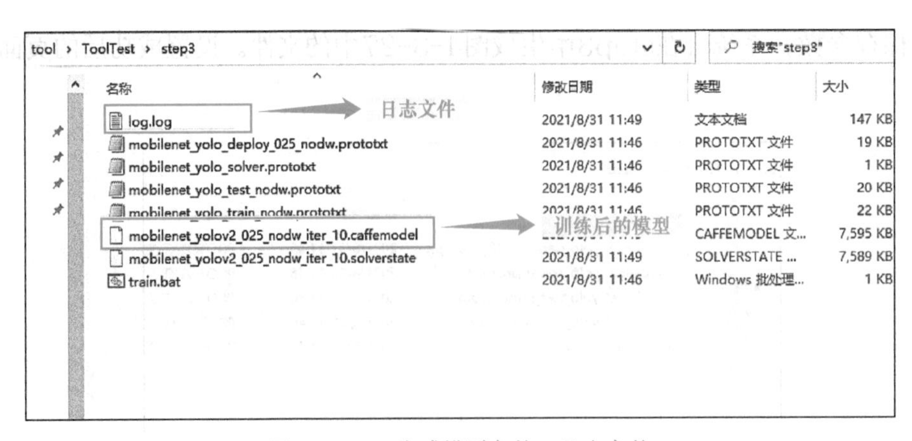

图4-3-30　生成模型文件、日志文件

5）模型评估。

步骤一　关闭训练窗口，单击“下一步”按钮或者“模型评估”选项卡进入模型评估界面，如图4-3-31所示。

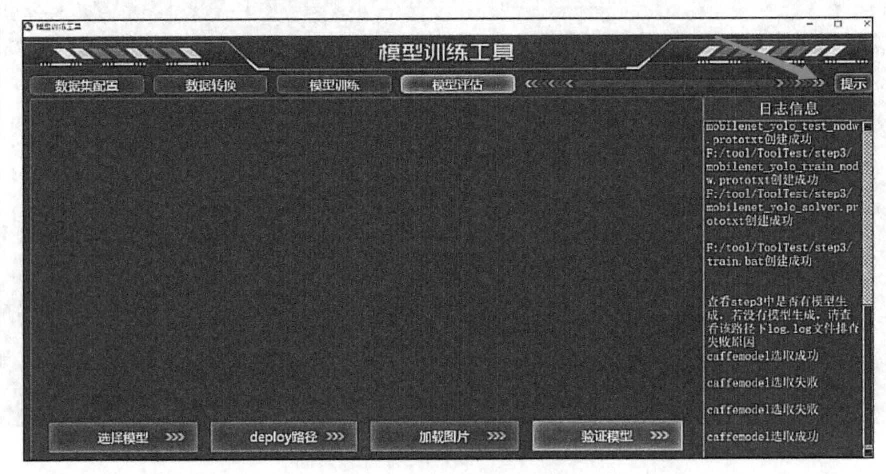

图4-3-31　进入模型评估界面

步骤二　单击“选择模型”按钮，选择本次训练生成的模型，然后在模型评估中选择已训练好的模型，如图4-3-32和图4-3-33所示。

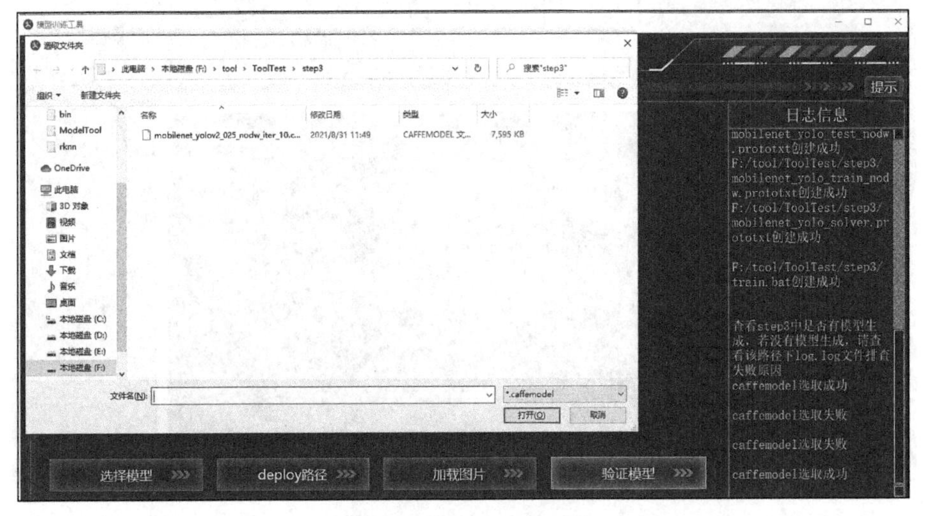

图4-3-32　选择模型

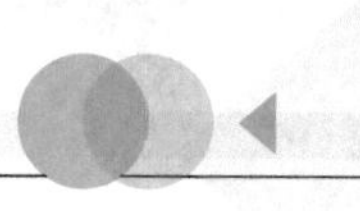

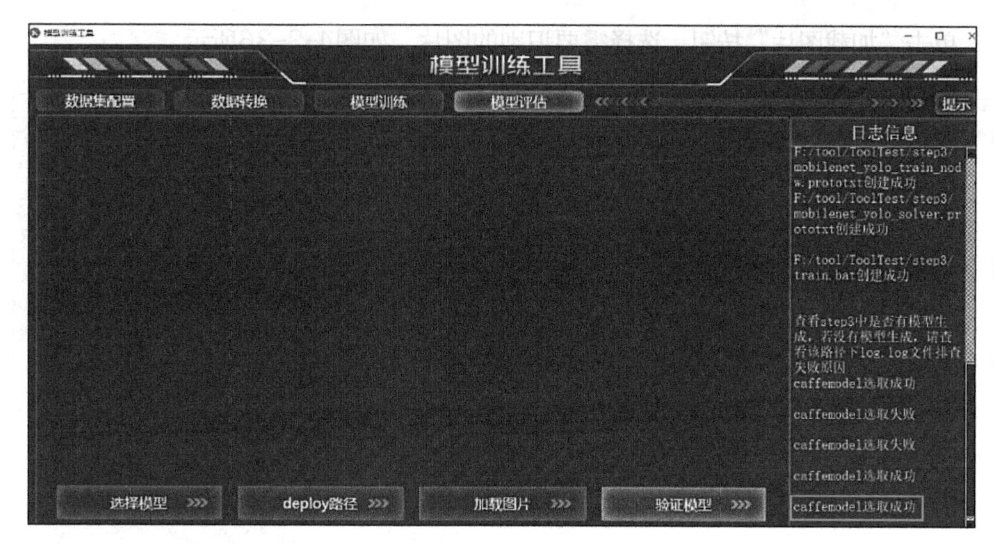

图4-3-33　模型评估选择已训练好的模型

步骤三　单击“deploy路径”按钮，选择deploy路径，如图4-3-34和图4-3-35所示。

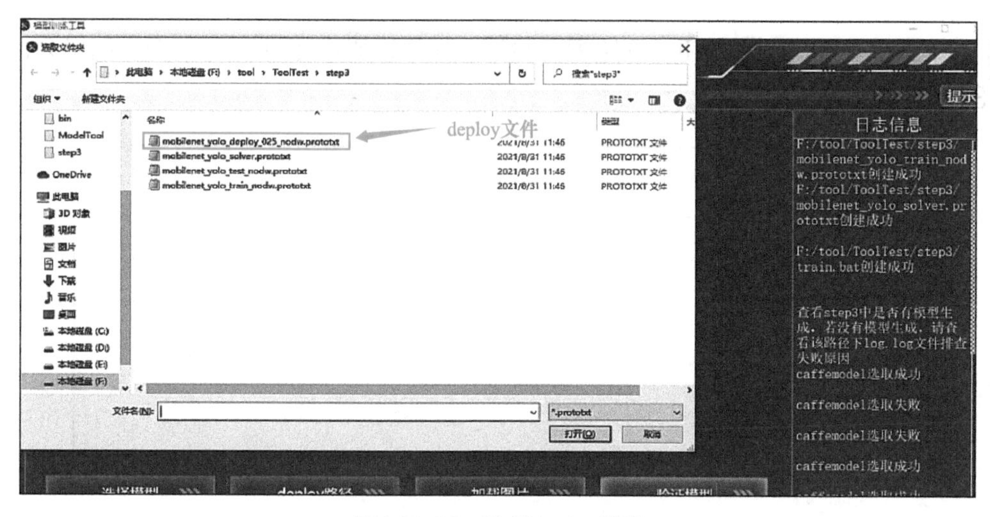

图4-3-34　选择deploy路径

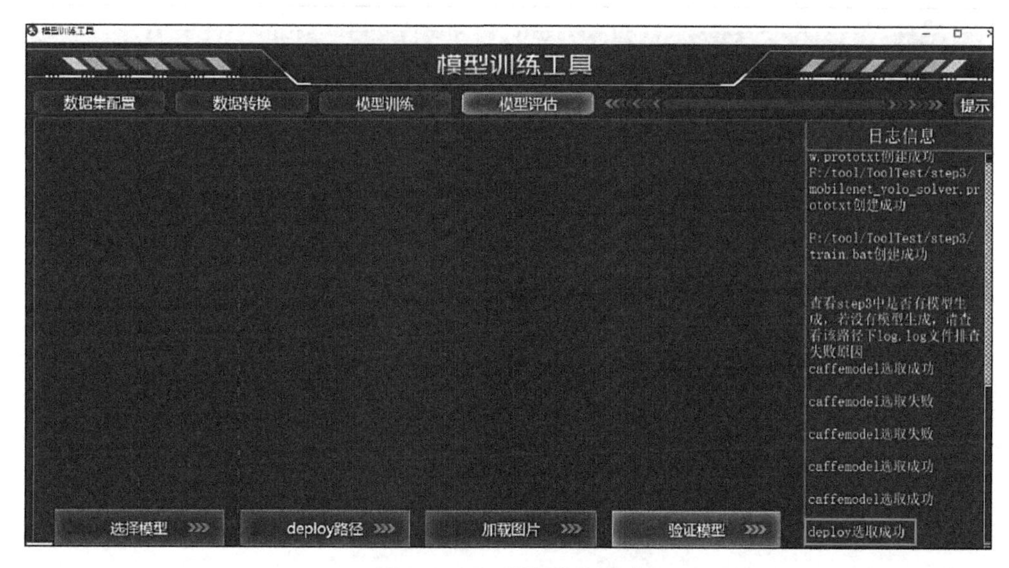

图4-3-35　路径选取成功

步骤四 单击“加载图片”按钮，选择需要识别的图片，如图4-3-36所示。

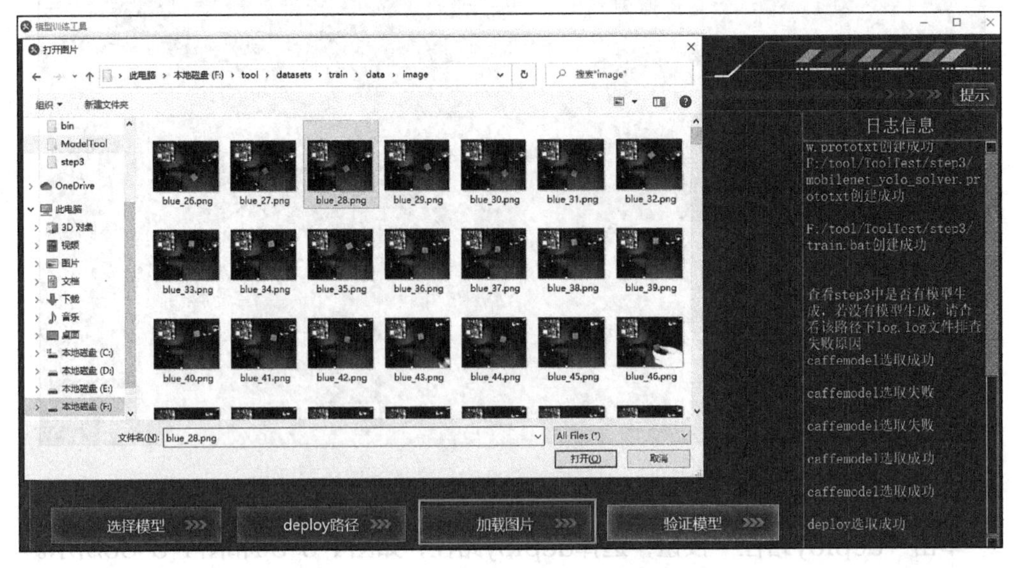

图4-3-36 选择需要识别的图片

步骤五 单击“验证模型”按钮，开始模型验证，如果准确率超过50%，识别结果会保存在step4中，如图4-3-37和图4-3-38所示。

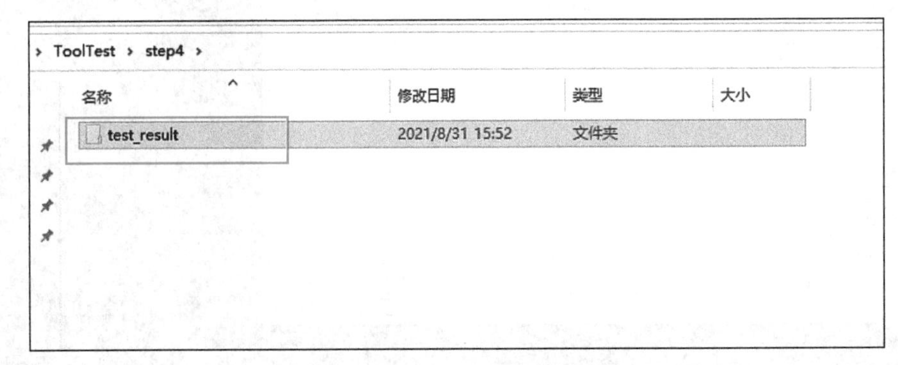

图4-3-37 开始模型验证

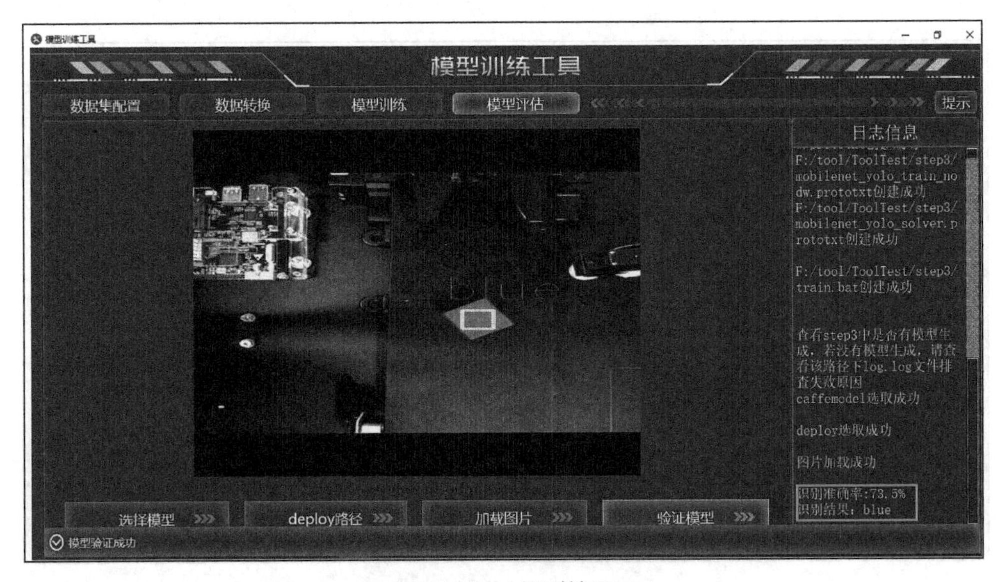

图4-3-38 识别结果

动手练习1

下载tool.rar工具包中自带的色块图片、标注数据，使用模型训练工具进行如下操作：

1）数据集配置。

2）数据转换，生成模型训练参数与网络结构。

3）填写模型训练参数，进行模型训练。

4）使用工具包对训练的模型进行模型评估，判断模型的准确率。

注意：若提示识别准确率低于50%，请优化模型，可自行增加训练数据进行迭代训练，提高模型识别准确率。

2. 使用RKNNToolkit工具对模型进行量化

步骤一　在Windows 10系统上安装RKNNToolkit工具。

1）在Windows 10系统上安装Python 3.6.5。

在本任务同级目录下载Windows 10的Python安装包，双击安装包，将Python添加到环境变量中，然后进行安装，如图4-3-39和图4-3-40所示。

图4-3-39　对模型进行量化

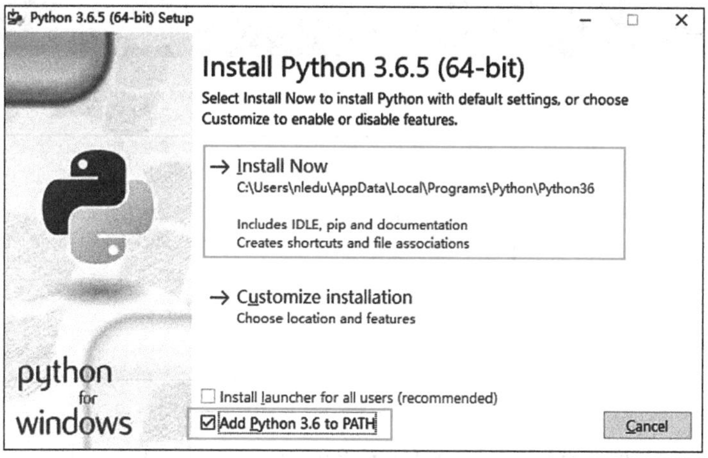

图4-3-40　打开安装包

安装完成后打开cmd输入python命令，结果如图4-3-41所示，则Python安装成功。

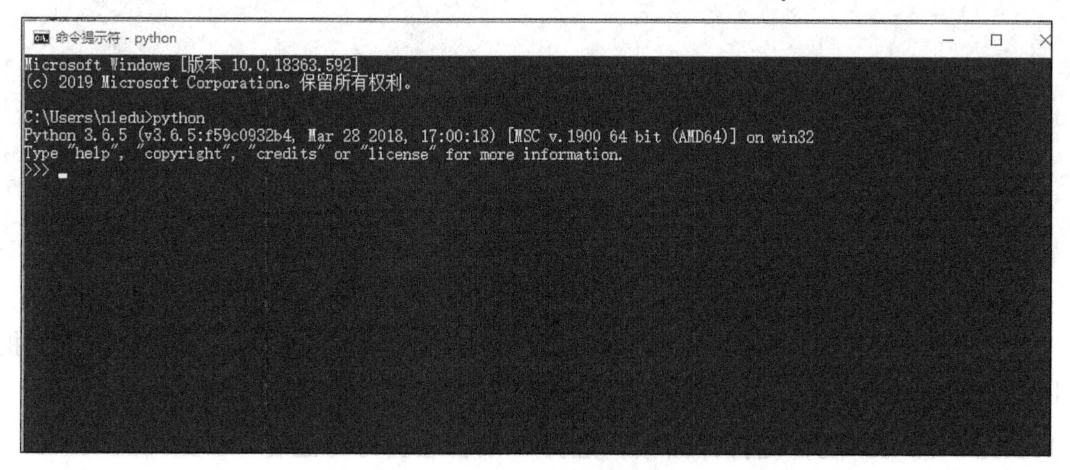

图4-3-41　安装结果

2）安装RKNNToolkit工具。

① 下载本任务同级目录下的packages. zip安装包，并进行解压，如图4-3-42所示。

机械臂色块分拣深度神经网络...	2 days ago
mobilenet_yolo_deploy_025_n...	3 days ago
packages.zip	3 days ago
python-3.6.5-amd64.exe	3 days ago
tool.rar	3 days ago
train_model.zip	3 days ago
train.rar	3 days ago

图4-3-42　解压安装包

② 用Python在解压后的packages目录下创建虚拟环境，命令为：python -m venv env，如图4-3-43所示。打开解压后的安装包如图4-3-44所示。

```
PS F:\rknn\packages\rknn_toolkit\新建文件夹 (2)\toolkit\packages> python -m venv env
PS F:\rknn\packages\rknn_toolkit\新建文件夹 (2)\toolkit\packages> _
```

图4-3-43　在packages目录下创建虚拟环境

名称	修改日期	类型	大小
env	2021/9/2 10:40	文件夹	
pip_packages	2021/9/1 17:41	文件夹	
requirements.txt	2021/9/1 17:45	文本文档	2 KB

图4-3-44　打开解压后的安装包

③ 进入虚拟环境，安装RKNToolkit，启动虚拟环境，如图4-3-45所示。

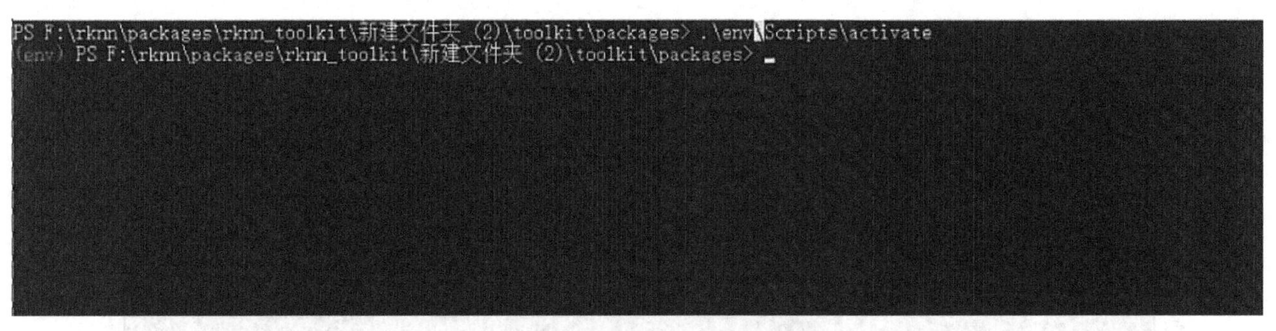

图4-3-45　启动虚拟环境

注意：若启动虚拟环境时，提示“无法加载文件……因为在此系统上禁止运行脚本”的报错提示，解决方法如下：

按<Windows+X>组合键打开面板，选择“以管理员身份运行”PowerShell，输入：set-executionpolicy remotesigned，接下来输入y表示执行，如图4-3-46所示。

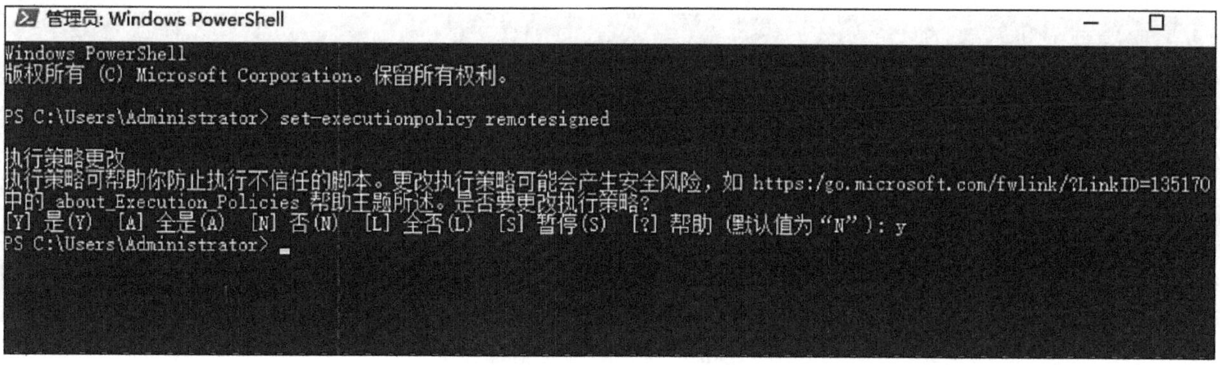

```
管理员: Windows PowerShell
Windows PowerShell
版权所有 (C) Microsoft Corporation。保留所有权利。

PS C:\Users\Administrator> set-executionpolicy remotesigned

执行策略更改
执行策略可帮助你防止执行不信任的脚本。更改执行策略可能会产生安全风险，如 https:/go.microsoft.com/fwlink/?LinkID=135170
中的 about_Execution_Policies 帮助主题所述。是否要更改执行策略?
[Y] 是(Y)  [A] 全是(A)  [N] 否(N)  [L] 全否(L)  [S] 暂停(S)  [?] 帮助 (默认值为“N”): y
PS C:\Users\Administrator> _
```

图4-3-46 以管理员身份运行

注意：若正常进入虚拟环境，则跳过上述步骤。

更新pip工具：python -m pip install --upgrade pip。

安装RKNToolkit，如图4-3-47所示，执行命令：pip install --no-index --find-links=./pip_packages -r requirements.txt。

```
  Preparing metadata (setup.py) ... done
Processing d:\newland_edu\work_folder\base_3399pro20220210\packages\pip_packages\zipp-3.5.0-py3-none-any.whl
Requirement already satisfied: setuptools in d:\newland_edu\work_folder\base_3399pro20220210\packages\env\lib\site-packages (from
protobuf==3.11.2->-r requirements.txt (line 36)) (39.0.1)
Processing d:\newland_edu\work_folder\base_3399pro20220210\packages\pip_packages\wheel-0.37.0-py2.py3-none-any.whl
Processing d:\newland_edu\work_folder\base_3399pro20220210\packages\pip_packages\setuptools-57.4.0-py3-none-any.whl
Using legacy 'setup.py install' for dill, since package 'wheel' is not installed.
Using legacy 'setup.py install' for future, since package 'wheel' is not installed.
Using legacy 'setup.py install' for onnx-tf, since package 'wheel' is not installed.
Using legacy 'setup.py install' for pyreadline, since package 'wheel' is not installed.
Using legacy 'setup.py install' for sklearn, since package 'wheel' is not installed.
Using legacy 'setup.py install' for termcolor, since package 'wheel' is not installed.
Using legacy 'setup.py install' for wrapt, since package 'wheel' is not installed.
Installing collected packages: zipp, typing-extensions, six, setuptools, numpy, threadpoolctl, scipy, protobuf, MarkupSafe, jobli
, importlib-metadata, dataclasses, colorama, wheel, Werkzeug, urllib3, scikit-learn, PyYAML, pyreadline, onnx, Markdown, Jinja2,
tsdangerous, idna, h5py, grpcio, future, decorator, click, chardet, certifi, absl-py, wrapt, torch, termcolor, tensorflow-estimat
r, tensorboard, sklearn, ruamel.yaml, requests, psutil, ply, Pillow, opencv-python, onnx-tf, networkx, lmdb, Keras-Preprocessing,
Keras-Applications, google-pasta, gast, flatbuffers, Flask, dill, astor, torchvision, tensorflow, rknn-toolkit, graphviz, cached-
roperty
  Attempting uninstall: setuptools
    Found existing installation: setuptools 39.0.1
    Uninstalling setuptools-39.0.1:
      Successfully uninstalled setuptools-39.0.1
    Running setup.py install for pyreadline ... done
    Running setup.py install for future ... done
    Running setup.py install for wrapt ... done
    Running setup.py install for termcolor ... done
    Running setup.py install for sklearn ... done
    Running setup.py install for onnx-tf ... done
    Running setup.py install for dill ... done
Successfully installed Flask-1.0.2 Jinja2-3.0.1 Keras-Applications-1.0.8 Keras-Preprocessing-1.1.2 Markdown-3.3.4 MarkupSafe-2.0.
 Pillow-5.3.0 PyYAML-5.4.1 Werkzeug-2.0.1 absl-py-0.13.0 astor-0.8.1 cached-property-1.5.2 certifi-2021.5.30 chardet-3.0.4 click-
.0.1 colorama-0.4.4 dataclasses-0.8 decorator-5.0.9 dill-0.2.8.2 flatbuffers-1.10 future-0.18.2 gast-0.5.2 google-pasta-0.2.0 gra
hviz-0.8.4 grpcio-1.39.0 h5py-2.8.0 idna-2.6 importlib-metadata-4.8.1 itsdangerous-2.0.1 joblib-1.0.1 lmdb-0.93 networkx-1.11 num
y-1.16.3 onnx-1.6.0 onnx-tf-1.2.1 opencv-python-4.5.3.56 ply-3.11 protobuf-3.11.2 psutil-5.6.2 pyreadline-2.1 requests-2.22.0 rkn
-toolkit-1.6.1 ruamel.yaml-0.15.81 scikit-learn-0.24.2 scipy-1.5.4 setuptools-57.4.0 six-1.16.0 sklearn-0.0 tensorboard-1.14.0 te
```

图4-3-47 安装RKNToolkit

④ 启动RKNNToolkit，如图4-3-48所示执行命令：python -m rknn.bin.visualization。启动成功如图4-3-49和图4-3-50所示。

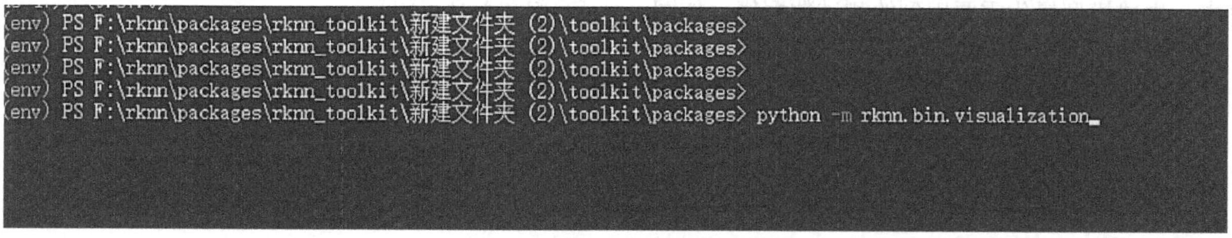

```
(env) PS F:\rknn\packages\rknn_toolkit\新建文件夹 (2)\toolkit\packages>
(env) PS F:\rknn\packages\rknn_toolkit\新建文件夹 (2)\toolkit\packages>
(env) PS F:\rknn\packages\rknn_toolkit\新建文件夹 (2)\toolkit\packages>
(env) PS F:\rknn\packages\rknn_toolkit\新建文件夹 (2)\toolkit\packages>
(env) PS F:\rknn\packages\rknn_toolkit\新建文件夹 (2)\toolkit\packages> python -m rknn.bin.visualization_
```

图4-3-48 启动RKNNToolkit

```
(cnv) PS F:\rknn\packages\rknn_toolkit\新建文件夹 (2)\toolkit\packages> python -m rknn.bin.visualization
127.0.0.1:7000 is unused
server_flag_file doesn't exist, run server first time
*********************** open window ***********************

 * Serving Flask app "rknn.visualization.server.flask_rknn_tookit" (lazy loading)
 * Environment: production
   WARNING: Do not use the development server in a production environment.
   Use a production WSGI server instead.
 * Debug mode: off
server is ready
init window  0
```

图4-3-49 启动RKNNToolkit成功

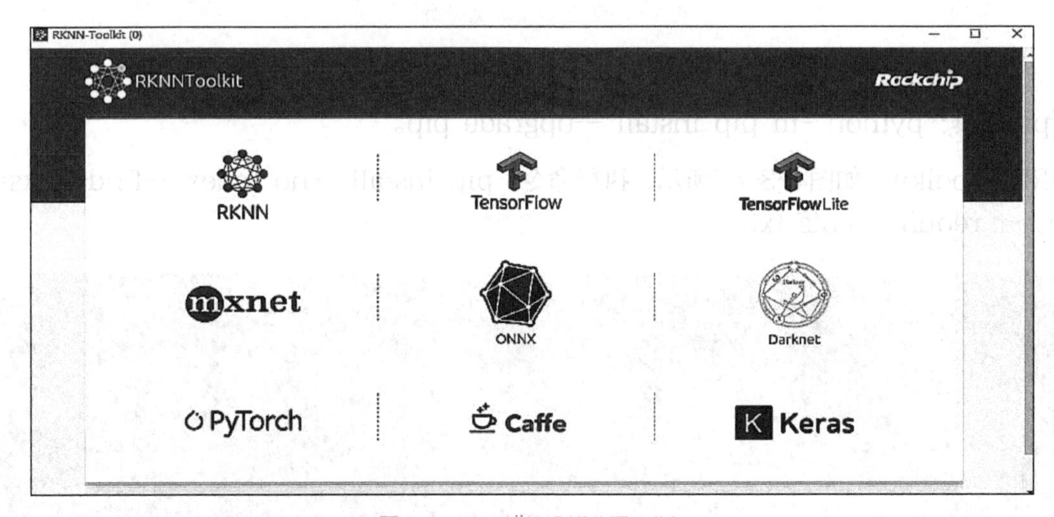

图4-3-50 进入RKNNToolkit

步骤二 使用RKNNToolkit进行模型量化与转换。

1）下载模型训练数据集，如图4-3-51所示。

下载模型训练数据集	
机械臂色块分拣深度神经网络...	6 minutes ago
mobilenet_yolo_deploy_025_n...	6 minutes ago
packages.zip	6 minutes ago
python-3.6.5-amd64.exe	6 minutes ago
tool.rar	6 minutes ago
train_model.zip	6 minutes ago
train.rar	6 minutes ago

图4-3-51 下载模型训练数据集

2）解压train. rar文件。

使用上面模型训练下载的数据集，在数据集目录下打开PowerShell，执行python create_test. py脚本，生成模型量化需要用到的测试数据集，如图4-3-52和图4-3-53所示。

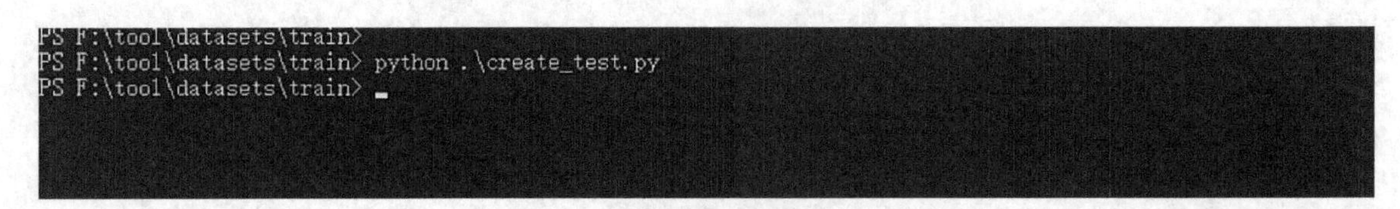

图4-3-52 打开PowerShell

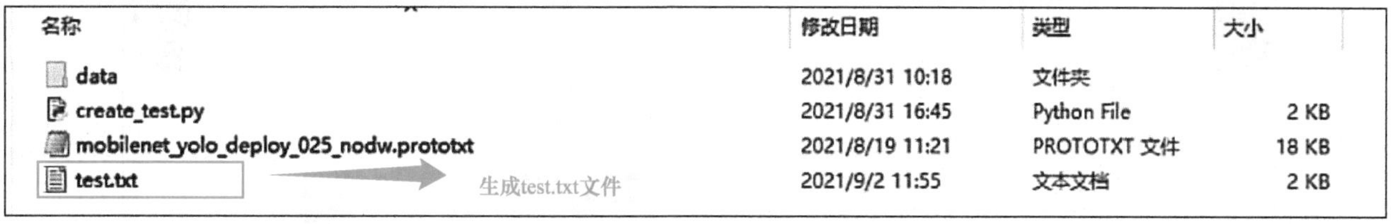

名称
修改日期
类型
大小
data
2021/8/31 10:18
文件夹
create_test.py
2021/8/31 16:45
Python File
2 KB
mobilenet_yolo_deploy_025_nodw.prototxt
2021/8/19 11:21
PROTOTXT 文件
18 KB
test.txt
2021/9/2 11:55
文本文档
2 KB
生成test.txt文件

图4-3-53　生成test.txt文件

3）打开RKNNToolkit工具，如图4-3-54所示。

RKNNToolkit
Rockchip
RKNN
TensorFlow
TensorFlowLite
mxnet
ONNX
Darknet
PyTorch
Caffe
Keras

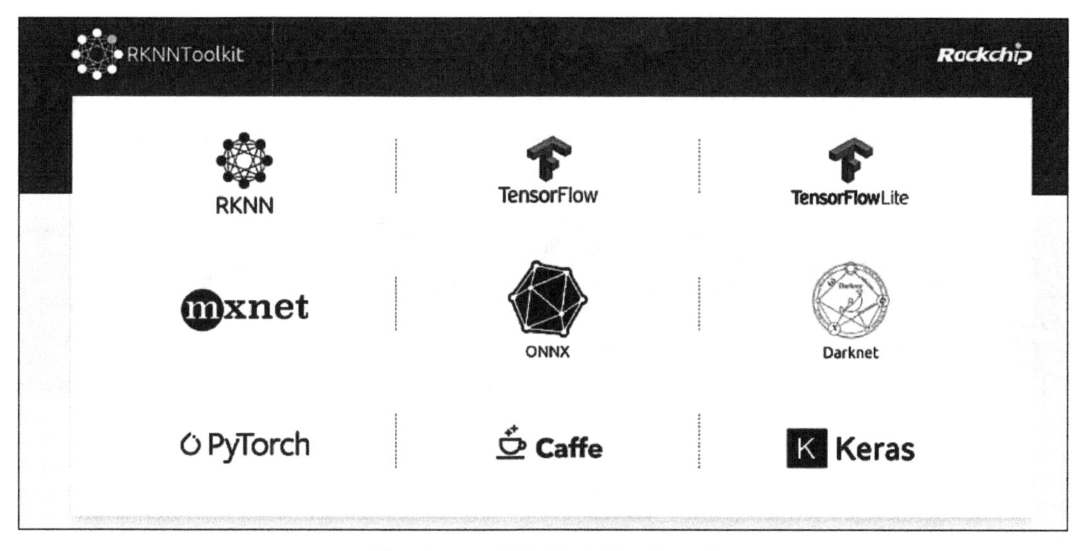

图4-3-54　打开RKNNToolkit工具

4）选择Caffe，如图4-3-55所示。

RKNNToolkit
Rockchip
RKNN
TensorFlow
TensorFlowLite
mxnet
ONNX
Darknet
PyTorch
Caffe
Keras

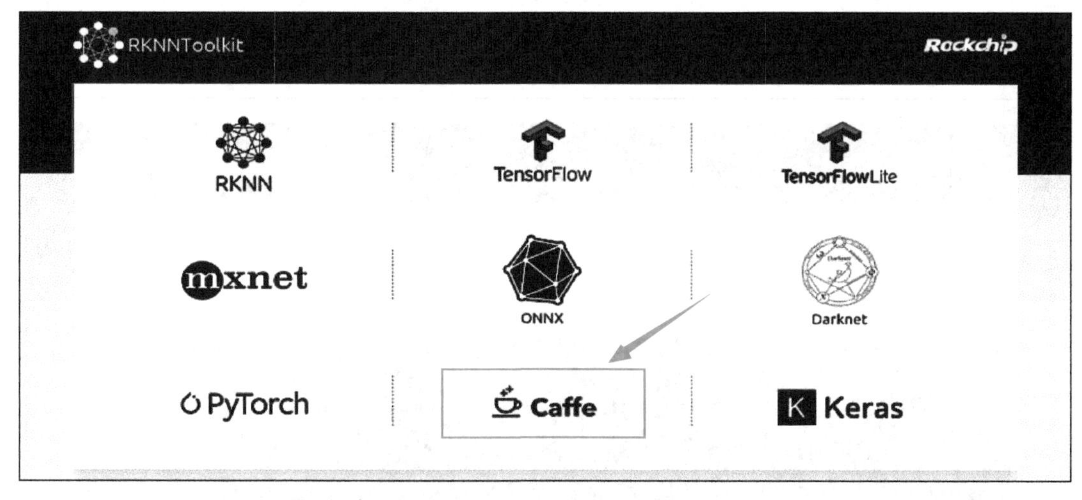

图4-3-55　选择Caffe

5）填上对应的值，如图4-3-56所示。填写完成后下滑滚轮，选择训练生成的Caffe模型，单击“下一步”按钮，如图4-3-57所示。

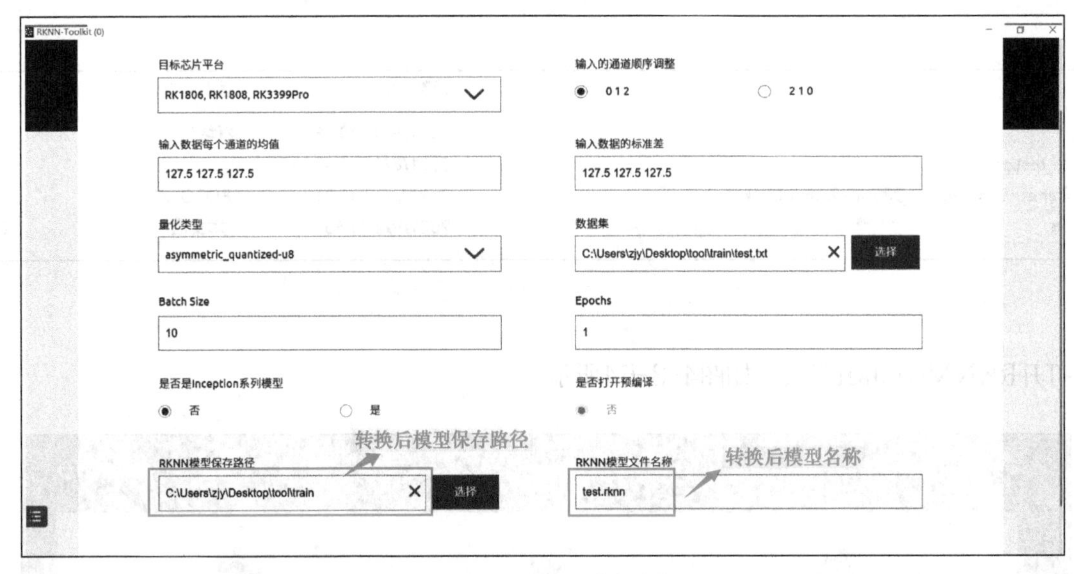

图4-3-56　填上对应的值

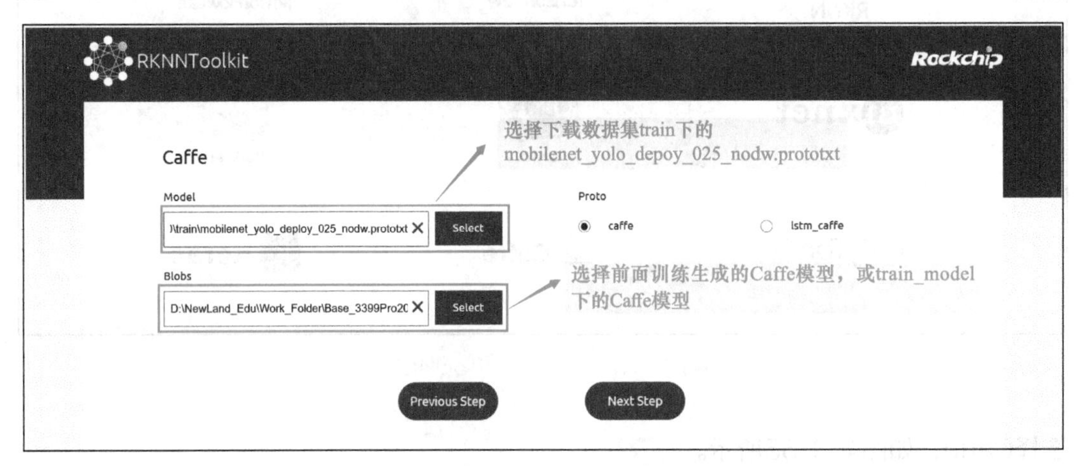

图4-3-57　选择训练生成的Caffe模型

6）填完值后单击“下一步”按钮，进行模型量化，如图4-3-58所示。

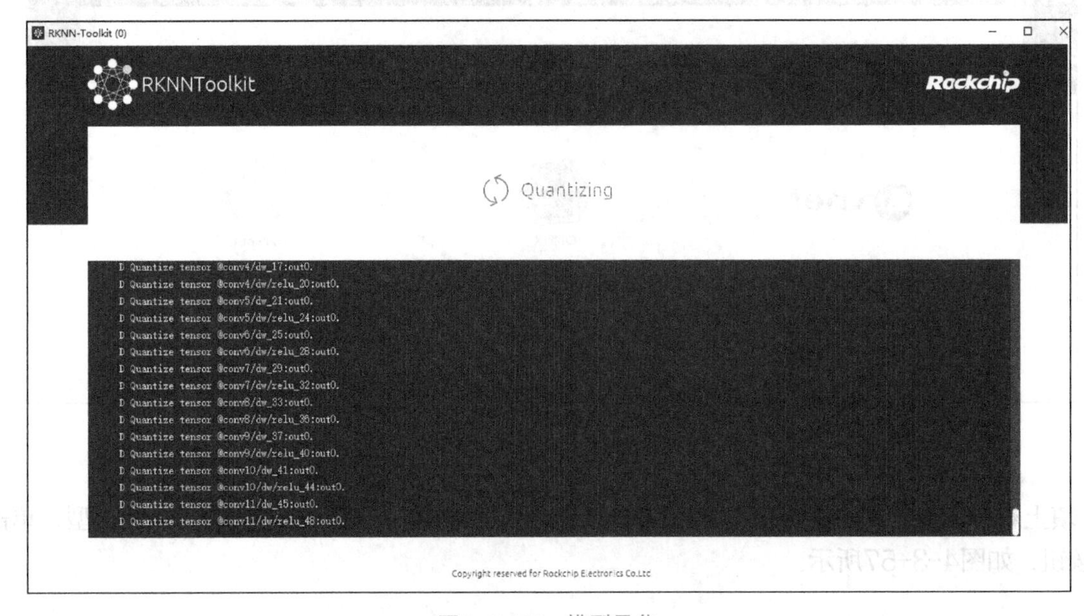

图4-3-58　模型量化

7）量化完成后单击“下一步”按钮，进行模型转换，如图4-3-59所示。

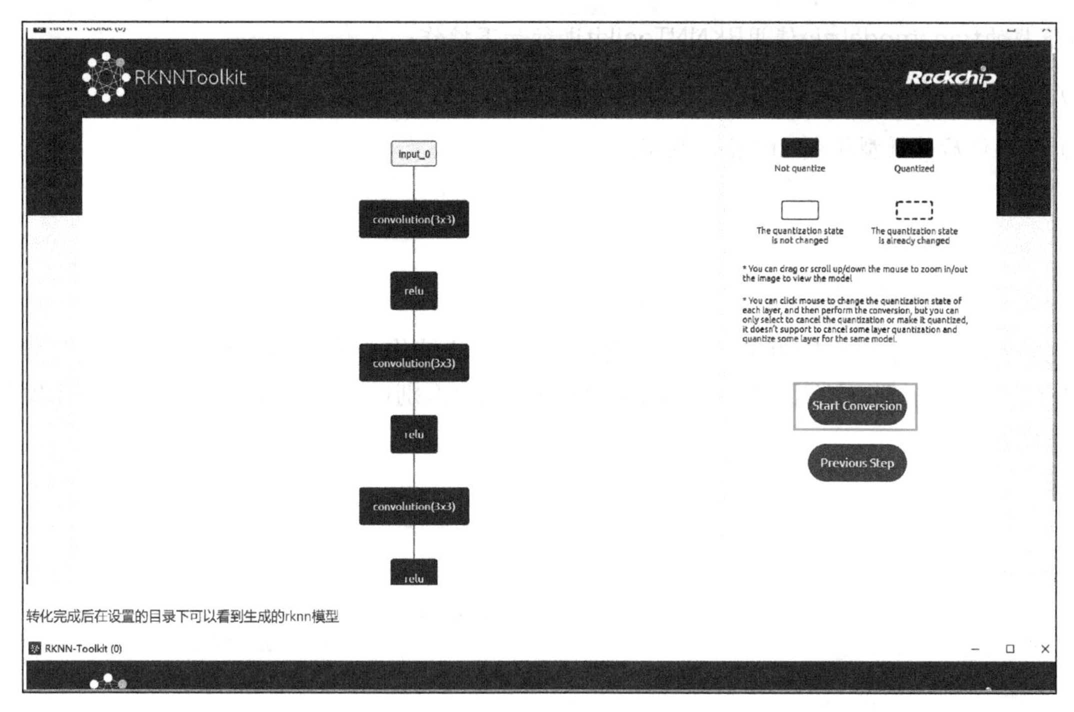

图4-3-59　模型转换

8）转化完成后在设置的目录下可以看到生成的rknn模型，如图4-3-60和图4-3-61所示。

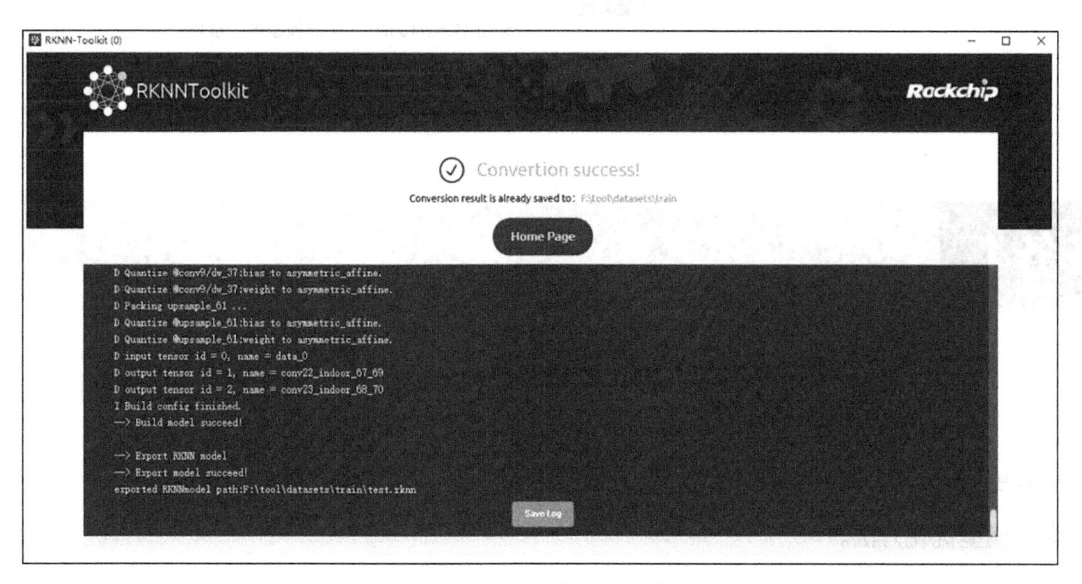

图4-3-60　生成的rknn模型

图4-3-61　文件夹中生成对应的test.rknn模型

动手练习②

对下载的tran_model.zip使用RKNNToolkit进行如下操作：

1）配置量化参数，将tran_model.zip下的模型进行量化。

2）将量化后的模型转成rknn格式模型。

任务小结

本任务首先介绍了目标检测及其应用、YOLO算法及结构、模型量化等相关知识。通过任务实施，完成了在caffe框架下YOLO色块识别模型训练、色块识别模型量化等实验。本任务的思维导图如图4-3-62所示。

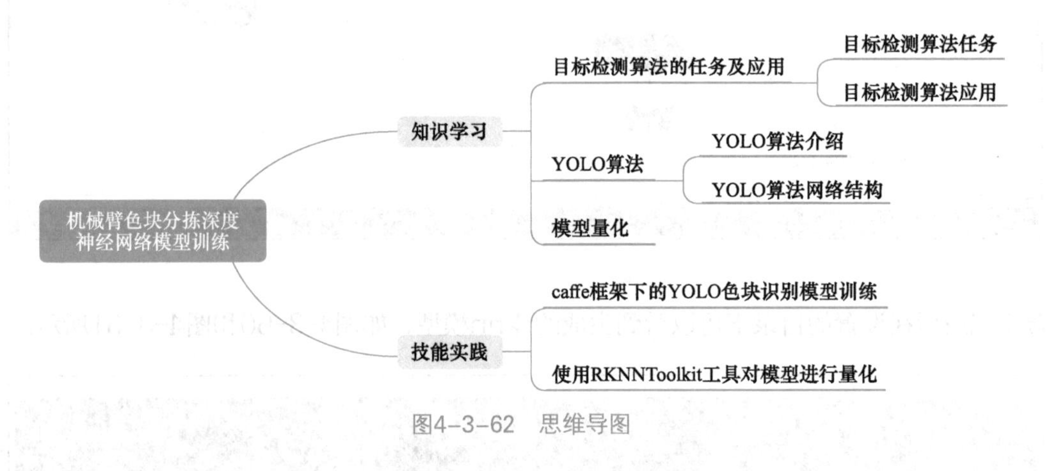

图4-3-62　思维导图

任务4　色块模型识别检测

知识目标

- 了解色块分类识别与推理功能的实现方法。
- 掌握模型优化方法。

能力目标

- 能够完成色块分类识别推理流程和编码。
- 能够判断模型优劣，对模型进行优化。

素质目标

- 具有团队合作与解决问题的能力。
- 具有良好的职业道德精神。

任务分析

任务描述：

掌握色块分类识别推理流程和编码，了解色块分类识别与推理功能的实现方法；掌握判断模型优劣的方法，对相应模型进行推理效果测试；掌握模型优化方法，并学会自主测试。

任务要求：

- 完成色块分类识别推理流程和编码，得到实验结果，能够正确识别色块。
- 掌握色块分类识别与推理功能的实现方法，实现在不同环境下识别色块。
- 掌握判断模型优劣的方法，对模型进行优化。

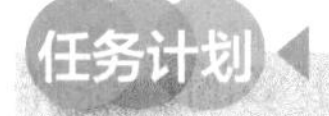

任务计划

根据所学相关知识，制订本任务的任务计划表，见表4-4-1。

表4-4-1　任务计划表

项目名称	使用YOLO模型实现目标检测
任务名称	色块模型识别检测
计划方式	自我设计
计划要求	请用5个计划步骤来完整描述出如何完成本任务
序　　号	任 务 计 划
1	
2	
3	
4	
5	

知识储备

模型优化

深度学习模型优化是指通过一系列的技术和方法，对深度学习模型进行改进和调整，以提高其性能和效果的过程。深度学习模型优化旨在使模型在训练数据和测试数据上表现更好，并更好地适应实际应用场景。

深度学习模型优化的目标可以包括以下几个方面：改进模型的准确性；提高模型的泛化能力；加速模型训练；减少模型的复杂度。

一些常见的模型优化方法：

1）权重初始化：合适的权重初始化可以帮助模型更快地收敛并避免梯度消失或梯度爆炸问题。常用的权重初始化方法包括随机初始化、Xavier初始化和He初始化等。

2）学习率调整：学习率是优化算法中一个重要的超参数，影响着模型收敛的速度和质量。可以通过固定学习率、学习率衰减、自适应学习率等方式来调整学习率。

3）正则化：正则化方法有助于防止过拟合，提高模型的泛化能力。常见的正则化技术包括L1正则化、L2正则化和Dropout等。

4）批归一化：批归一化通过对每个小批次的输入进行归一化，加速训练收敛并提高模型的鲁棒性和泛化能力。

5）参数剪枝：参数剪枝技术可以减少模型的参数量，降低存储和计算成本，并有助于提高模型的推理速度。

6）数据增强：数据增强是通过对原始数据进行变换、旋转、平移、缩放等操作，生成更多的训练样本。这有助于增加数据的多样性，提高模型的泛化能力。

7）网络结构调整：对模型的结构进行调整，如增加/减少层数、调整层的宽度、引入跳跃连接等，以改善模型的性能。

8）迁移学习：迁移学习是利用预训练模型的特征表示，将其应用于新任务中。通过迁移学习，可以在有限的数据集上快速训练出高性能的模型。

1. 实验预览

在Jupyter中打开项目4任务4中的“实验预览”，提前预览本任务内容，如图4-4-1所示。

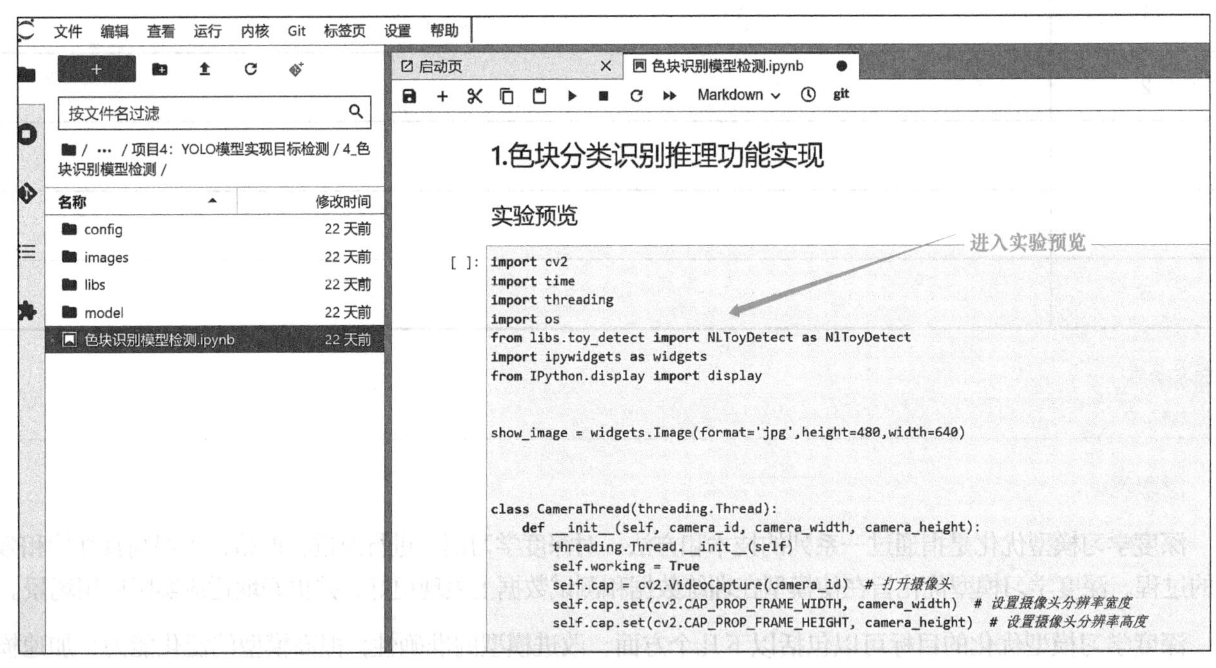

图4-4-1 进入实验预览

运行完实验预览中的代码后，启动摄像头识别，如图4-4-2～图4-4-4所示。

启动摄像头识别的代码如下：

```
camerathread = CameraThread(0,640,480)
camerathread.start()
detectthread = DetectThread()
detectthread.start()
display(show_image)
```

实验结束，重启内核，释放摄像头资源，防止占用摄像头导致后续实验无法进行。

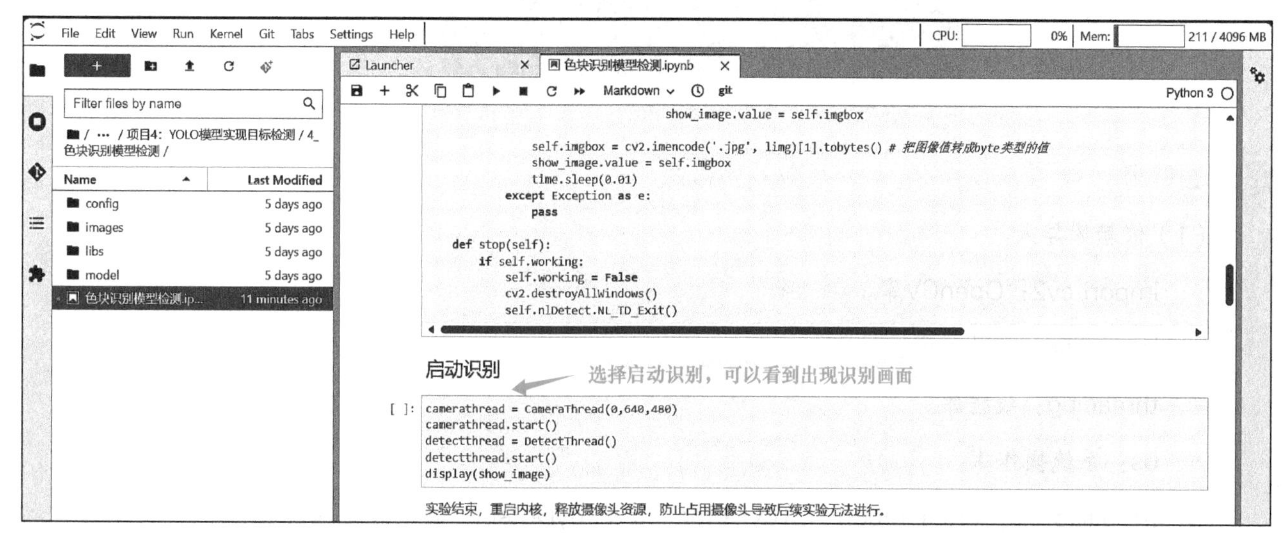

图4-4-2　进入识别画面

图4-4-3　放入红色色块，识别到红色色块

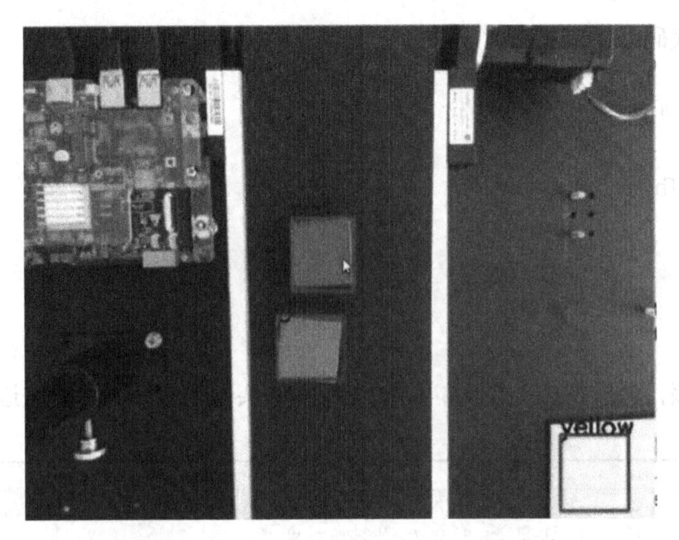

图4-4-4　放入绿色色块，识别到绿色色块

函数说明

（1）依赖库导入

- import cv2：OpenCV库。
- import time：时间库。
- threading：线程库。
- os：系统操作库。
- from libs.toy_detect import NLToyDetect as NlToyDetect：导入分类算法类。
- import ipywidgets as widgets：IPython画图库。
- from IPython.display import display：IPython显示库。

（2）构建显示图片

- show_image = widgets.Image(format='jpg',height=480,width=640)：构建图片框。

（3）摄像头类

- CameraThread：nopencv使用USB摄像头获取图像类。
- self.cap = cv2.VideoCapture(camera_id)：打开摄像头。
- self.cap.set(cv2.CAP_PROP_FRAME_WIDTH, camera_width)：设置摄像头分辨率宽。
- self.cap.set(cv2.CAP_PROP_FRAME_HEIGHT, camera_height)：设置摄像头分辨率高。
- ret, image = self.cap.read()：读取图片。
- self.cap.release()：释放摄像头。

（4）分类识别

- DetectThread：分类识别类。
- configPath = bytes(BASE_PATH, 'utf-8') + b"/config/Detect_config.ini"：模型配置文件路径。
- libNamePath = '{}/libs/libNL_DetectYoloEnc.so'.format(BASE_PATH)：库文件路径。

- pbyModel = bytes(BASE_PATH, 'utf-8') + b"/model/block.rknn"：模型文件路径。
- pbyLabel = bytes(BASE_PATH, 'utf-8') + b"/model/block.txt"：标签文件路径。
- self.nlDetect = NlToyDetect(libNamePath)：分类识别算法实例化。
- self.nlDetect.NL_TD_ComInit(configPath, dwClassNum, dqThreshold, pbyModel, pbyLabel)：算法初始化。
- ret = self.nlDetect.NL_TD_InitVarIn(limg)：图片识别方法。
- ret2 = self.nlDetect.NL_TD_Process_C()：返回目标个数。
- self.nlDetect.djTDVarOut.dwObjectSize：目标对象列表。
- outObject.fscore：置信度。
- class_name = str(outObject.className, "utf-8").replace('\r', '')：类别名称。
- cv2.rectangle(limg, (int(outObject.dwLeft)-10, int(outObject.dwTop))-10,(int(outObject.dwRight)+10, int(outObject.dwBottom))+10, (0, 0, 255), 2)：目标进行画框。
- self.nlDetect.NL_TD_Exit()：退出分类识别。

动手练习1

- **在<1>处，填写导入分类识别的NLToyDetect类名称。**
- **在<2>处，填写算法调用库文件路径。**
- **在<3>和<4>处，填写相应的模型和标签路径。**
- **在<5>处，填写识别算法实例化方法。**
- **在<6>处，填写图片分类识别方法。**
- **在<7>处，填写获取类别名称方法。**

```
import cv2
from libs.toy_detect import <1> as NlToyDetect

BASE_PATH = os.path.dirname(os.path.abspath(__file__))
configPath = bytes(BASE_PATH, 'utf-8') + b"/config/Detect_config.ini"  #指定模型以及配置文件路径
libNamePath = <2>     #指定库文件路径
pbyModel = <3>        #相应模型和标签路径
pbyLabel = <4>
dwClassNum = 4        #类别数
dqThreshold = 0.5     #置信度阈值
nlDetect = <5>        #实例化
nlDetect.NL_TD_ComInit(configPath, dwClassNum, dqThreshold, pbyModel, pbyLabel)

def detect_fun():
    img = cv2.imread("./images/test.png", 1)
    ret = <6>
    ret2 = nlDetect.NL_TD_Process_C()
    for i in range(self.nlDetect.djTDVarOut.dwObjectSize):
```

```
    outObject = self.nlDetect.djTDVarOut.pdjToyInfors[i]
    if outObject.fscore > 0.5:
        class_name = <7>
        x, y = outObject.dwLeft + ((outObject.dwRight - outObject.dwLeft) / 2), outObject.dwTop + ((outObject.
dwBottom - outObject.dwTop) / 2)
        print("类别：{0}，位置：{1},{2}".format(class_name, x,y))
```

2. 模型推理效果测试

在任务4的“2. 模型推理效果测试”中查看模型训练效果，如图4-4-5和图4-4-6所示。

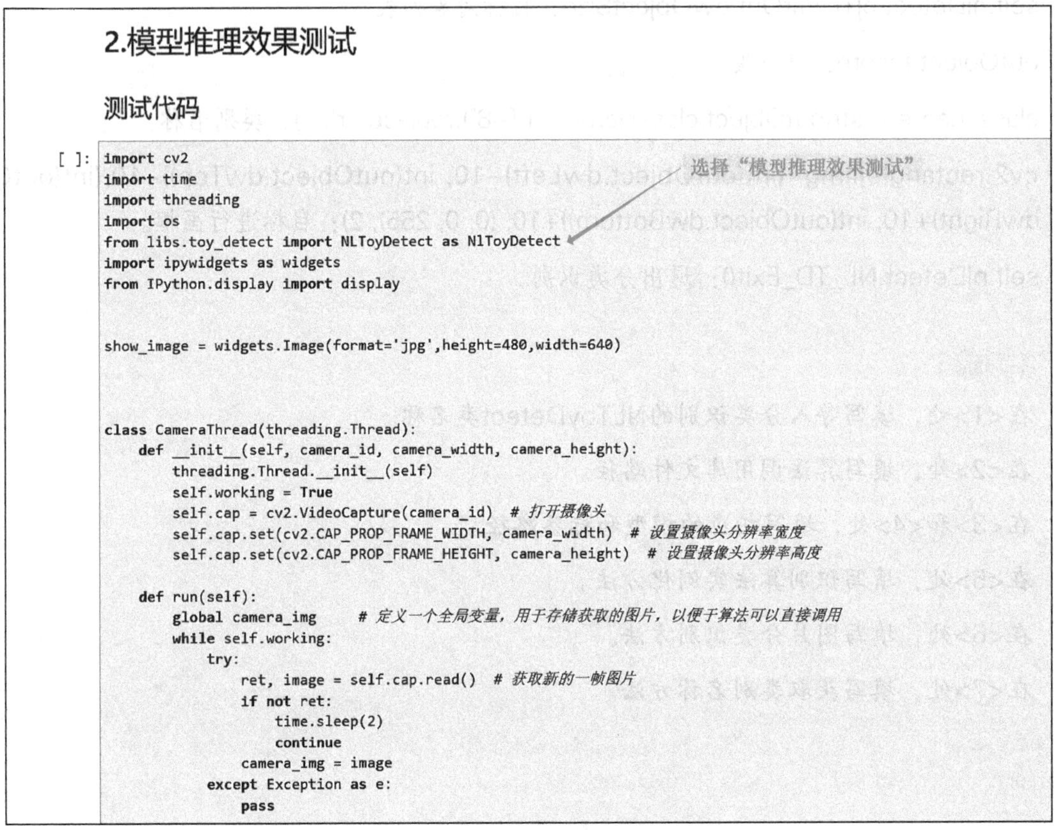

2.模型推理效果测试

测试代码

```
[ ]: import cv2
     import time
     import threading
     import os
     from libs.toy_detect import NLToyDetect as NlToyDetect
     import ipywidgets as widgets
     from IPython.display import display


     show_image = widgets.Image(format='jpg',height=480,width=640)


     class CameraThread(threading.Thread):
         def __init__(self, camera_id, camera_width, camera_height):
             threading.Thread.__init__(self)
             self.working = True
             self.cap = cv2.VideoCapture(camera_id)  # 打开摄像头
             self.cap.set(cv2.CAP_PROP_FRAME_WIDTH, camera_width)  # 设置摄像头分辨率宽度
             self.cap.set(cv2.CAP_PROP_FRAME_HEIGHT, camera_height)  # 设置摄像头分辨率高度

         def run(self):
             global camera_img     # 定义一个全局变量，用于存储获取的图片，以便于算法可以直接调用
             while self.working:
                 try:
                     ret, image = self.cap.read()  # 获取新的一帧图片
                     if not ret:
                         time.sleep(2)
                         continue
                     camera_img = image
                 except Exception as e:
                     pass
```

选择“模型推理效果测试”

图4-4-5　选择“模型推理效果测试”

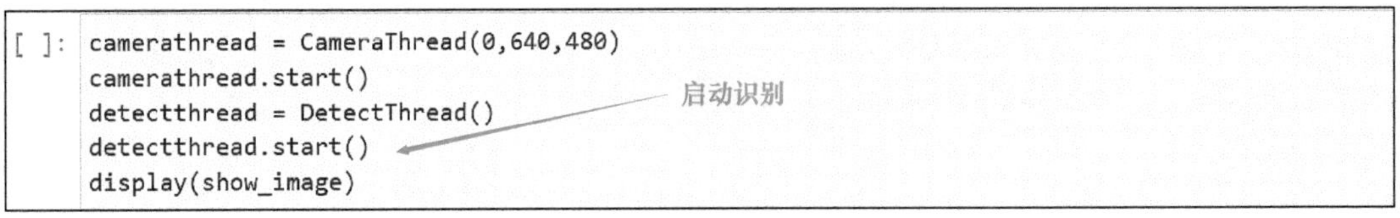

```
[ ]: camerathread = CameraThread(0,640,480)
     camerathread.start()
     detectthread = DetectThread()
     detectthread.start()
     display(show_image)
```

启动识别

图4-4-6　启动识别

启动识别部分的代码如下：

```
camerathread = CameraThread(0,640,480)
camerathread.start()
detectthread = DetectThread()
detectthread.start()
display(show_image)
```

测试方法:

1）将代码中的识别准确率调整到0.75。

2）将色块放置在摄像头下。

3）移动色块位置，更换背景，查看图像上识别的类别是否准确。

4）移动色块位置，更换背景，查看图像上的方框是否框住了色块。

实际测试效果如图4-4-7所示。

图4-4-7　对模型进行测试

任务小结

本任务首先介绍了深度学习模型优化及目标、常见的模型优化方法等相关知识。通过任务实施，进行色块的识别和模型推理效果的测试等实验。本任务的思维导图如图4-4-8所示。

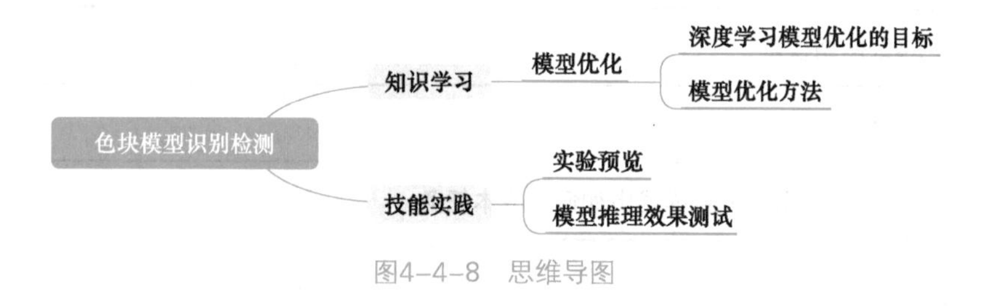

图4-4-8　思维导图

任务5　优化神经网络模型

知识目标

- 了解YOLO模型及网络结构。

能力目标

- 能够基于caffe框架进行物体分类模型训练。
- 能够进行数据集配置、数据转换、模型训练和评估。

素质目标

- 具有团队合作与解决问题的能力。
- 具有良好的职业道德。

任务分析

任务描述：

要求了解YOLO模型结构；学习并掌握caffe框架下的色块模型训练；下载安装模型训练工具，使用模型训练工具完成数据配置、数据转换、数据标注与模型训练等。

任务要求：

- 了解YOLO模型及应用。
- 掌握基于caffe框架下色块模型训练。
- 掌握模型训练工具的使用。

任务计划

根据所学相关知识，制订本任务的任务计划表，见表4-5-1。

表4-5-1　任务计划表

项目名称	使用YOLO模型实现目标检测
任务名称	优化神经网络模型
计划方式	自我设计
计划要求	请用5个计划步骤来完整描述出如何完成本任务
序　　号	任 务 计 划
1	
2	
3	
4	
5	

YOLO模型简介及应用

实时物体检测已经成为众多应用中的一个重要组成部分，横跨自主车辆、机器人、视频监控和增强现实等各个领域。在各种物体检测算法中，YOLO框架因其在速度和准确率方面的优异表现而脱颖而出，能够快速、可靠地识别图像中的物体。自成立以来，YOLO系列已经经历了多次迭代，每次都是在以前的版本基础上解决局限性问题并提高性能。YOLO的演变如图4-5-1所示。

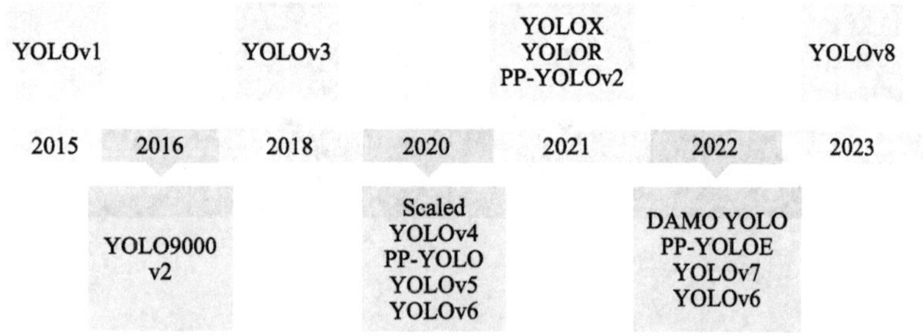

YOLOv1 YOLOv3 YOLOX YOLOR PP-YOLOv2 YOLOv8

2015 2016 2018 2020 2021 2022 2023

YOLO9000 v2 | Scaled YOLOv4 PP-YOLO YOLOv5 YOLOv6 | DAMO YOLO PP-YOLOE YOLOv7 YOLOv6

图4-5-1 YOLO演变

YOLO的实时物体检测能力在自主车辆系统中是非常宝贵的，能够快速识别和跟踪各种物体，如车辆、行人和其他障碍物。这些能力已被应用于许多领域，包括用于监控的视频序列中的动作识别、体育分析和人机交互。

YOLO模型已被用于农业，检测和分类作物、害虫和疾病，协助精准农业技术和自动化耕作过程。在医学领域，YOLO已被用于癌症检测、皮肤分割和药片识别，从而提高诊断的准确性和更有效的治疗过程。在遥感领域，它已被用于卫星和航空图像中的物体检测和分类，有助于土地利用绘图、城市规划和环境监测。安防系统已经将YOLO模型整合到视频资料的实时监控和分析中，允许快速检测可疑活动、社会距离和脸部面具检测。这些模型还被应用于表面检测，以检测缺陷和异常，加强制造和生产过程的质量控制。在交通应用中，它被用于车牌检测和交通标志识别等任务，促进了智能交通系统和交通管理解决方案的发展。它还被用于野生动物检测和监测，以识别濒危物种，用于生物多样性保护和生态系统管理。当然，YOLO也被广泛用于机器人应用和无人机的物体检测。

任务实施

1. 模型工具说明

（1）界面介绍

YOLO模型工具界面如图4-5-2所示。

（2）主要功能介绍

本工具仅限于物体分类模型训练，流程如下：

1）数据集配置：选择图片数据、选择标注数据、生成文本路径。

2）数据转换：设置类别名称、选择caffe工具包路径、生成caffe数据库。

3）模型训练：选择模型、设置训练类别数量、设置训练迭代次数，开始训练模型。

4）模型评估：选择要评估的模型、选择deploy路径、加载图片、开始评估模型。

图4-5-2 YOLO模型工具界面

2. 模型步骤详解

（1）准备项目文件

步骤一 下载并解压工具，单击“./ModelTool/caffetools.exe”运行模型训练工具。

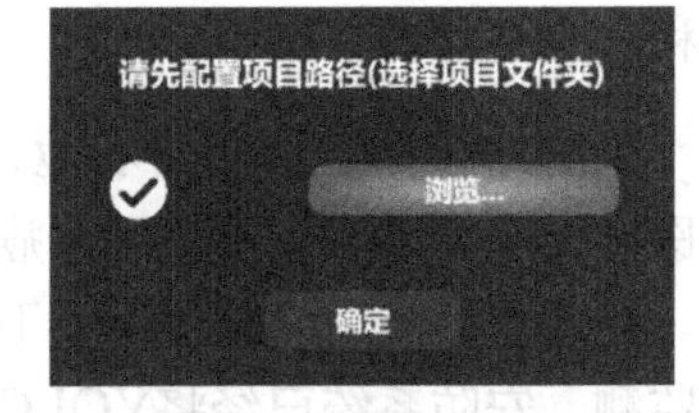

图4-5-3 选择项目路径

步骤二 在Windows 10任意磁盘新建一个项目文件夹，以英文形式命名，本任务项目文件夹为ToolTest。

步骤三 在模型训练工具中单击“浏览”按钮，如图4-5-3所示，选择步骤二创建的项目路径，并在状态提示区展示相应提示。

（2）数据集配置

步骤一 单击“数据集配置”选项卡进入数据集配置界面，如图4-5-4所示。

图4-5-4 进入数据集配置界面

步骤二 按界面信息，单击“浏览”按钮选择标注精灵生成的标注数据，路径选择成功后会在项目路径step1中生成XMLLabels文件夹，如图4-5-5和图4-5-6所示。

图4-5-5　生成标注数据

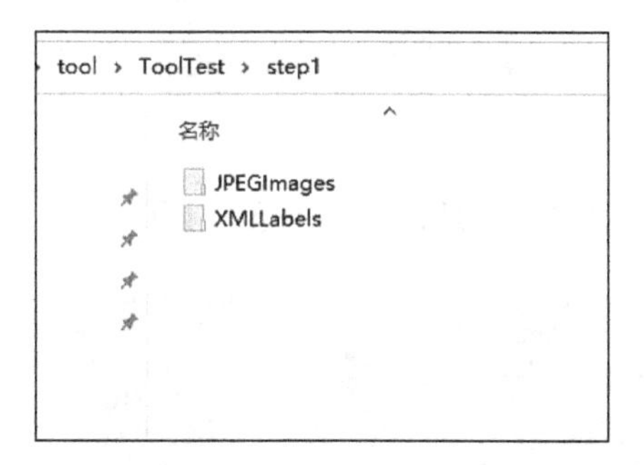

图4-5-6　在数据路径中生成文件夹

步骤三　单击“浏览”按钮，选择图片数据路径。选择成功后会在项目路径step1中生成JPEGImages文件，如图4-5-7～图4-5-9所示。

图4-5-7　选择图片数据路径

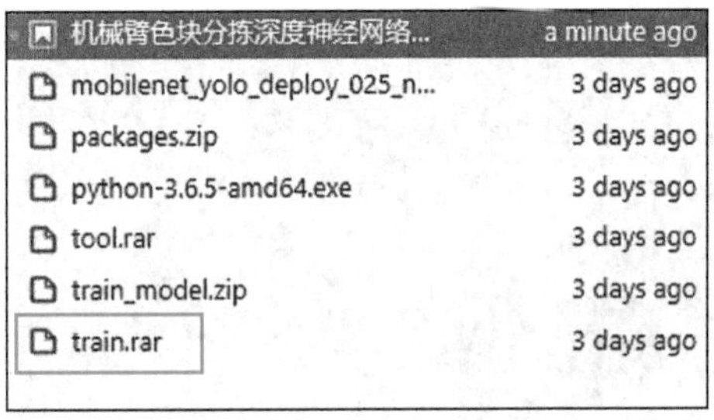

机械臂色块分拣深度神经网络... a minute ago
mobilenet_yolo_deploy_025_n... 3 days ago
packages.zip 3 days ago
python-3.6.5-amd64.exe 3 days ago
tool.rar 3 days ago
train_model.zip 3 days ago
train.rar 3 days ago

图4-5-8　图片数据压缩包

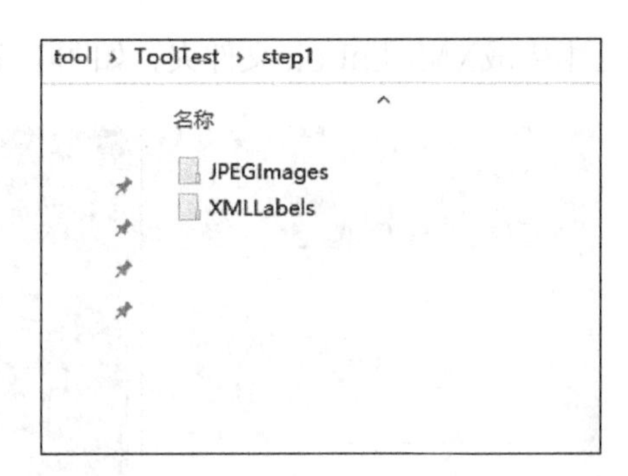

图4-5-9　生成文件夹

（3）数据转换

步骤一　选择设置类别名称，如图4-5-10所示。

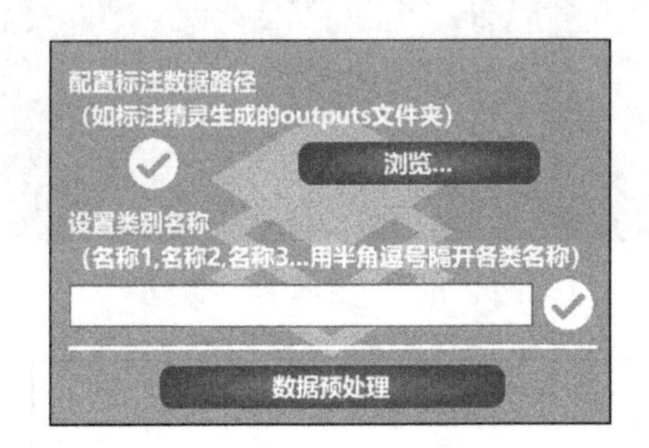

图4-5-10　进行数据转换

步骤二　设置类别名称，以半角逗号隔开，如图4-5-11所示。

图4-5-11　设置相应的类别名称

步骤三　单击“浏览”按钮，选择存放图片数据源文件夹，如图4-5-12所示。

（4）模型训练

步骤一　选择需要训练的模型（内置基础模型），单击“浏览”按钮，如图4-5-13所示。

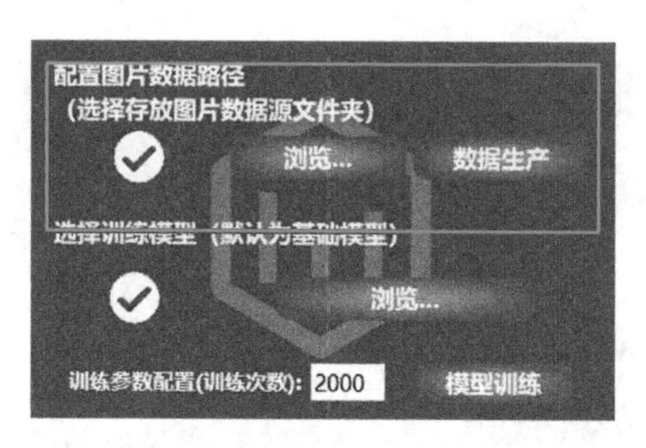

图4-5-12　配置图片路径

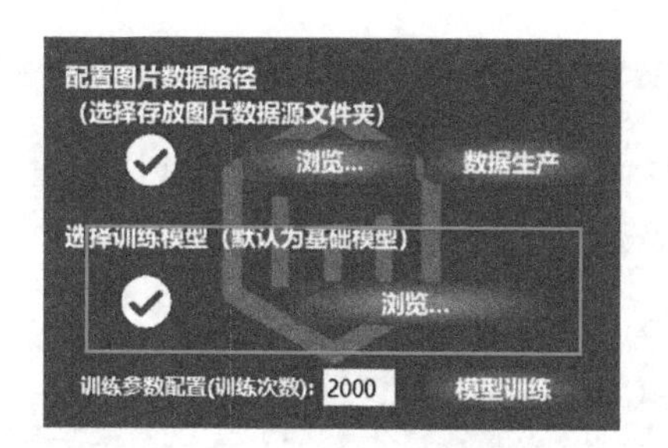

图4-5-13　选择训练模型

步骤二　设置训练次数，为了方便演示，本次训练次数设置成10次，训练方式可根据机器配置选择GPU或CPU进行训练，如图4-5-14所示。

步骤三　单击“保存参数”按钮，系统会在step3中生成如图4-5-15所示的参数文件。

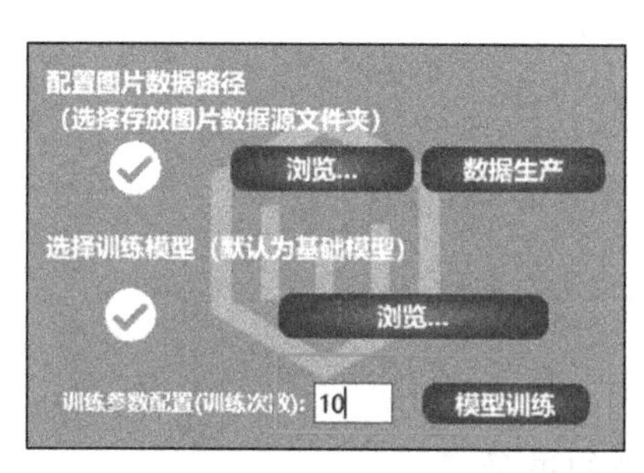

图4-5-14　设置训练次数

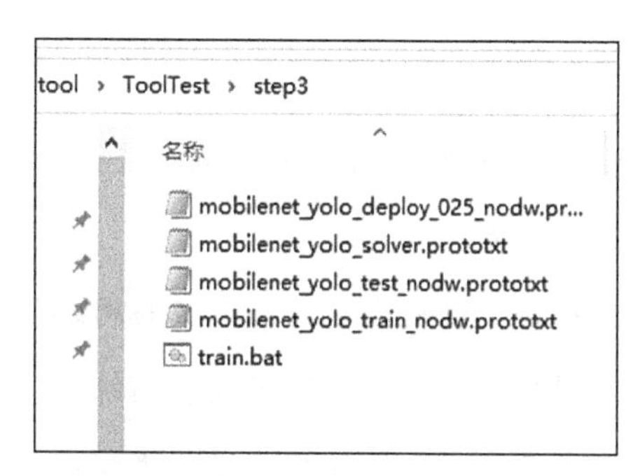

图4-5-15　系统生成参数文件

步骤四　单击“模型训练”按钮，系统会弹出命令行窗口开始训练模型。训练成功后，会在step3中生成模型文件、日志文件，如图4-5-16所示。

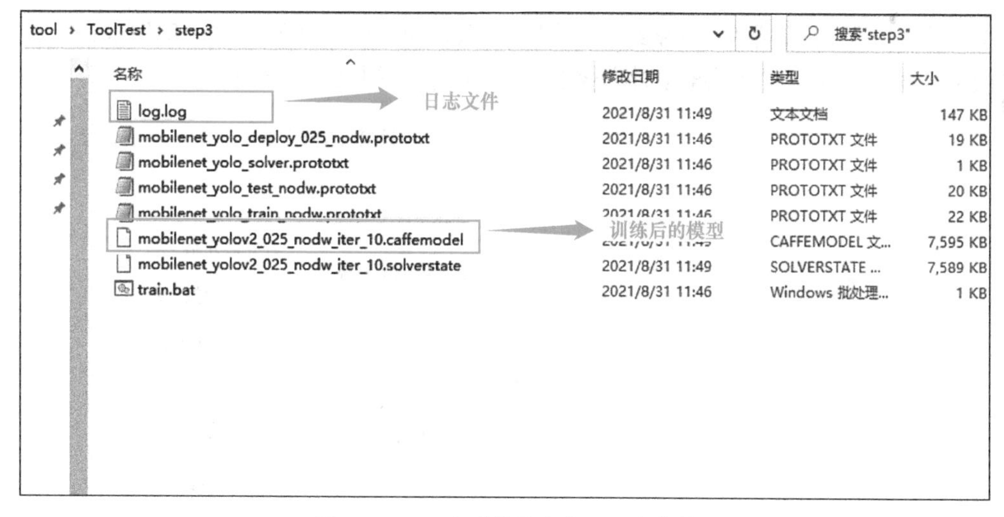

图4-5-16　生成模型文件、日志文件

（5）模型评估

步骤一　关闭训练窗口，单击“下一步”按钮或者“模型评估”选项卡进入模型评估界面，如图4-5-17所示。

步骤二　单击“选择待验证模型”按钮，选择本次训练生成的模型，如图4-5-18所示。

步骤三　单击加载图片的“浏览”按钮，选择需要识别的图片，如图4-5-19所示。

图4-5-17　进入模型评估界面

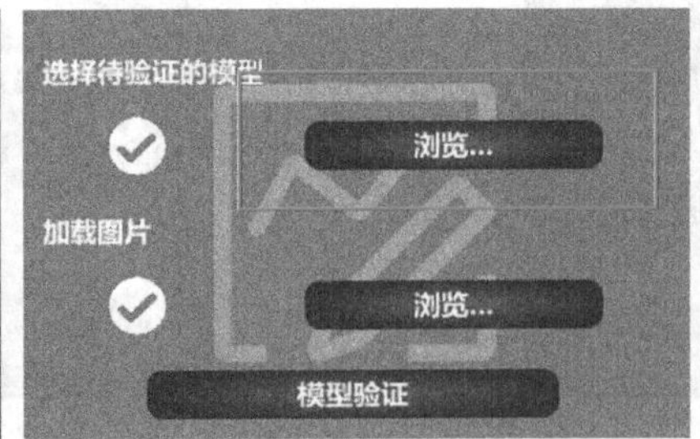

图4-5-18　选择待验证模型

图4-5-19　选择需要识别的图片

步骤四　单击“模型验证”按钮，开始模型验证，当准确率超过50%时识别结果会保存至step4中。注意：若提示识别准确率低于50%，请优化模型，可自行增加训练数据进行迭代训练，提高模型识别准确率。

动手练习

使用新版模型训练工具（增强版）进行如下操作：

1）数据集配置。

2）数据转换，生成模型训练参数与网络结构。

3）填写模型训练参数，进行模型训练。

4）使用工具包对训练的模型进行模型评估，判断模型的准确率。

任务小结

本任务首先介绍了YOLO模型及网络结构等相关知识。通过任务实施，进行项目准备、数据集配置、数据转换、模型训练、模型评估等实验。本任务的思维导图如图4-5-20所示。

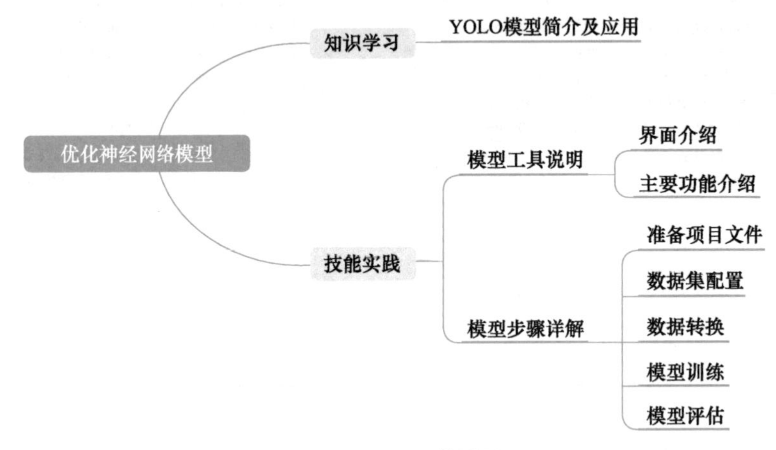

图4-5-20　思维导图

项目5

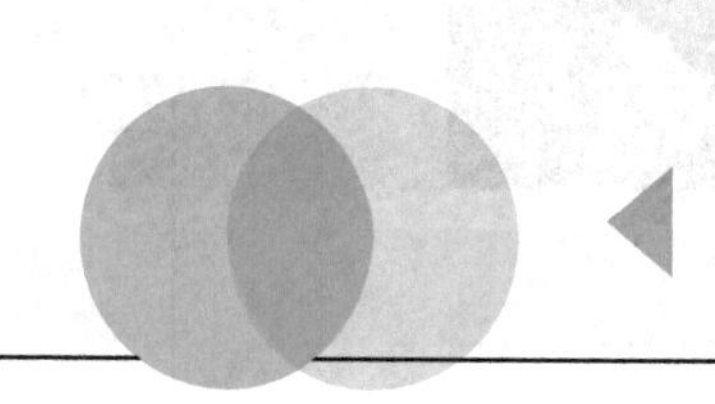

小型柔性智能制造

项目导入

2023年，智能装备制造行业朝着“轻、小、精、快”的发展方向前进，越来越多地普及智能制造技术，提高企业生产效率，更好地支持全球化技术创新和合作。

智能装备制造行业将继续实施无线网联技术，大力发展物联网，以实现生产设备的“远程智能化”和“全天候智能运行”，实现设备自动化管理。智能装备制造行业将更加广泛运用智能设备识别、定位和机器人技术，越来越多地采用工业机器人来提高生产力和提高制造过程的效率，以实现更精准、更高效的生产。此外，智能装备制造行业还将大力发展“一体化”制造领域，把智能装备制造与其他技术结合起来，把其他技术的优势完全发挥出来，以实现节能环保制造和更高的生产水平，达到更高的市场占有率。小型柔性智能制造生产线如图5-0-1所示。

本项目通过五个任务，向读者介绍小型柔性智能制造业务的软件逻辑设计、GUI界面开发与IDE使用、机械臂控制模块与传送带开发、色块分类模块开发以及项目的安装与部署。

图5-0-1　小型柔性智能制造生产线

任务1 软件设计

知识目标

- 了解工业生产中的自动化分拣系统及需求分析。
- 了解基于计算机视觉的自动化分拣系统。
- 熟悉计算机视觉分类的相关知识。

能力目标

- 能够进行工业制造行业自动分拣系统的需求分析。
- 能够进行工业制造行业自动分拣系统功能模块的详细设计。

素质目标

- 具备开阔、灵活的思维能力。
- 具备积极、认真、严谨的学习态度。

任务分析

任务描述：

了解工业自动分拣系统需求，学习工业生产中的自动分拣系统介绍；掌握工业生产制造自动分拣系统功能模块分析，并能够根据工业生产制造自动分拣系统需求进行分析；掌握工业生产制造自动分拣系统功能模块详细设计，对模块进行详细设计分析。

任务要求：

- 完成工业生产制造自动分拣系统需求分析。
- 完成工业生产制造自动分拣系统功能模块详细设计分析。

任务计划

根据所学相关知识，制订本任务的任务计划表，见表5-1-1。

表5-1-1 任务计划表

项目名称	小型柔性智能制造
任务名称	软件设计
计划方式	自我设计
计划要求	请用5个计划步骤来完整描述出如何完成本任务
序 号	任 务 计 划
1	
2	
3	
4	
5	

1. 工业生产中的自动分拣系统

自动分拣系统（见图5-1-1）已广泛应用于工业生产环境，如生产流水线上的打包、零配件生产线上的缺陷检测、无菌产线分拣与包装等。工业生产线上使用分拣系统不但可以释放劳动力，而且可以在一些对环境要求比较高的生产线上完成需要分拣的工作。对于一些生产环境恶劣人无法靠近的生产线，更需要通过分拣机器人来完成分拣的工作。

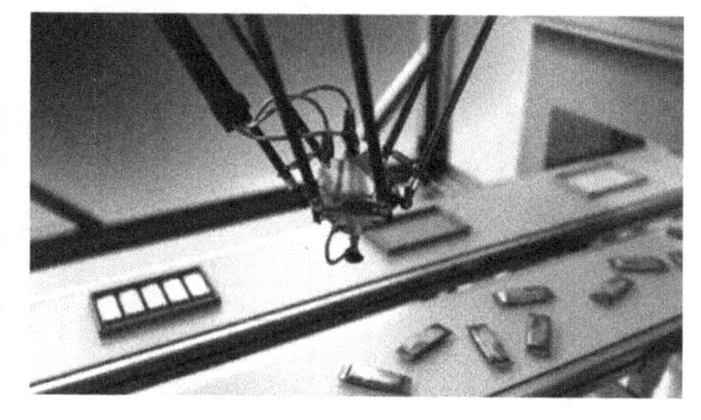
图5-1-1　自动分拣系统

2. 基于计算机视觉的自动分拣系统

随着计算机视觉技术的快速发展，基于计算机视觉的自动分拣系统已广泛应用于工业生产中。基于计算机视觉的自动分拣系统通常包含三部分，如图5-1-2所示，第一部分是计算机视觉系统，通常包含采集图片的摄像头与处理图片的软件；第二部分是控制系统，通常是对计算机视觉已处理后的数据根据业务逻辑完成对分拣机械系统的控制，处理来自机械系统的反馈等控制指令的处理；第三部分是机械控制系统，通常包含嵌入式与机械两部分，嵌入式系统接收控制系统指令，并转成对应的“机械指令”，驱动机械部分完成对应指令的动作。

生产线分拣应用服务		
计算机视觉系统	控制系统	机械控制系统
计算机视觉处理	业务逻辑	机械系统
摄像头/照相机	数据输入/指令输出	嵌入式模块
基于计算机视觉的自动分拣系统		

图5-1-2　基于计算机视觉的自动分拣系统

3. 工业生产制造自动分拣系统需求分析

（1）仓库搬运

在工业自动分拣系统中首先需要做的事是将物料从仓库搬运到运输货物的传送带上，这部分工作属于重复性工作，机械臂需要重复将物料从指定的地方搬运到另一个地方，如图5-1-3所示。

这部分在软件设计上，可以将其定位在一个固定的模块，由该模块负责这样的工作。本任务将通过编写一个独立的仓库搬运模块，在“仓库”中将物料（色块）搬运到传送带上，同时记录搬运的数据，通过遍历的方法将“仓库”中的所有物料搬运到传送带。

图5-1-3　机械臂搬运物料

（2）传输

传送带是物料运输和自动化生产重要的一环，工业生产制造自动分拣系统中传送带是物料从一个生产环节搬运到另一个生产环节的重要工具。工业生产中的物料传输如图5-1-4所示。

本任务中针对传送带部分需要单独设计一个模块，来负责控制传送带的功能，对传送带正向运行与停止进行控制，对传送带方向运行进行控制等。

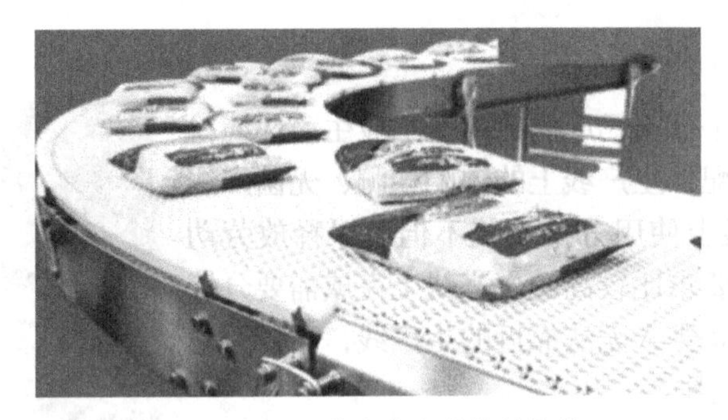

图5-1-4　工业生产中的物料传输

（3）物品识别

工业生产制造自动分拣系统需要对运输过来的物料进行识别定位，这是分拣的基础，只有通过识别系统的识别之后给出对应的数据，如类别、位置坐标等，才能做下一步的分拣工作，如图5-1-5所示。

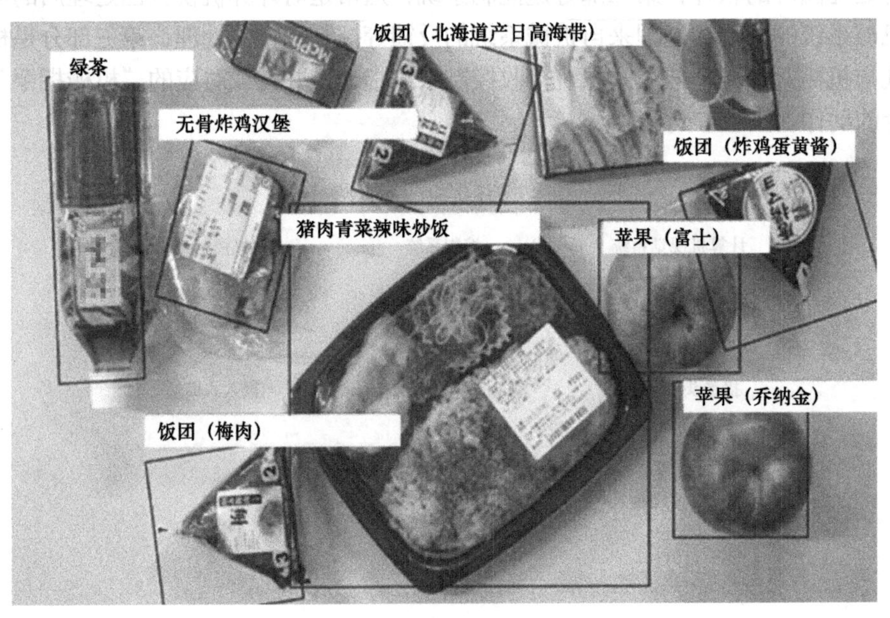

图5-1-5　工业生产中的物品识别

（4）物品分拣

在工业自动分拣系统中，物料经过识别后根据设定的要求就可以使用机器人去执行具体的分拣工作，机械臂需要到指定的目标位置将物料抓起，然后将其放置在对应的位置上，如图5-1-6所示。

图5-1-6　工业生产中的物品分拣

本任务中需要设计一个模块，该模块功能是根据识别的结果进行目标物体（色块）抓取与放置。

（5）参数设置功能

分拣系统可能运行在不同的环境下，维护人员需要对系统进行维护，所以需要可视化的参数设置功能，将系统中的参数通过可视化的方式进行设置。

知识拓展

扫一扫，了解一下计算机视觉分类相关方法与需求分析。

计算机视觉分类

任务实施

1. 功能模块分析

对功能模块的总体流程进行分析，如图5-1-7所示。

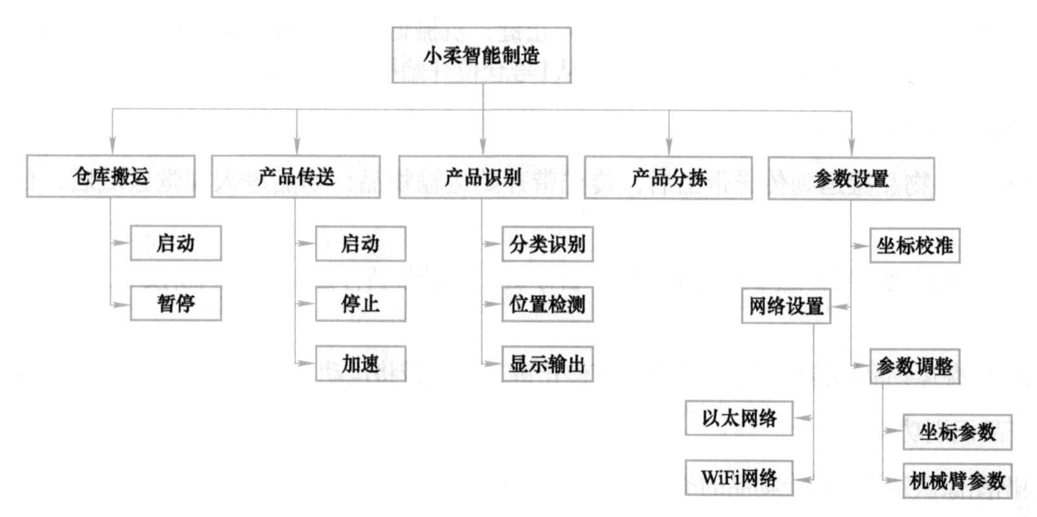

图5-1-7　功能模块的总体流程

对功能模块的摘要进行描述，如图5-1-8所示。

功能模块		主要功能点	优先级
仓库搬运		1. 机械臂指定位置抓取物品 2. 机械臂将物品放置在指定位置 3. 机械臂复原	高
产品传送		1. 物品放置在传送带上，开始物体传送 2. 物品进入视觉区域，停止传送	高
产品识别		1. 识别物品类别 2. 识别物品位置 3. 输出结果	高
产品分拣		1. 根据识别定位，机械臂在指定位置抓取物品 2. 根据识别分类，机械臂将物品放置在指定位置	高
参数设置	坐标校准	1. 图像上固定3个位置打红点，方便与实体指定位置对应 2. 图像进行显示	高
	网络设置	1. 以太网络设置 2. WiFi网络设置	低
	参数调整	1. 物品固定位置坐标参数可调整设置 2. 获取机械臂sn并根据设置确定仓库搬运机械臂和分拣机械臂	低

图5-1-8　功能模块摘要

2. 模块详细设计

（1）仓库搬运功能描述

1）启动系统后，机械臂根据给定的坐标位置从“仓库”抓取物品，抓取后将物品放置在传送带上的相应位置，放置传送带位置固定。

2）仓库设定有3个仓位，并为固定，机械臂按顺序从1号到3号仓位抓取物品，每次抓取物品后从抓取的位置下来，防止重复抓取而没有物品可以抓取。

3）机械臂按顺序抓取3个仓位上所有的物品，抓完即停止。

4）机械臂在运行期间用户按下暂停键，机械臂暂停动作，但会记录前面执行过的记录，再次启动后继续之前未完成的操作。例如，机械臂在抓取2号仓位物品时，用户按下暂停键，机械臂会将已抓取的2号仓位物品放置在传送带上，暂停对3号仓位物品的抓取；用户按下开始键，机械臂将继续将3号仓位的物品抓取放置在传送带上，完成指定的动作。

5）机械臂在执行动作期间，用户按下停止键，系统将不记录机械臂之前的动作，从头开始执行动作。例如，机械臂在抓取2号仓位时，用户按下停止键，机械臂将2号仓位物品放置在传送带后归位；当用户再次按开始键时，机械臂将重新执行动作，从1号仓位开始按顺序抓取物品。

（2）产品传送功能描述

1）机械臂将物品搬运到传送带上后，传送带开始运输物品；物品进入视觉区域后，传送带停止运动。

2）机械臂搬运物品到传送带上时用户按下暂停键，传送带暂停运动；当重新按下开始键时，传送带继续运动。

3）机械臂搬运物品到传送带上时用户按下停止键，传送带将运动一段距离，然后停止运动。

（3）产品识别功能描述

1）根据图像识别传送带上物品的类别并定位物品的位置。

2）输出结构化的分拣数据。

（4）产品分拣功能描述

1）根据图像识别的位置机械臂到指定位置抓取物品。

2）根据图像识别的物品类型将物品放置到设定好的类别位置，机械臂复位。

3）在机械臂抓取物品时用户按下暂停键，机械臂将暂停动作；用户按下开始键，机械臂将继续原先的动作。

4）在机械臂抓取物品时用户按下停止键，机械臂将停止动作；用户按下开始键，系统将重新开始运行。

（5）坐标校准功能描述

1）当用户按坐标校准按钮时，根据设定的坐标生成三个定位点，即用红色点在坐标校准时的图像上标出。

2）将图像坐标转换成机械臂的坐标。

（6）网络设置功能描述

1）对设备的以太网络进行设置，用户可以设置自动获取IP与手动设置IP，用户可以设置设备IP、网关与DNS，单击“确定”按钮后生效。

2）对设备的WiFi网络进行设置，用户可以设置自动获取IP与手动设置IP，用户可以设置设备IP、网关与DNS，单击“确定”按钮后生效。

（7）参数调整功能描述

1）可对仓位的坐标进行设置。

2）可对物品放置传送带上的位置进行设置。

3）可对分拣机械臂分拣物品放置的位置坐标进行设置。

4）通过软件方式调整机械臂位置。

任务小结

本任务首先介绍了工业生产中的自动分拣系统及需求分析，以及计算机视觉的自动分拣系统。之后通过任务实施完成了功能模块分析与详细设计。本任务的思维导图如图5-1-9所示。

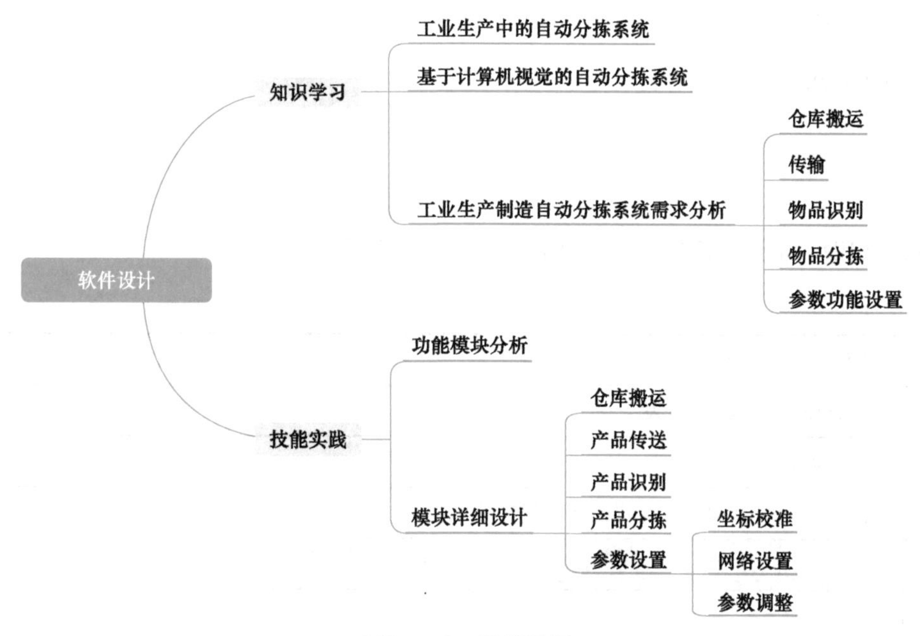

图5-1-9 思维导图

任务2 GUI界面开发及IDE开发

知识目标

- 了解UI设计相关内容。

能力目标

- 能够掌握PyCharm IDE基本使用并进行项目开发。

- 能够在PyCharm上安装Qt Designer。
- 能够使用Qt Designer设计PyQt5界面。

素质目标

- 具备开阔、灵活的思维能力。
- 具备积极、主动的探索精神。

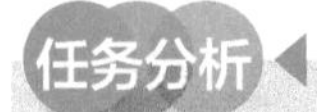

任务描述：

要求掌握UI布局设计，了解并学习小柔智能制造UI界面设计；掌握PyCharmIDE基本使用，并学习使用PyCharm开发项目；了解Qt Designer，在PyCharm上安装Qt Designer；掌握并能够使用Qt Designer设计PyQt5界面。

任务要求：

- 熟悉UI界面设计。
- 学习使用PyCharm开发项目。

根据所学相关知识，制订本任务的任务计划表，见表5-2-1。

表5-2-1　任务计划表

项目名称	小型柔性智能制造
任务名称	GUI界面开发及IDE开发
计划方式	自我设计
计划要求	请用5个计划步骤来完整描述出如何完成本任务
序　　号	任 务 计 划
1	
2	
3	
4	
5	

1. 主界面设计

主界面是用户使用产品的第一印象，所以主界面的设计非常重要，特别是要让用户能快速明白如何操作并留下好的印象。在UI（User Interface，用户界面）设计上，首先考虑的是界面使用的颜色主题，比如是深色系还是浅色系，本项目的界面主题采用深色系。确定了主题颜色后，接下来就是界面布局设计，比如视频显示应该放在哪个位置、操作状态输出放在哪个位置、操作按钮应该放置在哪个位置等。考虑这些布局之后，就可以在产品配置的显示屏上进行规划设计，如图5-2-1所示。

图5-2-1　UI基础界面设计

2. 配置界面设置

（1）坐标校准

小柔智能制造中是通过计算机视觉进行物体的识别与定位，那么就需要将图像中的位置转换成现实世界的真实位置，在转换过程中需要固定一个图像与真实世界的相对位置，通过这个固定的位置，就可以实现在固定参数下的坐标值转换，这部分在后面的任务中会详细介绍。在参数设置中需要这样的一个功能，将摄像头固定到指定位置上，把它称为“坐标校准”。那么在界面设置上，该如何设计呢？坐标校准的过程实际上是调整摄像头的位置，使其到达一个指定位置，实际校准过程是在图像中指定了3个点，这3个点要与实际位置上的3个点重合，即可确定摄像的位置到达正确位置。所以，坐标校准过程中需要有视频显示，来实时显示摄像头是否调整到位。因此在界面上需要有一个显示视频的地方。最终设计的效果如图5-2-2所示。

图5-2-2　坐标校准界面

（2）网络设置

在设备出现故障时候，维护人员需要通过SSH协议登录到系统上进行维护，那么就需要对设备的网络地址进行配置，这样就需要有能进行网络配置的界面。根据网络类型，配置的网络类型有以太网络、WiFi网络，而配置的内容则是网络配置中的基本参数，最终的设计效果如图5-2-3所示。

（3）参数设置

对于机械臂需要按固定位置进行抓取与放置的操作来说，可以将坐标设置成可调整参数，这样在不同的环境下直接修改界面上的参数即可完成操作。另一方面，小柔智能制造中用到了两个机械臂，可以设置一个在软件上进行机械臂位置置换的方法，最终的设计效果如5-2-4所示。

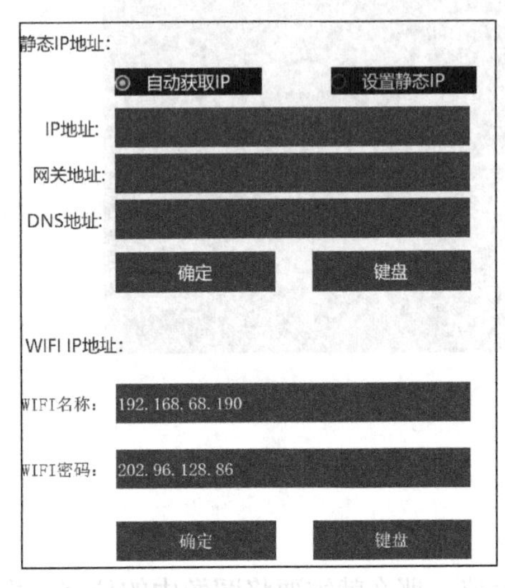

图5-2-3　网络设置

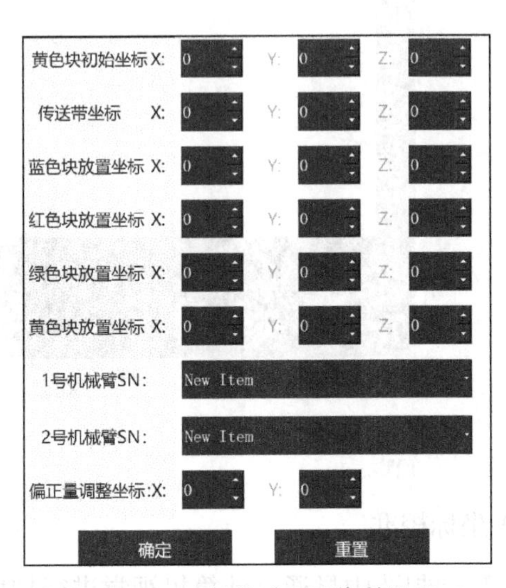

图5-2-4　坐标校准界面参数设置

使用计算机上的画图工具，根据需求分析设计每个功能点用到的界面，进行布局与控件设计。

任务实施

1. 安装PyCharm IDE

IDE（Integrated Development Environment）即集成开发环境，是为开发者而设计的开发工具，使用IDE工具可以很方便地进行开发代码调试，在工具里可以以插件的形式集成各种开发工具。PyCharm是由JetBrains打造的一款Python IDE，适合Python开发人群，进行Python软件开发与代码调试。

若计算机已安装过PyCharm，则无须重新安装。不同版本的界面显示会有略微区别，以下步骤供参考。PyCharm的相关安装文件如图5-2-5所示。

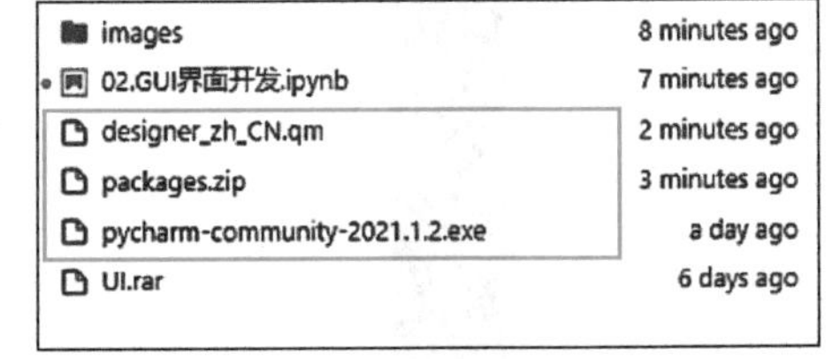

图5-2-5　PyCharm的相关安装文件

在Windows 10下安装PyCharm。

步骤一　下载安装包。

在PyCharm官网下载安装包，如图5-2-6所示。

图5-2-6　下载PyCharm安装包

步骤二　安装软件。

运行下载好的安装包，选择需要安装的模块进行安装，安装过程如图5-2-7～图5-2-9所示。

图5-2-7　安装界面

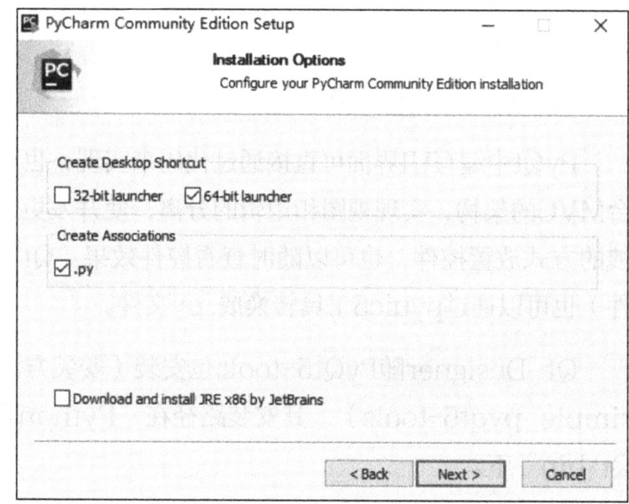

图5-2-8　选择需要安装的模块

图5-2-9　安装完成

2. 使用PyCharm开发项目

步骤一 打开PyCharm单击菜单选择File→NewProject命令。

步骤二 根据实际情况选择工程项目路径，配置环境。

步骤三 单击“Create”按钮创建项目。

步骤四 选择工程项目，右击选择New→Python File命令。

步骤五 编写Python代码。

动手练习②

根据上面的步骤在PC上安装PyCharm，使用PyCharm创建一个名为robot的工程目录，在工程下面创建app.py并创建一个start函数，函数功能是打印“Hello Robot”。

若无法自行成功安装Qt Designer+PyUIC，可以使用实验平台提供的环境进行安装学习。

3. 安装Qt Designer

（1）Qt Designer简介

PyQt中编写UI界面可直接通过代码来实现，也可通过Qt Designer来完成。Qt Designer的设计符合MVC的架构，实现视图和逻辑的分离，使开发更加便捷。Qt Designer中的操作方式灵活，可通过拖拽的方式放置控件，也可以随时查看控件效果。Qt Designer生成的.ui文件（实质上是XML格式的文件）也可以通过pyuic5工具转换成.py文件。

Qt Designer随PyQt5-tools包安装（安装方法为pip install -i https://pypi.douban.com/simple pyqt5-tools），其安装路径在“Python安装路径\Lib\site-packages\qt5_applications\Qt\bin”下。

若要启动Qt Designer，可以直接到上述目录下双击designer.exe打开；或将上述路径加入环境变量，在命令行输入designer打开；或在PyCharm中将其配置为外部工具打开。下面以PyCharm为例，讲述PyCharm中Qt Designer的配置方法。

（2）PyCharm安装配置Qt Designer

通常情况下，Qt Designer是包含在PyQt5-tools里面的，如果没有，可以通过pip install -i https://pypi.douban.com/simple pyqt5-tools进行安装，但是这里使用PyCharm集成开发环境，所以直接通过PyCharm安装。

步骤一 打开PyCharm选中Create New Project，创建新项目。

步骤二 选择菜单File→Settings命令，如图5-2-10所示。

步骤三 选中Project Interpreter，并单击右侧“+”按钮，如图5-2-11所示。

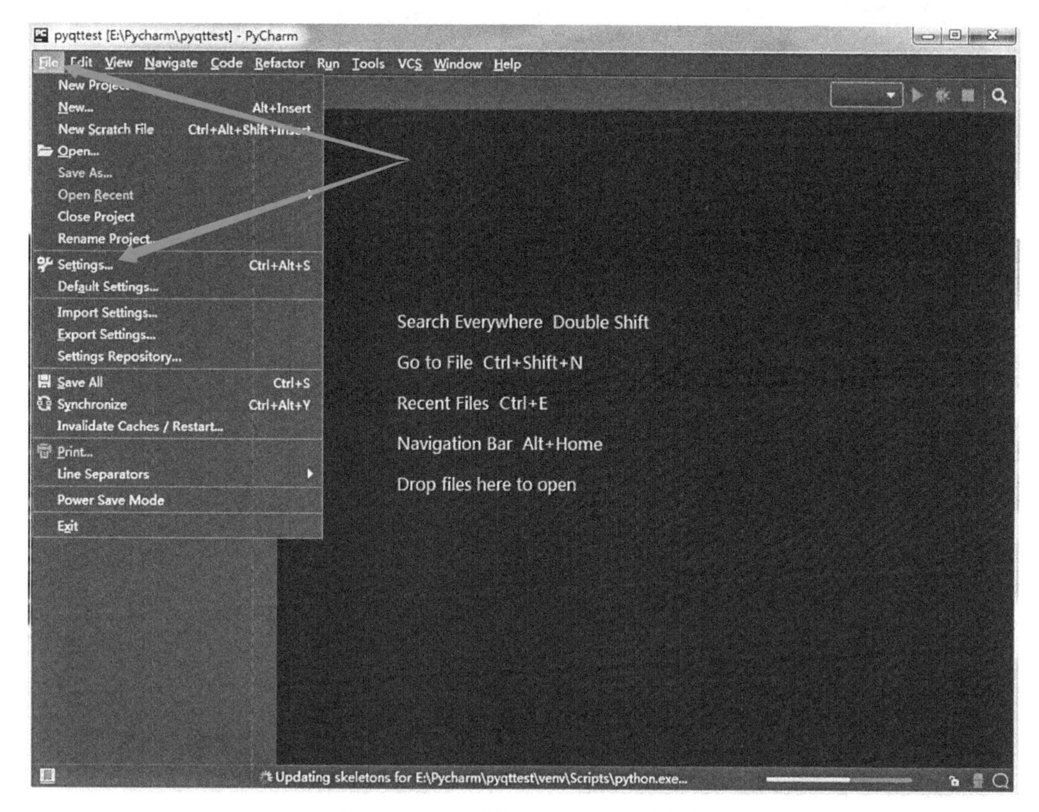

图5-2-10　选择File→Settings命令

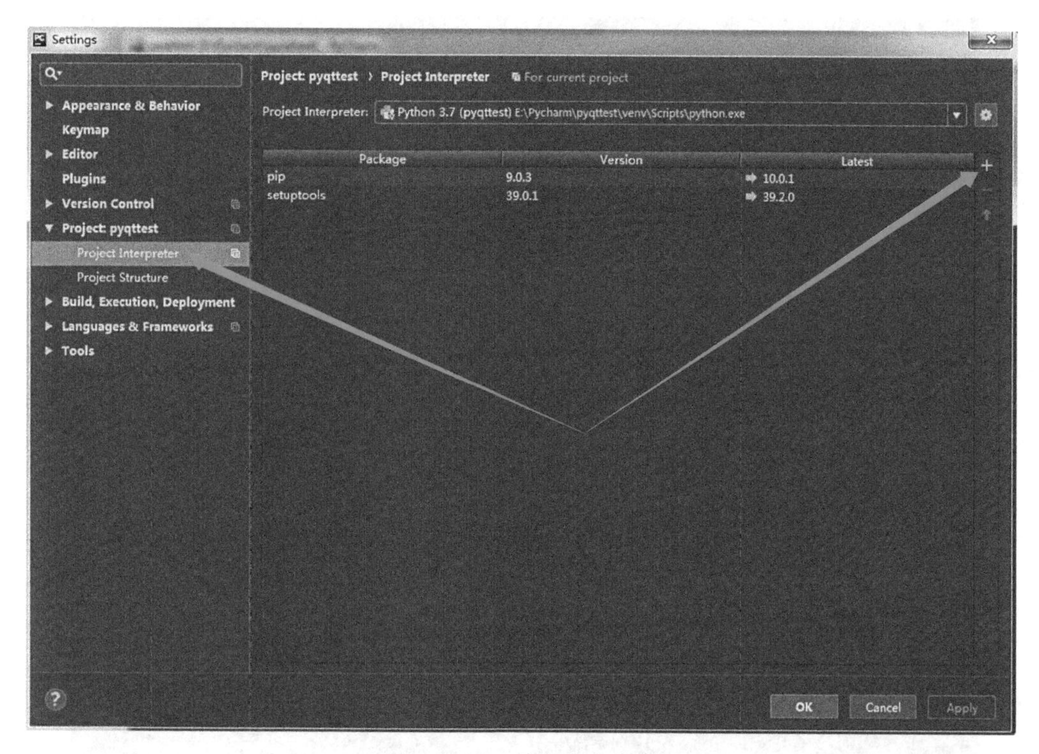

图5-2-11　单击“+”按钮

步骤四　单击“Manage Repositories”按钮，修改PyCharm下载源https://pypi.python.org/simple，如图5-2-12和图5-2-13所示。

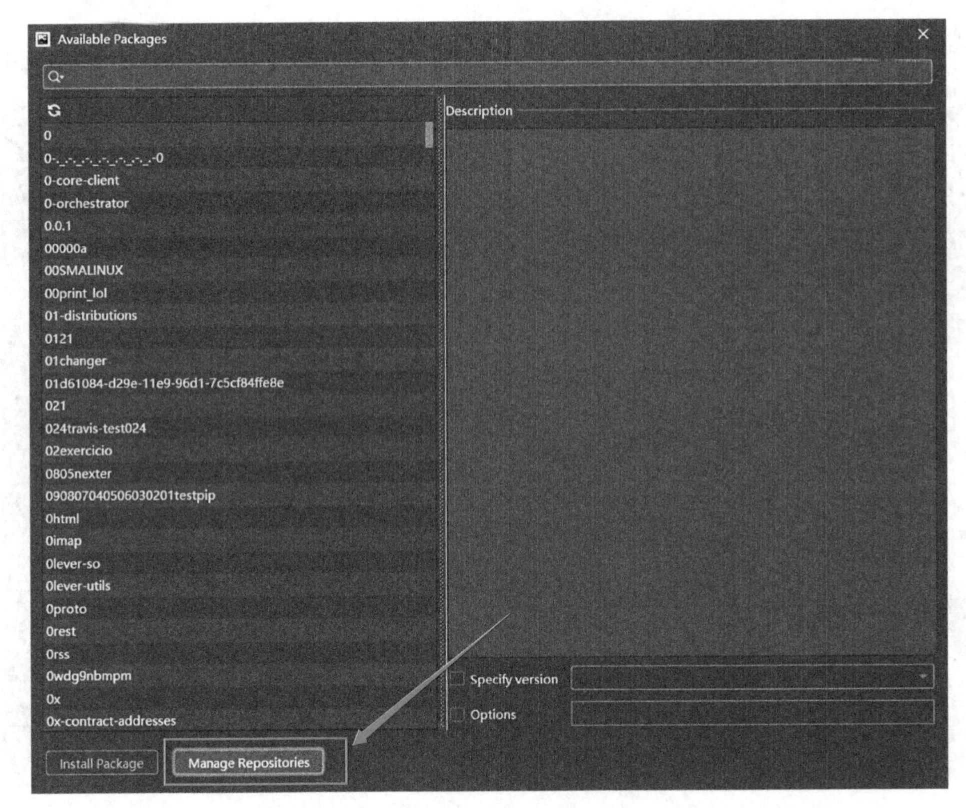

图5-2-12　单击“Manage Repositories”按钮

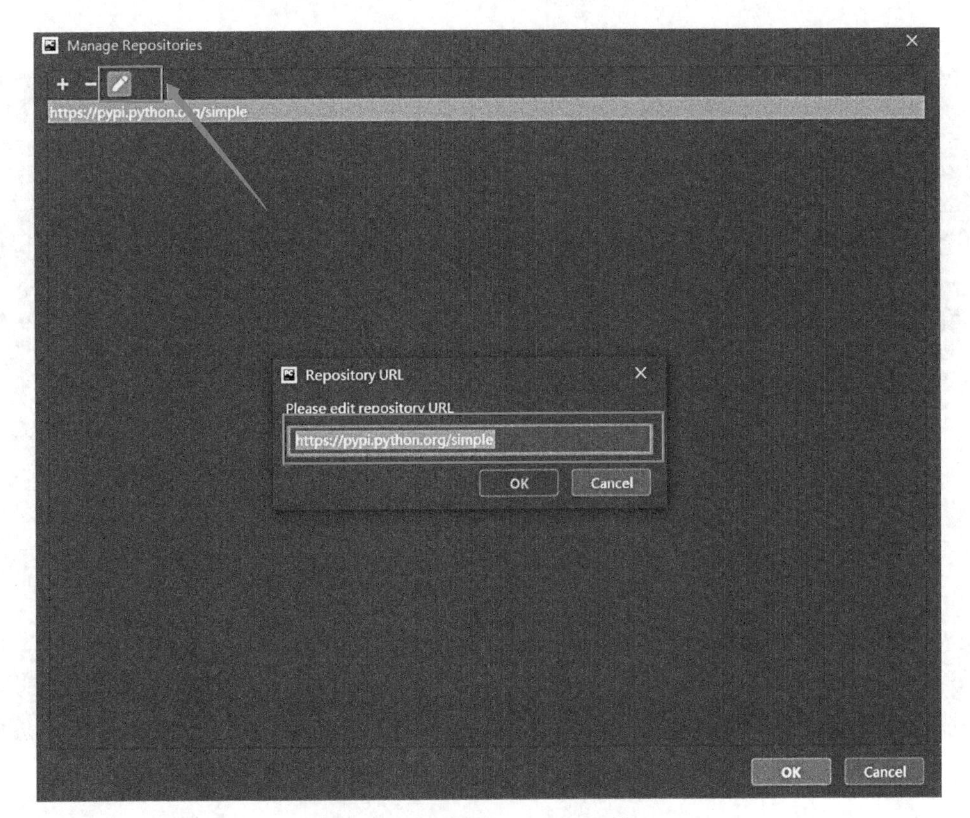

图5-2-13　修改PyCharm下载源

步骤五　修改完成单击“OK”按钮。

步骤六　单击“刷新”按钮更新下载源，如图5-2-14所示。

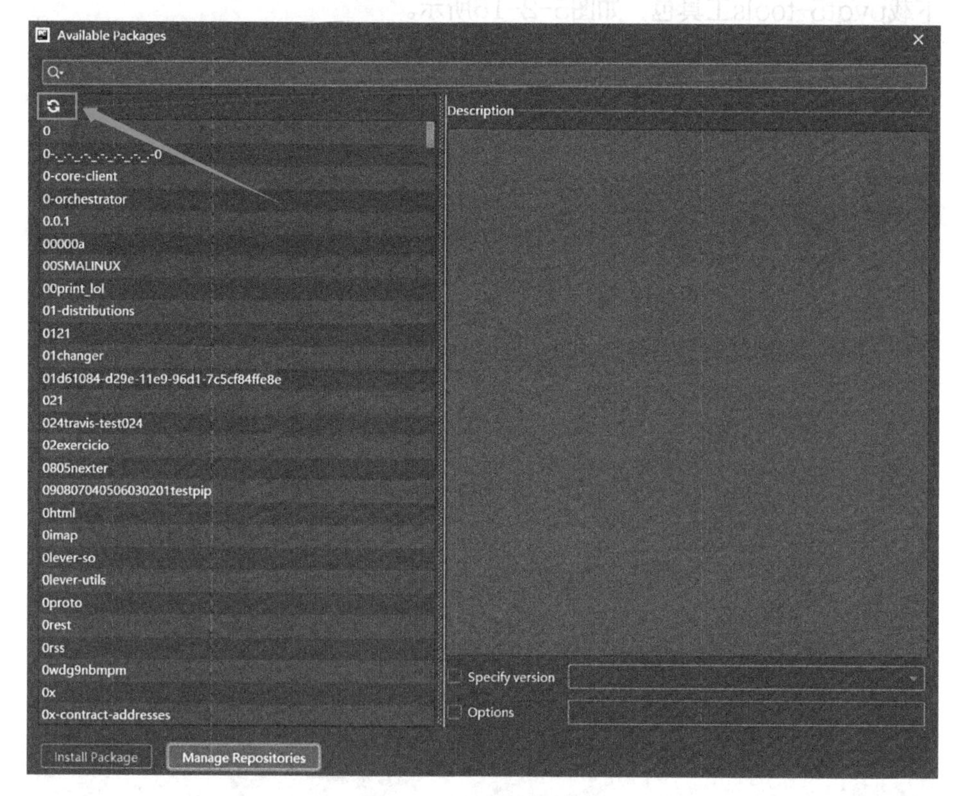

图5-2-14　更新下载源

步骤七　下载pyqt5，若版本不同，可以通过勾选Specify version来进行版本选择，如图5-2-15所示。

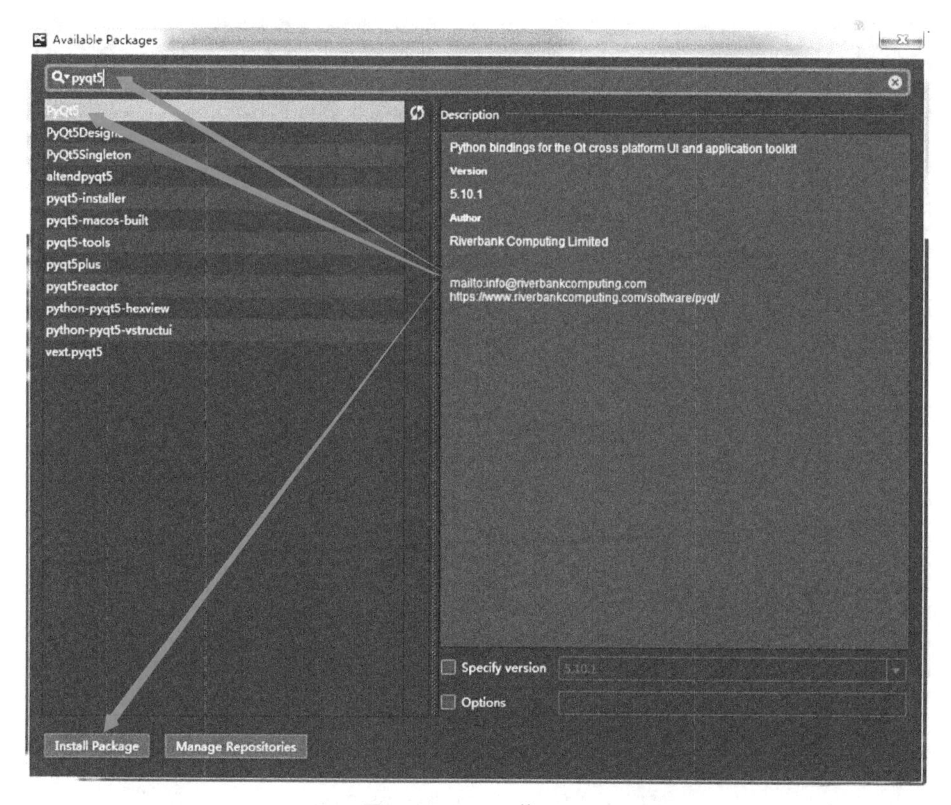

图5-2-15　下载pyqt5

步骤八　下载pyqt5-tools工具包，如图5-2-16所示。

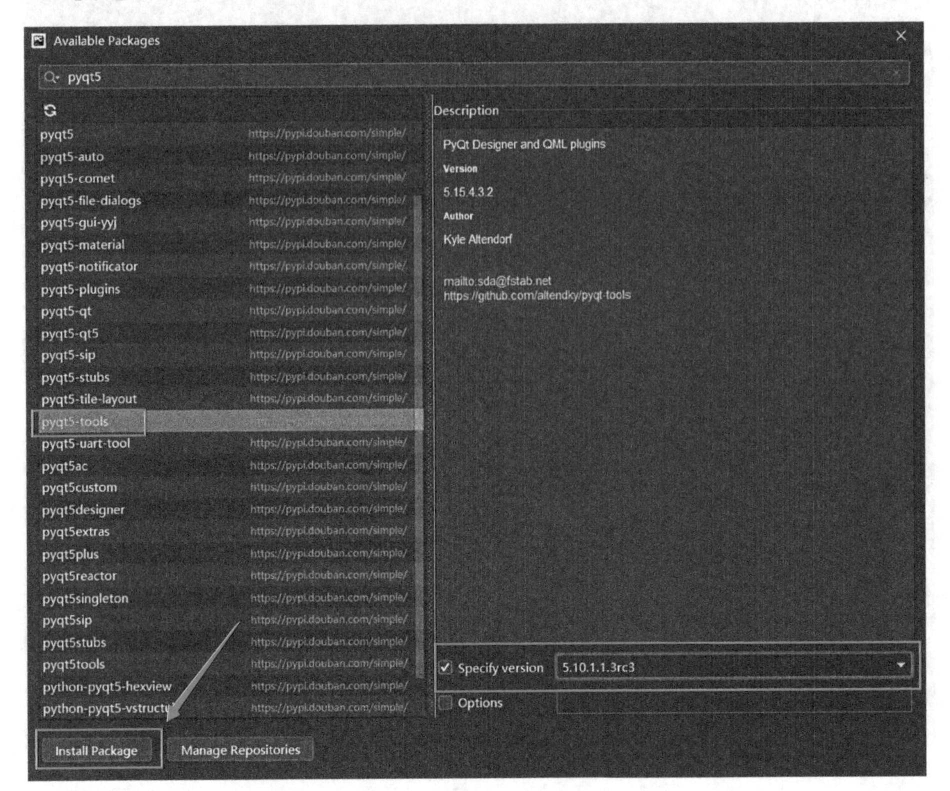

图5-2-16　下载pyqt5-tools工具包

步骤九　下载pyuic5-tools工具包，如图5-2-17所示。

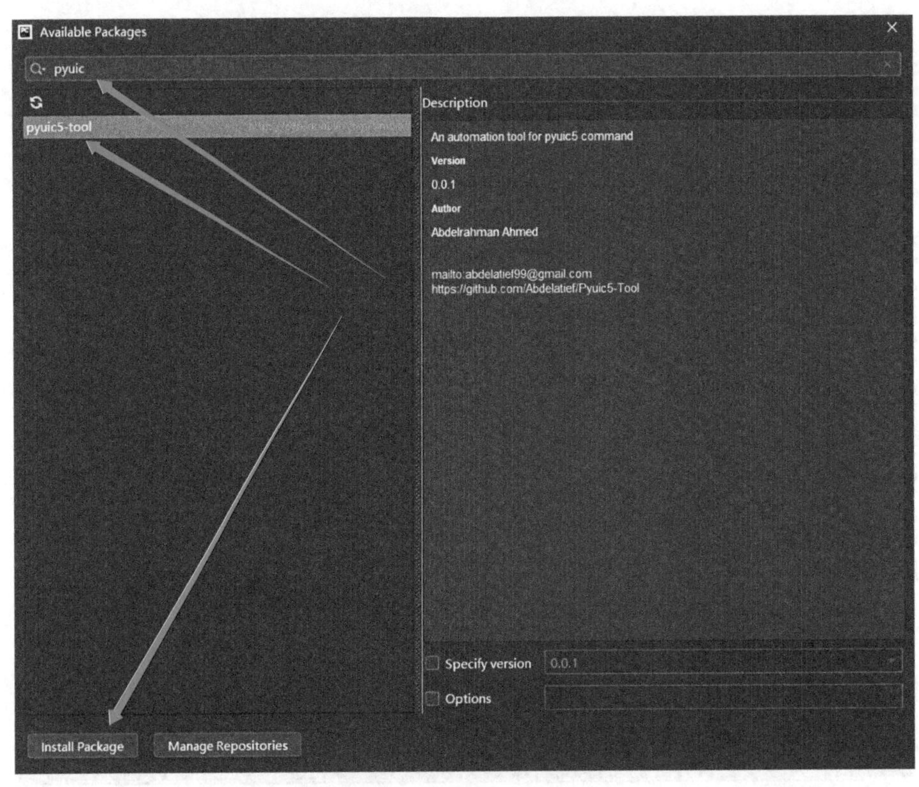

图5-2-17　下载pyuic5-tools工具包

步骤十 开始配置工具，添加所需工具，如图5-2-18所示。

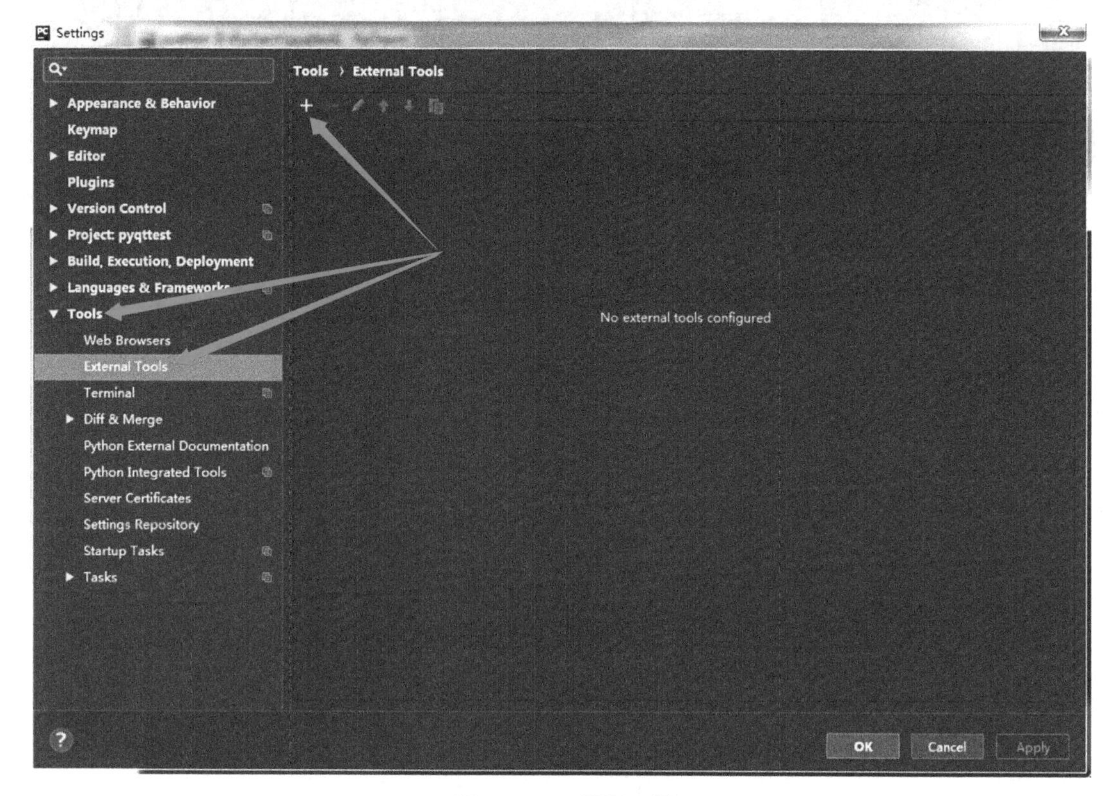

图5-2-18 配置工具

步骤十一 找到pyqt5-tool安装包路径，如图5-2-19所示。

此电脑 › 软件 (D:) › app › python3.6 › Lib › site-packages › qt5_applications › Qt › bin

名称	修改日期	类型	大小
assistant.exe	2020/11/24 10:59	应用程序	870 KB
canbusutil.exe	2020/11/24 10:59	应用程序	49 KB
concrt140.dll	2020/11/24 10:59	应用程序扩展	302 KB
designer.exe	2020/11/24 10:59	应用程序	567 KB
dumpcpp.exe	2020/11/24 10:59	应用程序	209 KB
dumpdoc.exe	2020/11/24 10:59	应用程序	171 KB
lconvert.exe	2020/11/24 10:59	应用程序	203 KB
libEGL.dll	2020/11/24 10:59	应用程序扩展	24 KB
libGLESv2.dll	2020/11/24 10:59	应用程序扩展	3,290 KB
linguist.exe	2020/11/24 10:59	应用程序	1,291 KB
lprodump.exe	2020/11/24 10:59	应用程序	262 KB
lrelease.exe	2020/11/24 10:59	应用程序	213 KB
lrelease-pro.exe	2020/11/24 10:59	应用程序	35 KB
lupdate.exe	2020/11/24 10:59	应用程序	572 KB
lupdate-pro.exe	2020/11/24 10:59	应用程序	35 KB
msvcp140.dll	2020/11/24 10:59	应用程序扩展	572 KB
msvcp140_1.dll	2020/11/24 10:59	应用程序扩展	24 KB
msvcp140_2.dll	2020/11/24 10:59	应用程序扩展	182 KB
msvcp140_atomic_wait.dll	2020/11/24 10:59	应用程序扩展	41 KB

图5-2-19 找到pyqt5-tool安装包路径

步骤十二 在Program栏选择designer. exe。在Working directory栏填入$ProjectFileDir$，如图5-2-20所示。

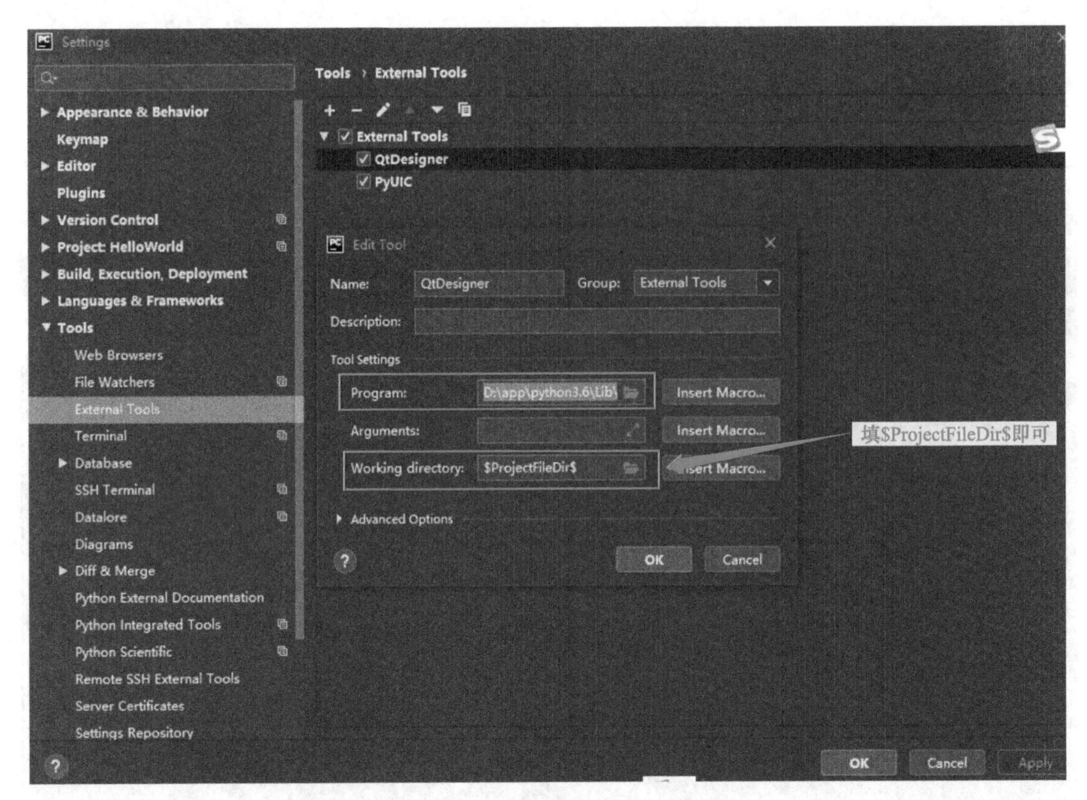

图5-2-20　填入$ProjectFileDir$

步骤十三　在Python包安装目录找到pyuic5. exe文件所在目录，如图5-2-21所示。

此电脑 › 软件 (D:) › app › python3.6 › Scripts ›

名称	修改日期	类型	大小
pyhtmlizer.exe	2020/11/12 16:34	应用程序	96 KB
pylupdate5.exe	2020/11/24 10:59	应用程序	96 KB
pyqt5-tools.exe	2020/11/24 10:59	应用程序	96 KB
pyrcc5.exe	2020/11/24 10:59	应用程序	96 KB
pyserial-miniterm.exe	2021/5/26 10:33	应用程序	73 KB
pyserial-miniterm-script.py	2021/5/26 10:33	Python File	1 KB
pyserial-ports.exe	2021/5/26 10:33	应用程序	73 KB
pyserial-ports-script.py	2021/5/26 10:33	Python File	1 KB
pyuic5.exe	2020/11/24 10:59	应用程序	96 KB
qt5-tools.exe	2020/11/24 10:59	应用程序	96 KB
runxlrd.py	2020/11/28 10:56	Python File	16 KB
scrapy.exe	2020/11/12 16:34	应用程序	96 KB
spark-parser-coverage	2020/11/17 17:48	文件	3 KB
sslocal.exe	2021/5/8 14:12	应用程序	73 KB
sslocal-script.py	2021/5/8 14:12	Python File	1 KB
ssserver.exe	2021/5/8 14:12	应用程序	73 KB
ssserver-script.py	2021/5/8 14:12	Python File	1 KB
tkconch.exe	2020/11/12 16:34	应用程序	96 KB
trial.exe	2020/11/12 16:34	应用程序	96 KB
twist.exe	2020/11/12 16:34	应用程序	96 KB
twistd.exe	2020/11/12 16:34	应用程序	96 KB
uncompyle6.exe	2020/11/17 17:49	应用程序	96 KB
wordcloud_cli.exe	2020/10/31 20:15	应用程序	96 KB

图5-2-21　找到pyuic5.exe文件所在目录

步骤十四　填入Program，在Arguments处填入$FileName$ -o$FileNameWithoutExtension$. py，在Working directory处填入'$ProjectFileDir$'即可，如图5-2-22所示。

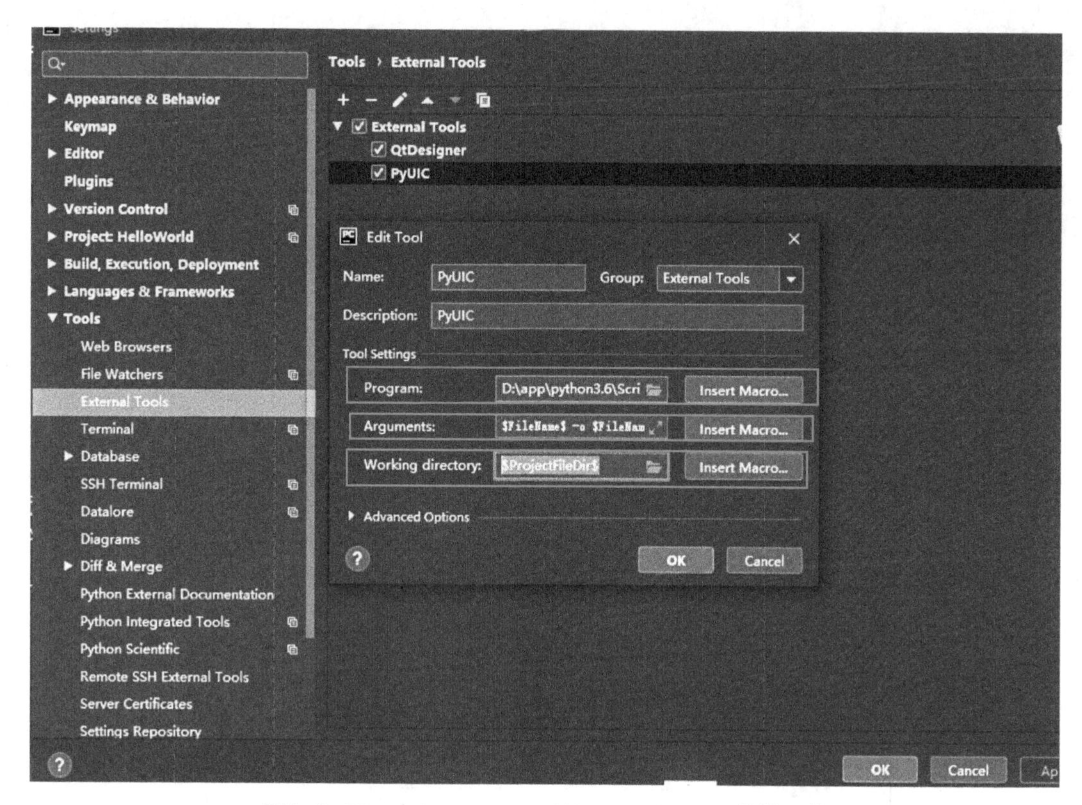

图5-2-22　在Arguments、Working directory处填入值

动手练习③

根据上面的步骤在PyCharm上安装Qt Designer+PyUIC。

若无法自行成功安装Qt Designer+PyUIC，可以仿照下述步骤使用提供的环境进行安装学习。

1）在本任务的同级目录中下载pycharm-community-2021.1.2.exe进行安装，如图5-2-23所示。

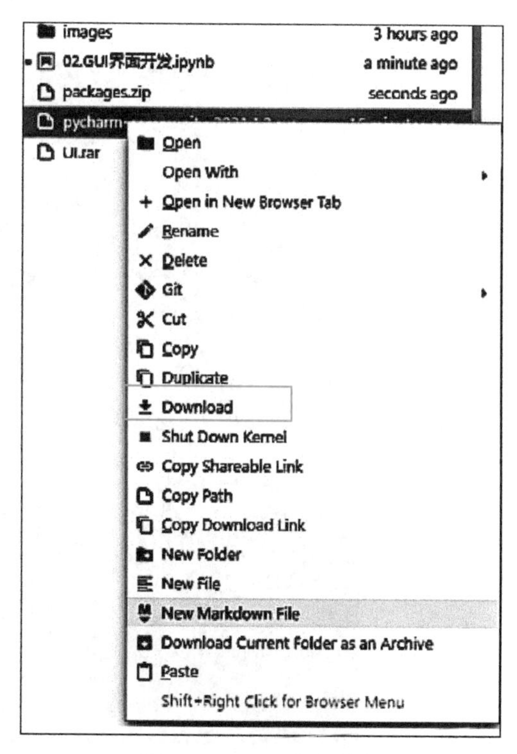

图5-2-23　下载安装包

2）解压packages.zip，如图5-2-24所示。

3）创建一个新项目，选择使用新环境创建。Python编辑器请选择之前项目4中安装的Python路径，如图5-2-25所示。

4）项目4任务3中Python的安装路径为C:\Users\nledu\AppData\Local\Programs\Python\Python36，实际路径请以自己计算机的Python路径为准，如图5-2-26所示。

5）在PyCharm中单击左下角的“Terminal”按钮打开终端，如图5-2-27所示。

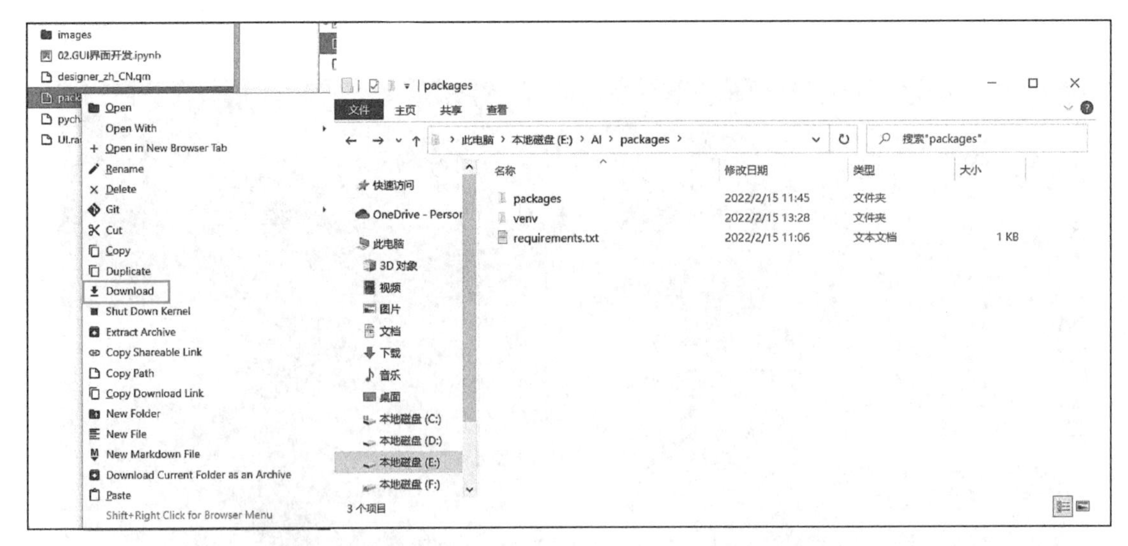

图5-2-24　解压安装包

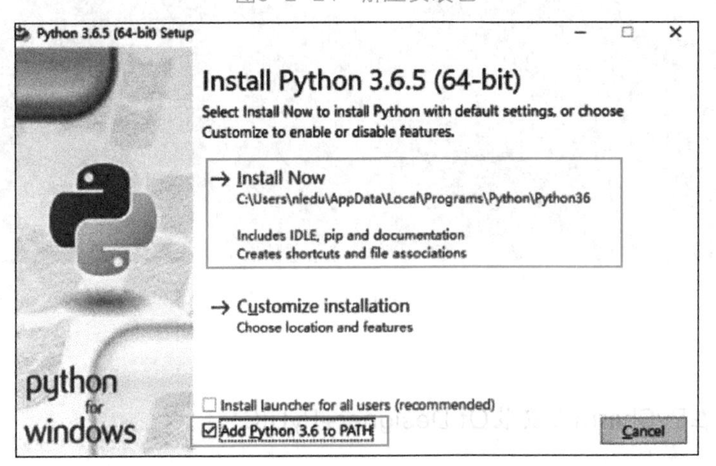

图5-2-25　选择Python环境

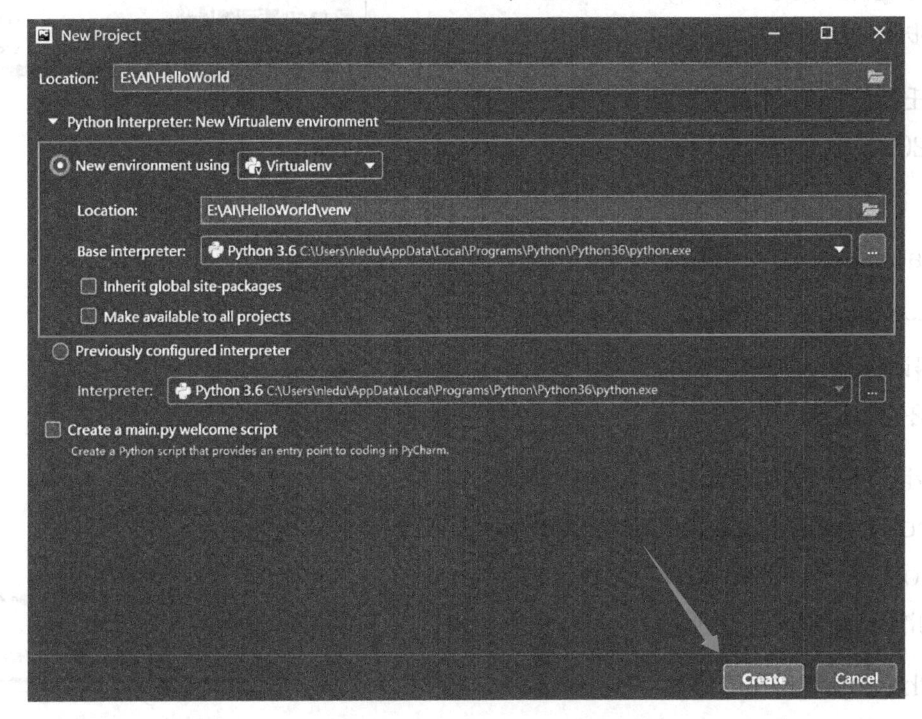

图5-2-26　选择安装路径

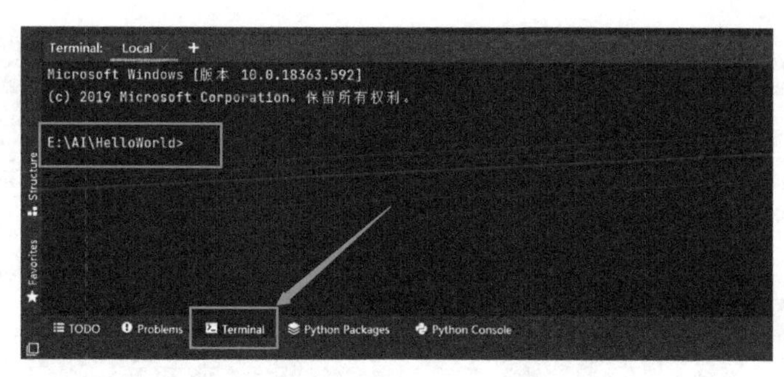

图5-2-27　打开终端

6）将上述步骤解压的环境包packages复制到PyCharm项目路径中，如图5-2-28所示。

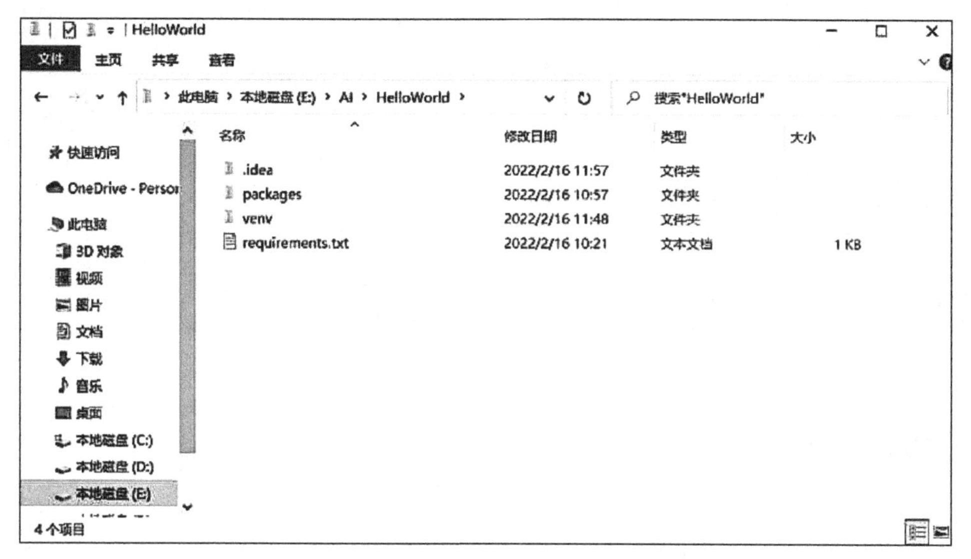

图5-2-28　将解压包复制到PyCharm项目路径中

7）在命令行输入pip install --no-index --find-links=./packages -r requirements.txt进行环境安装。若无报错，则环境安装成功，如图5-2-29所示。

图5-2-29　通过命令进行环境安装

8）进入工具配置界面，配置相应路径，如图5-2-30所示。

9）将汉化包复制到项目HelloWorld路径下，如图5-2-31所示。

10）进入外部工具配置，配置路径，选择在项目HelloWorld路径下.\venv\Scripts\pyuic5.exe，如图5-2-32所示。

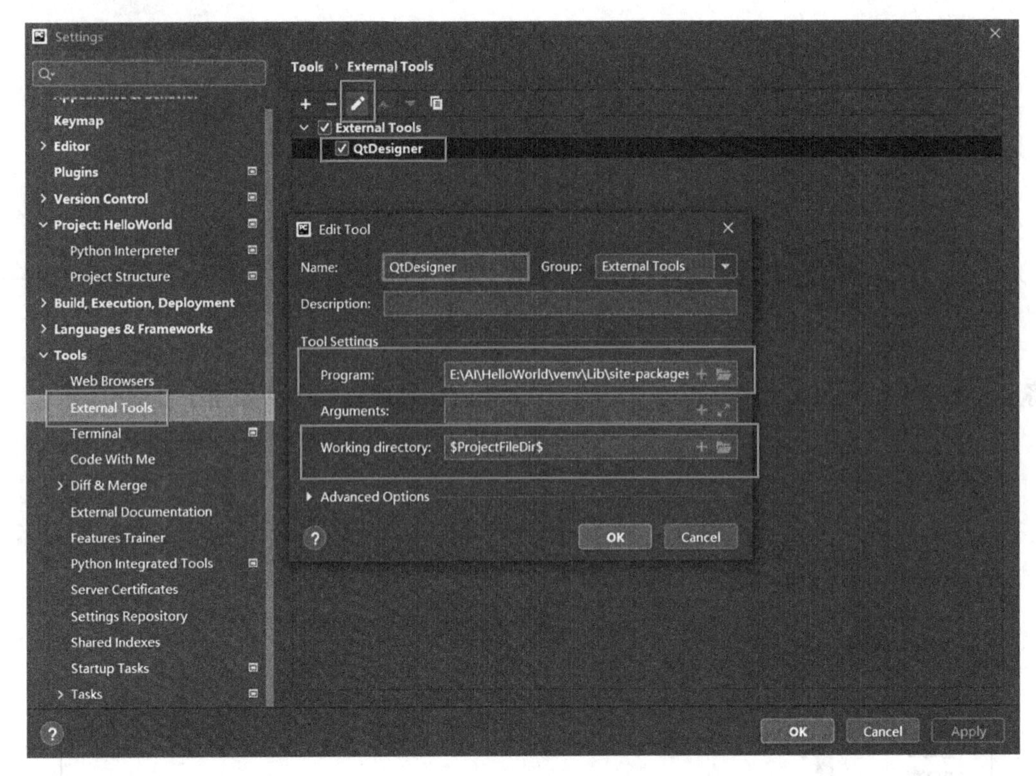

图5-2-30　配置相应路径

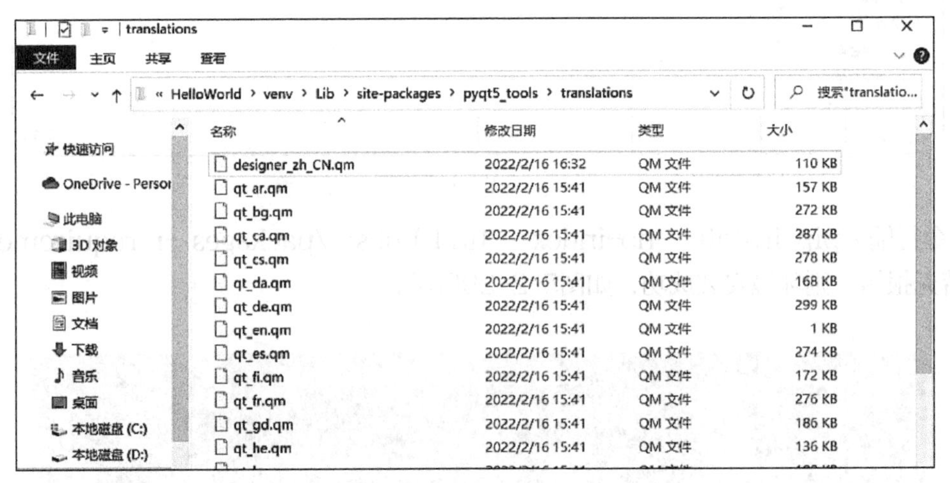

图5-2-31　复制汉化包到路径下

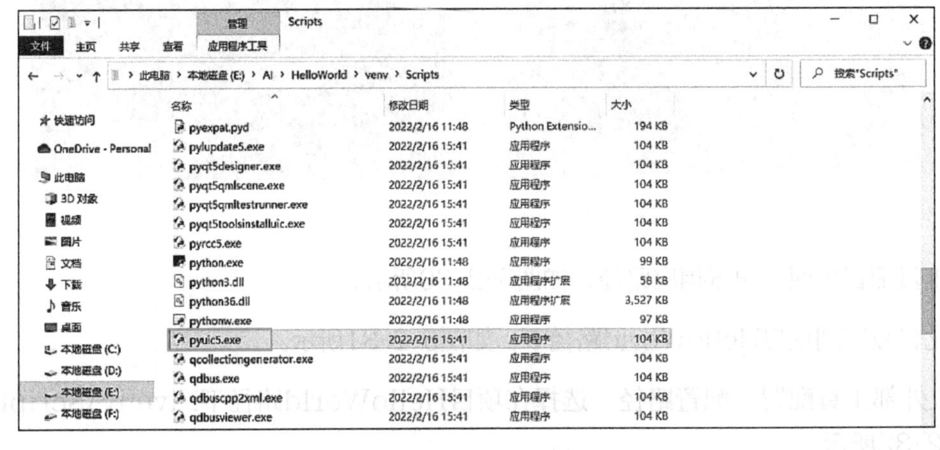

图5-2-32　配置路径

11）填入Program，在Arguments处填入$FileName$ -o $FileNameWithoutExtension$.py，在Working directory处填入$ProjectFileDir$即可，如图5-2-33所示。

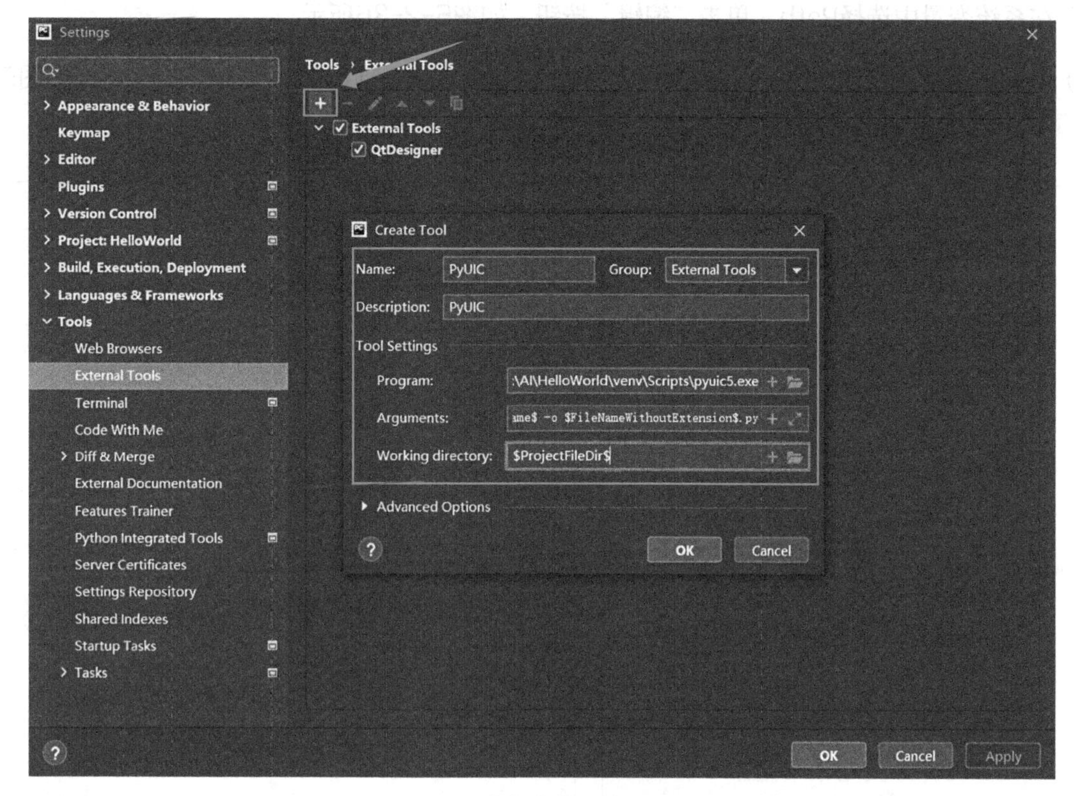

图5-2-33　在指定位置填入Program

12）右击桌面计算机图标，选择“属性”→“高级系统设置”命令，如图5-2-34所示。

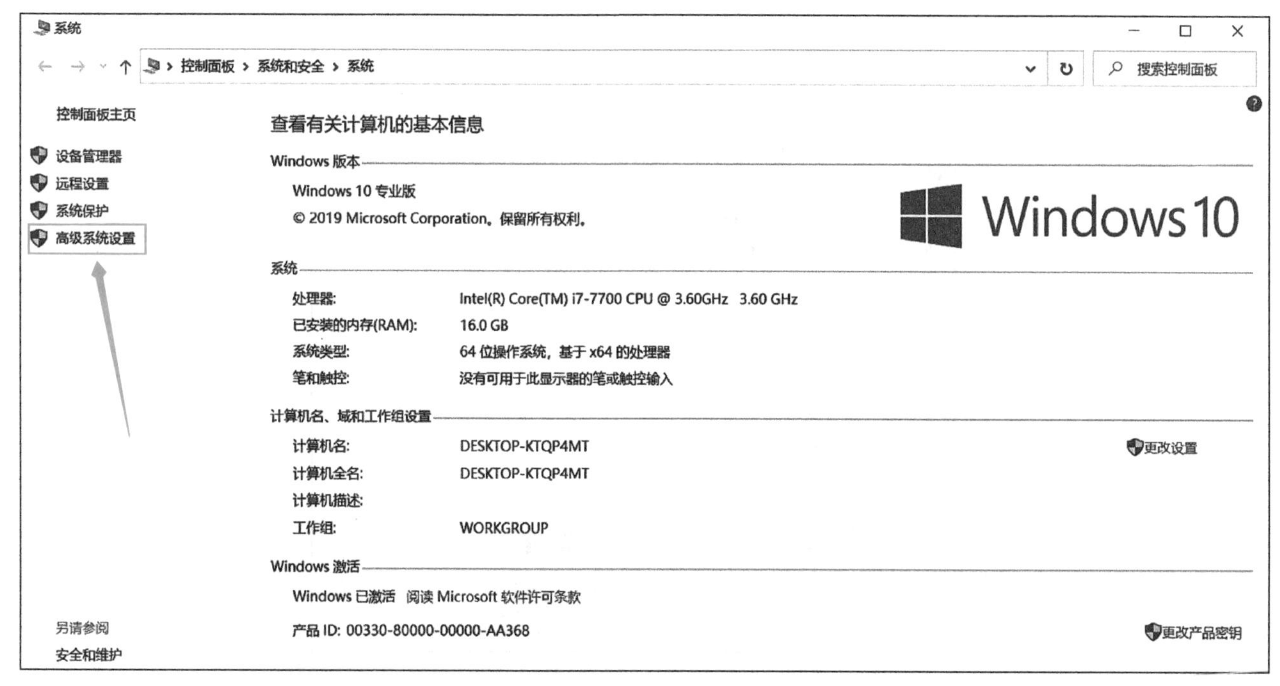

图5-2-34　选择高级系统设置

13）选择环境变量，如图5-2-35所示。

14）在系统变量中选择Path，单击“编辑”按钮，如图5-2-36所示。

15）填入本地计算机pyuic5. exe的路径，例如E:\AI\HelloWorld\venv\Scripts，如图5-2-37所示。

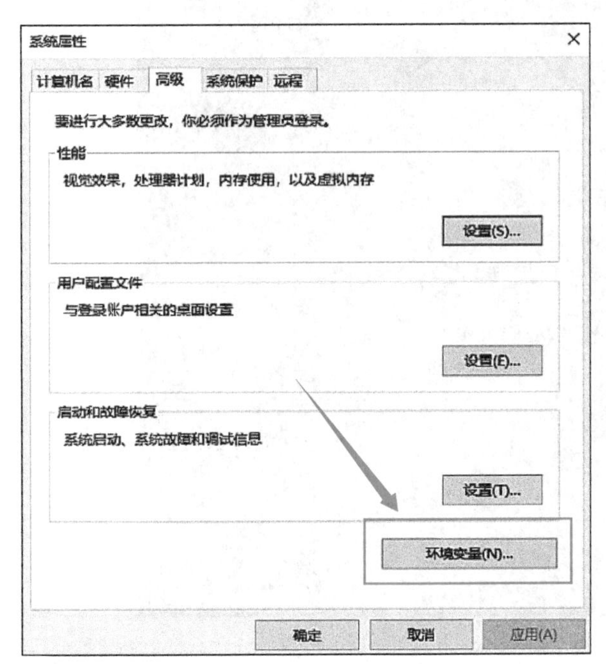

图5-2-35　选择环境变量

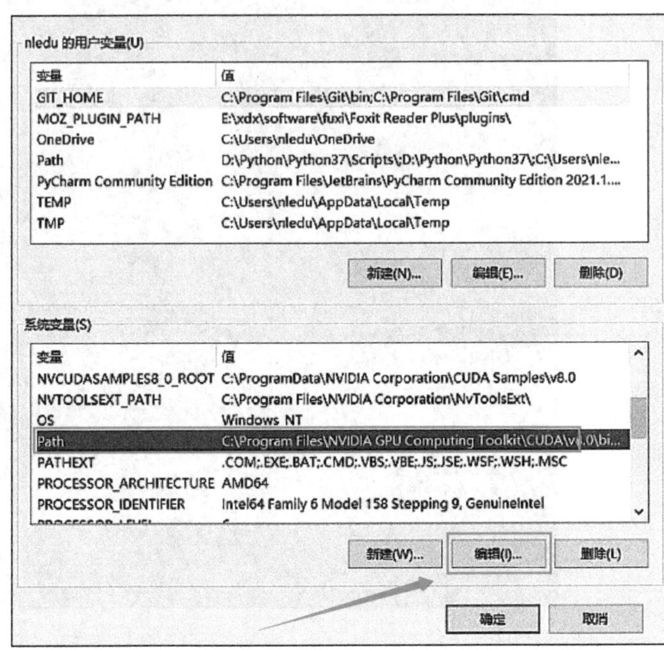

图5-2-36　在系统变量中选择Path

图5-2-37　填入路径

4. 使用Qt Designer设计界面

步骤一　下载UI资源包，在后面设计界面样式时将会用到。

步骤二　打开Qt Designer，创建一个主窗口，如图5-2-38和图5-2-39所示。

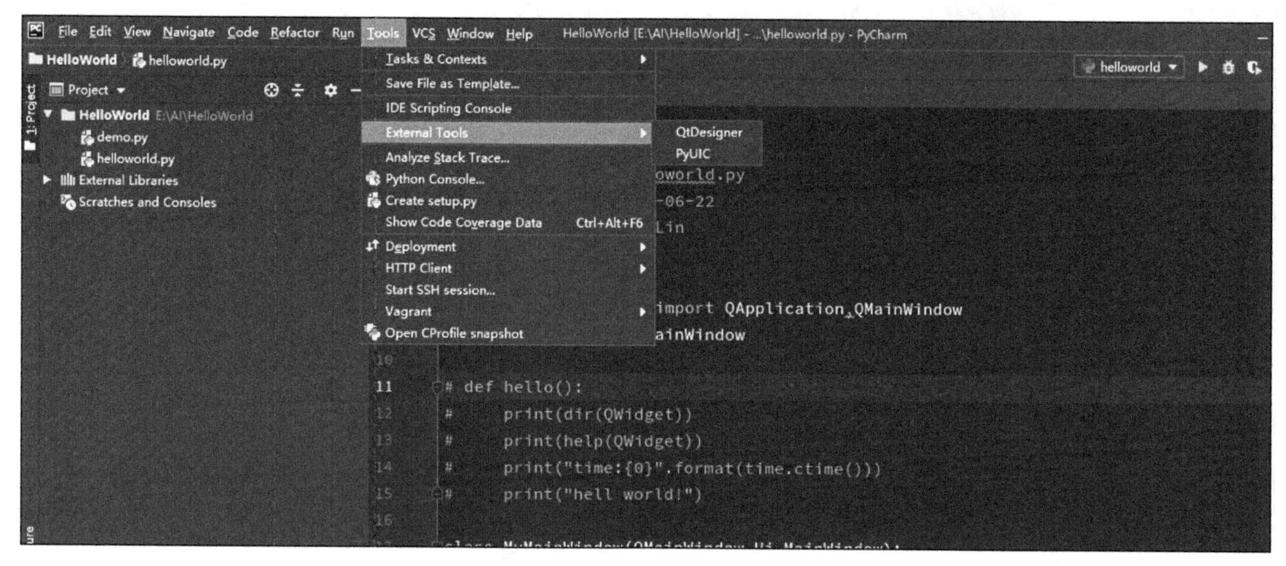

图5-2-38　打开Qt Designer

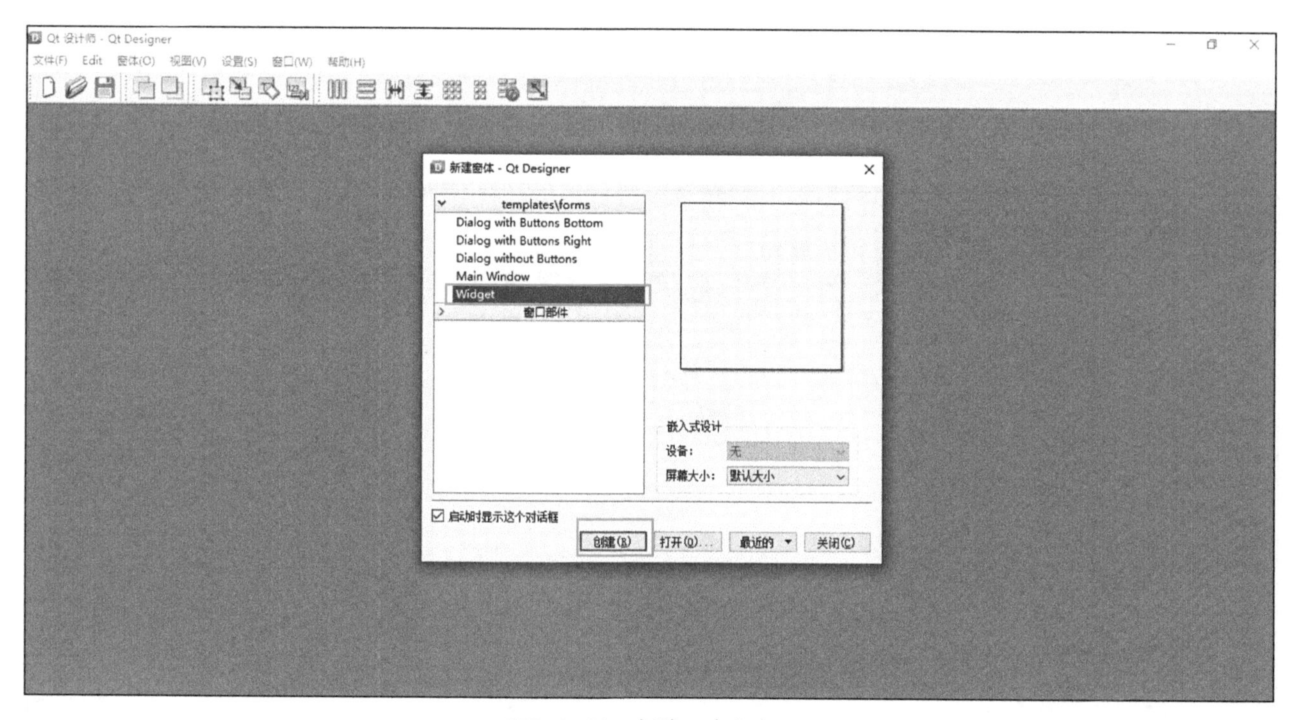

图5-2-39　创建一个主窗口

打开WidgetBox工具栏，在工具栏上单击“视图”，将“WidgetBox”勾选上，如图5-2-40所示。

步骤三　给主窗口页面添加背景图片。

图5-2-40　打开WidgetBox工具栏

1）打开属性编辑器，选择主窗口，在属性编辑器找到styleSheet，如图5-2-41所示。

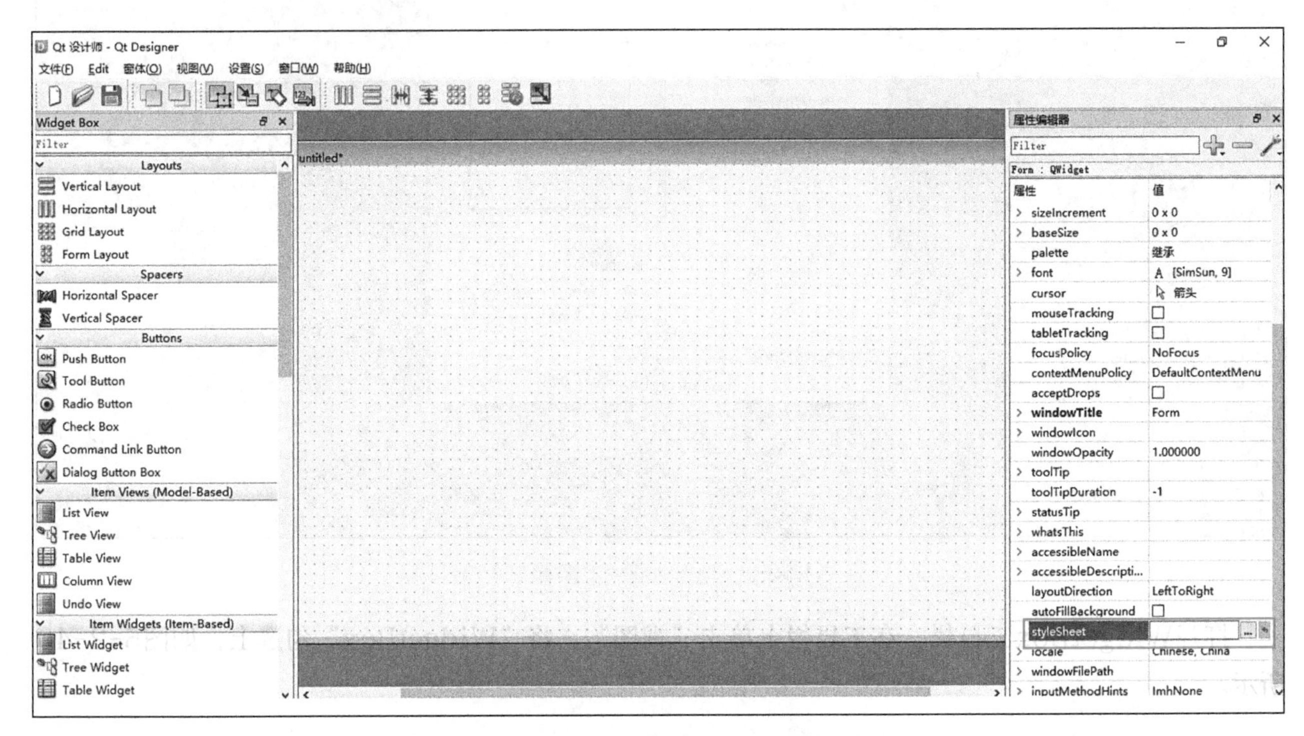

图5-2-41　找到styleSheet

2）在弹出的窗口中选择“添加资源”，如图5-2-42所示。

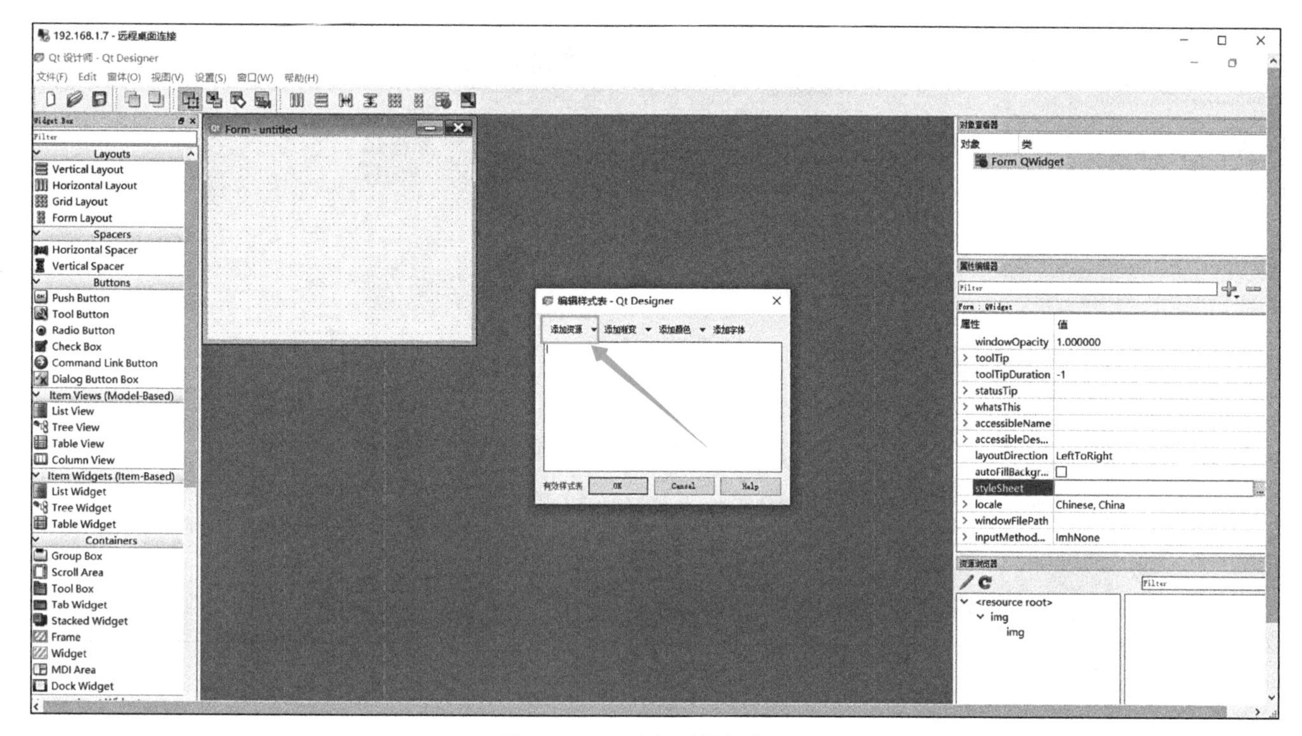

图5-2-42　选择“添加资源”

3）打开“styleSheet”，导入下载的UI资源包中的color.qrc文件，如图5-2-43～图5-2-46所示。

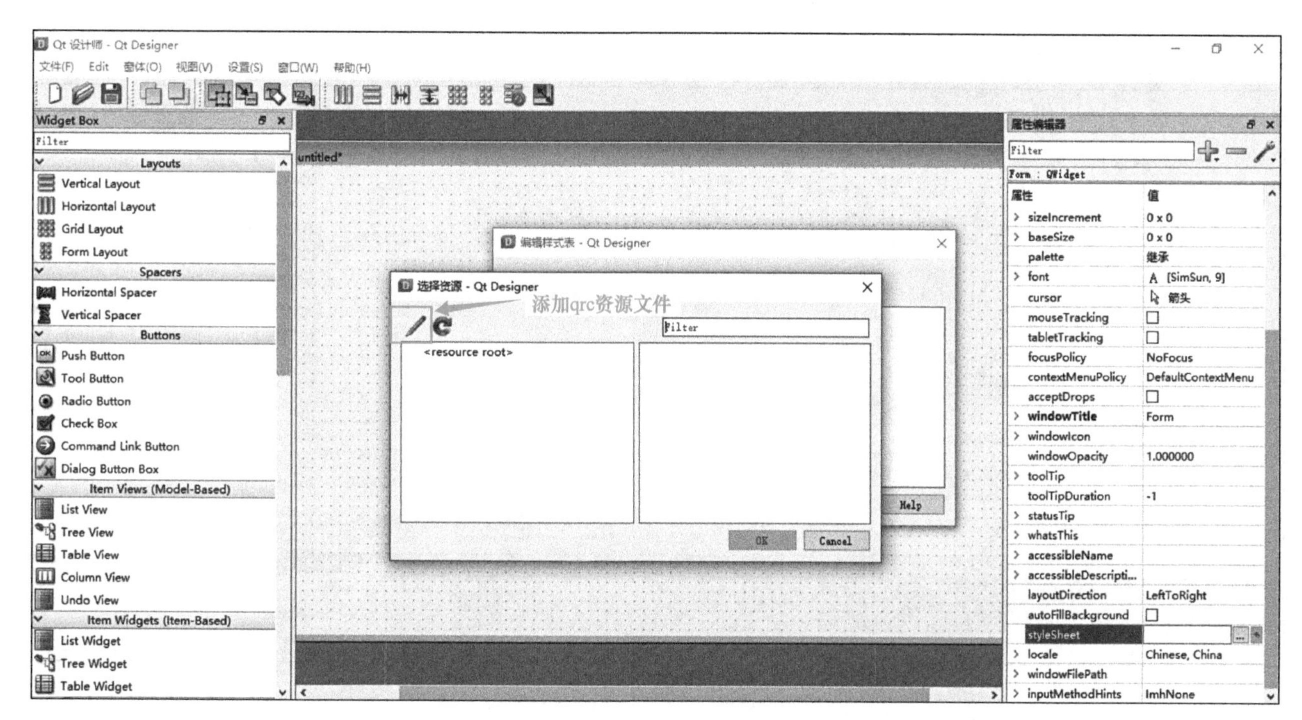

图5-2-43　添加qrc资源文件

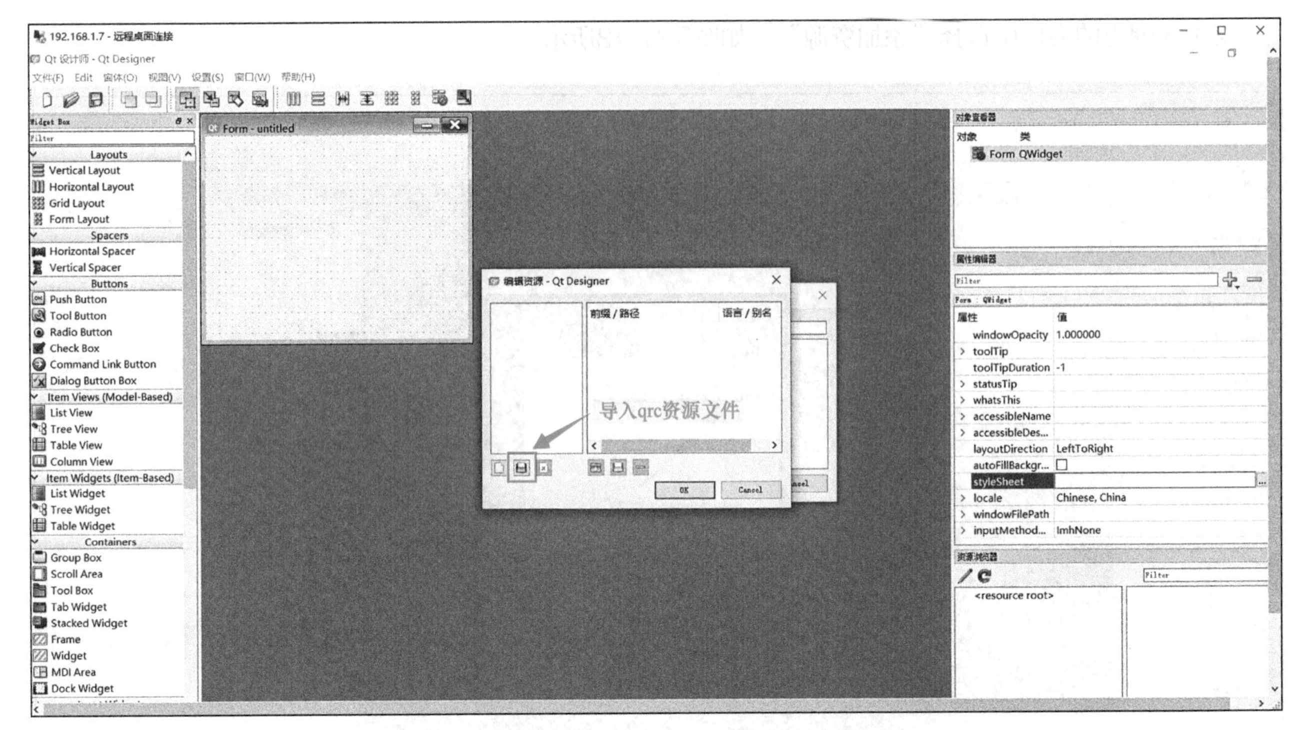

图5-2-44　导入qrc资源文件

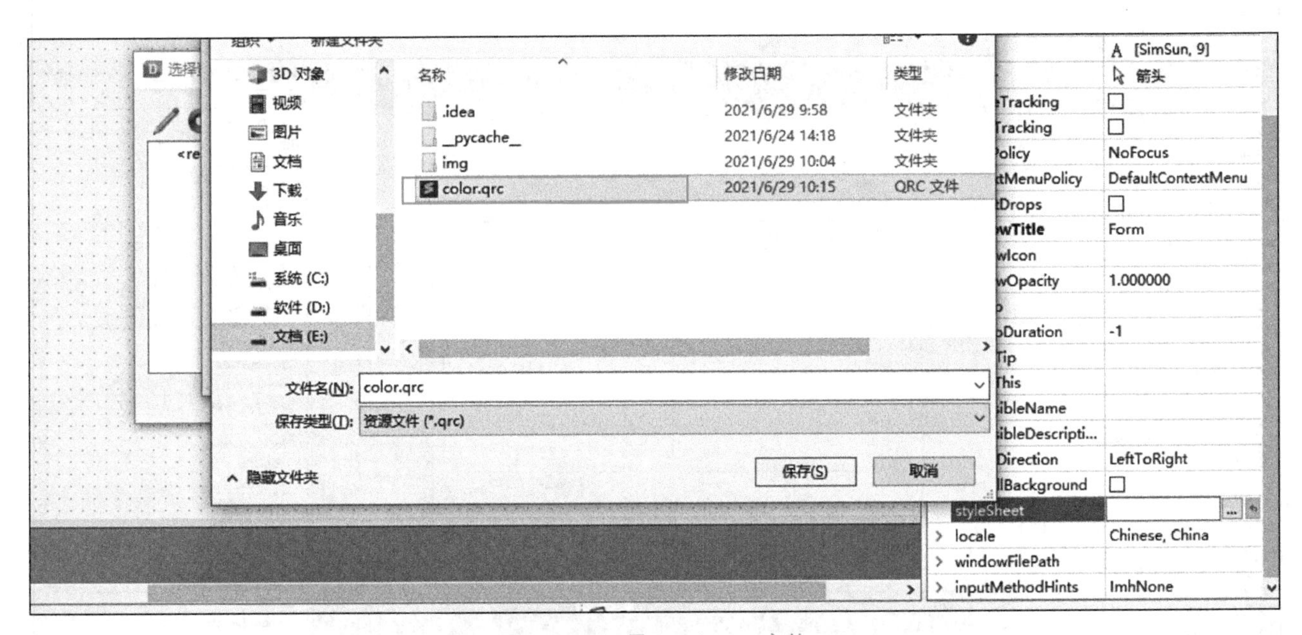

图5-2-45　导入color.qrc文件

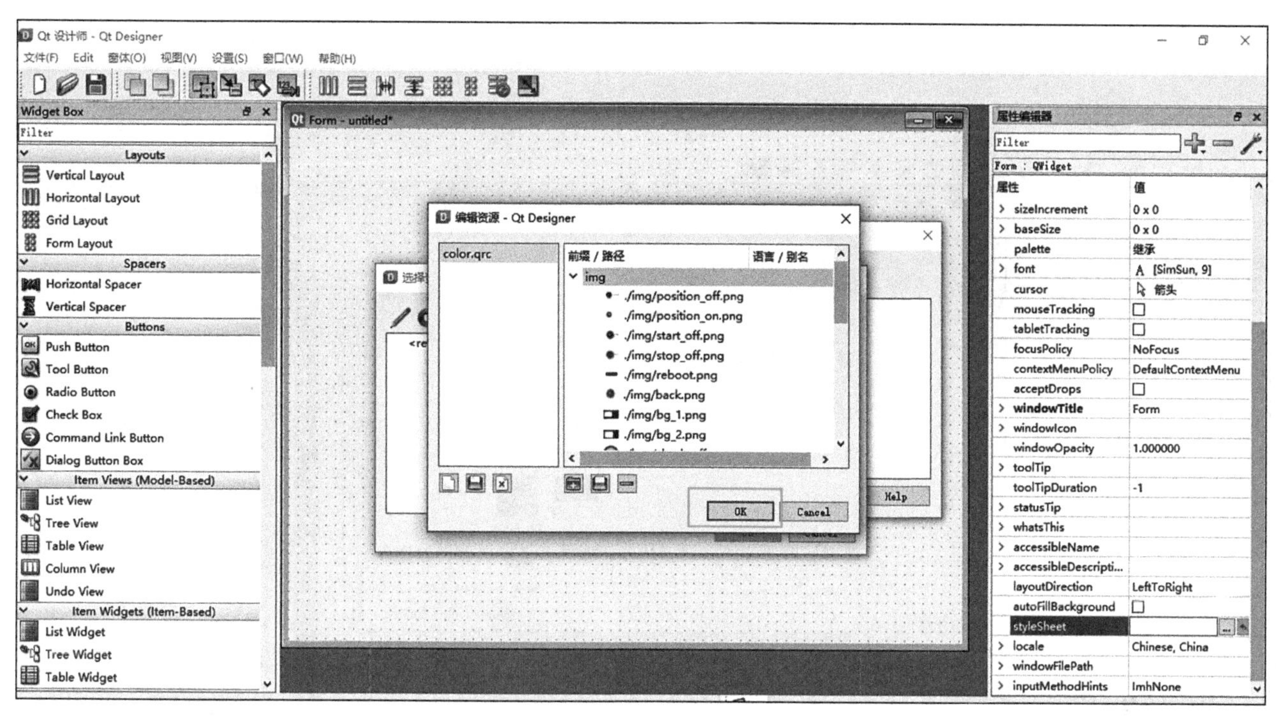

图5-2-46　导入完成

4）给主窗口添加背景图片，如图5-2-47～图5-2-49所示。

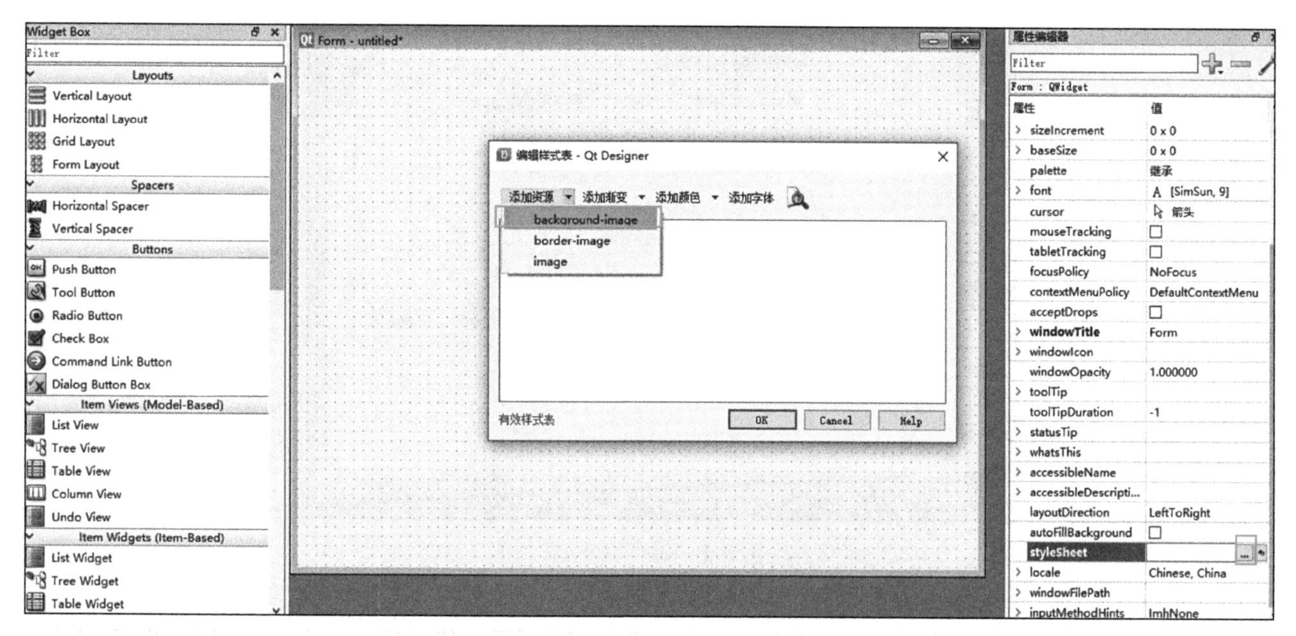

图5-2-47　添加资源background-image

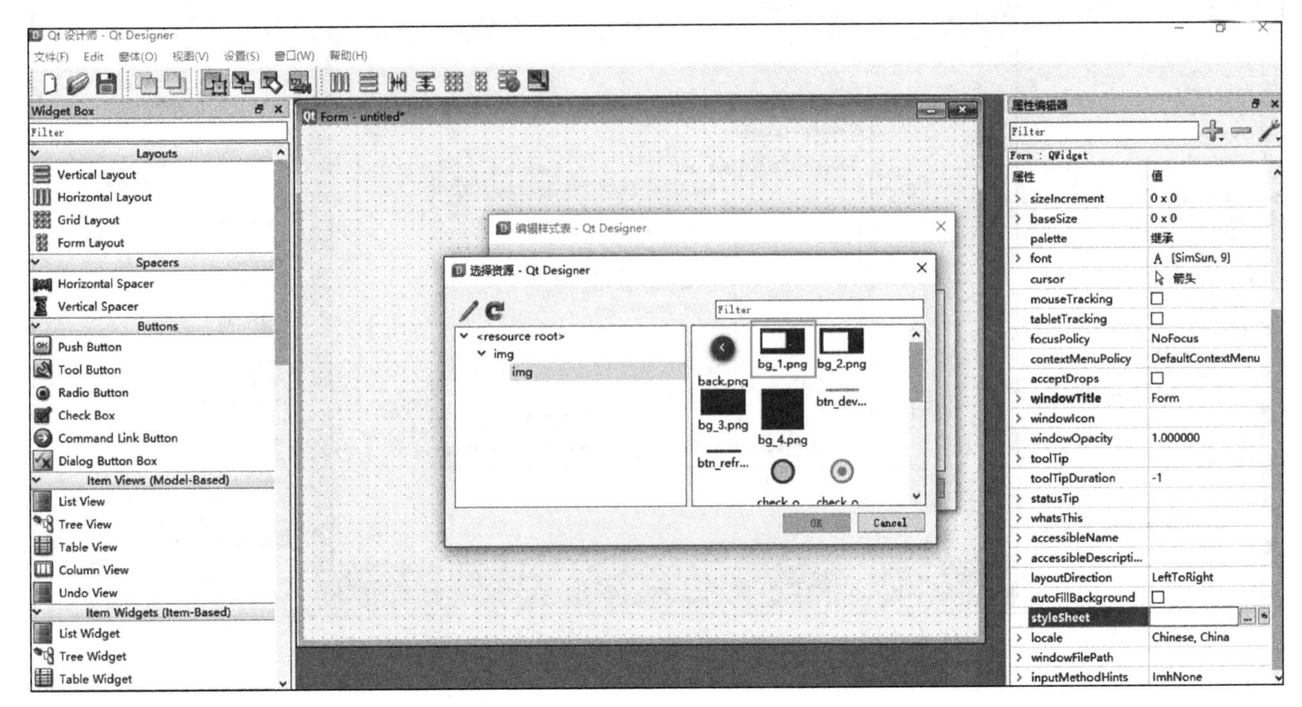

图5-2-48　选择bg_1.png

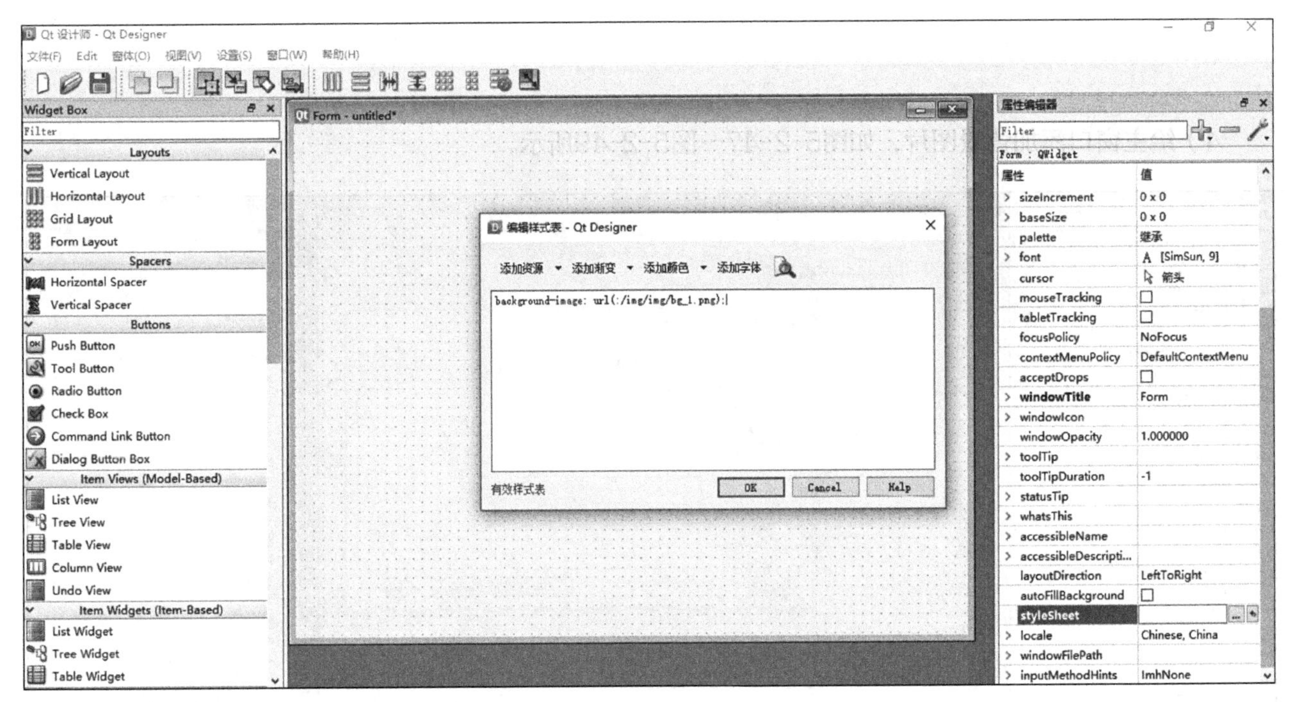

图5-2-49　添加成功

为了让背景图只作用于主窗口，修改样式，如图5-2-50所示。修改后的平台显示界面如图5-2-51所示。

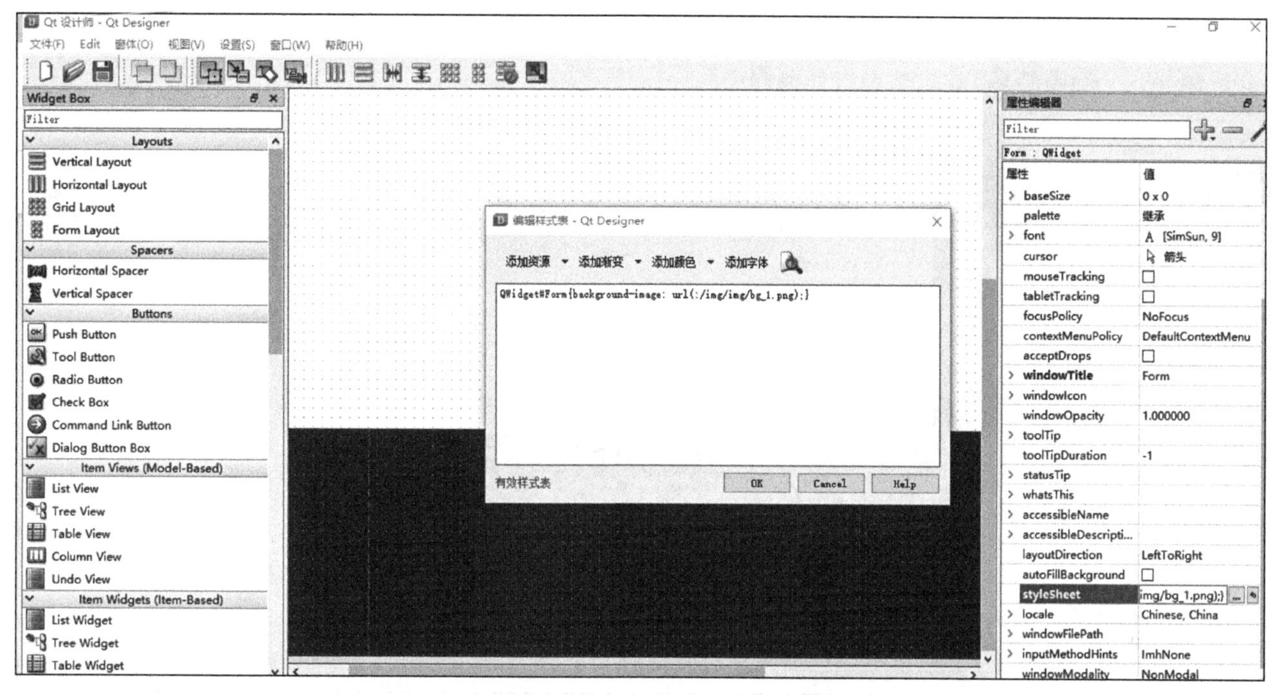

图5-2-50　修改样式

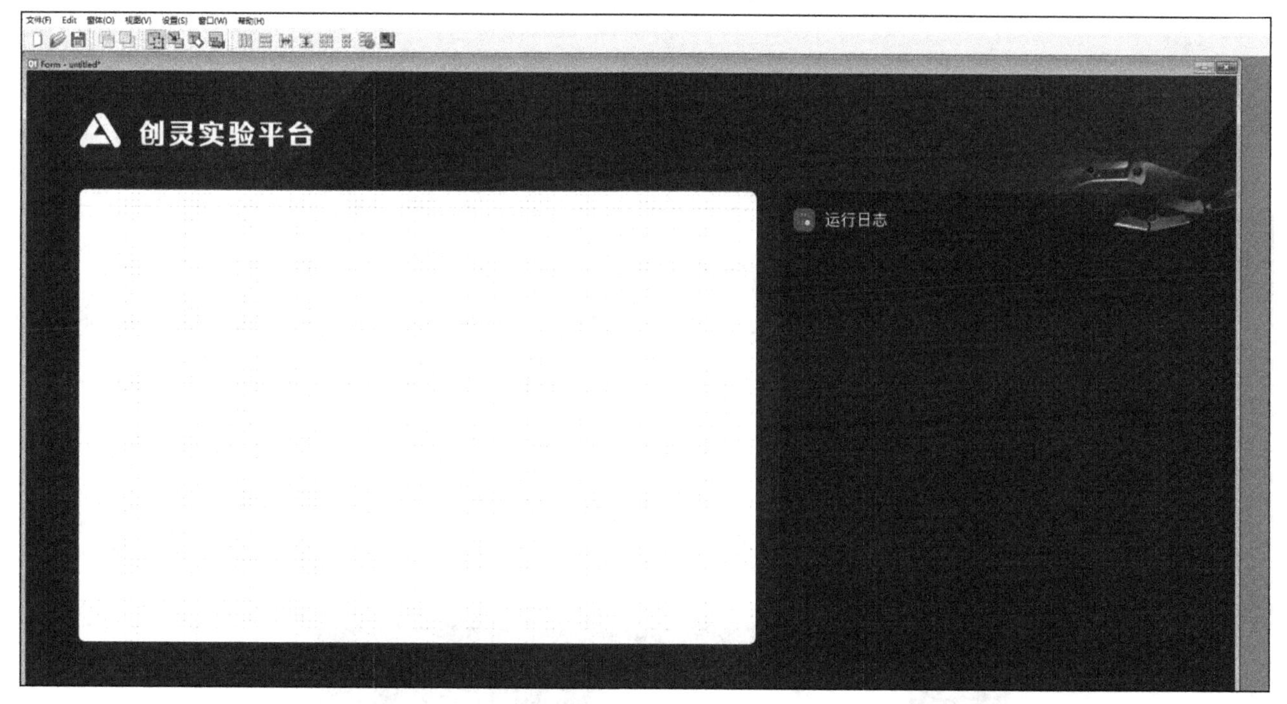

图5-2-51　创灵实验平台显示界面

注意，添加背景后可能窗口的尺寸与背景图片尺寸不一致，此时可将主窗口拖拽到与背景图片一致的尺寸。

步骤四　按钮设置。

1）添加开始按钮、停止按钮、坐标校准与设置按钮，如图5-2-52～图5-2-55所示。

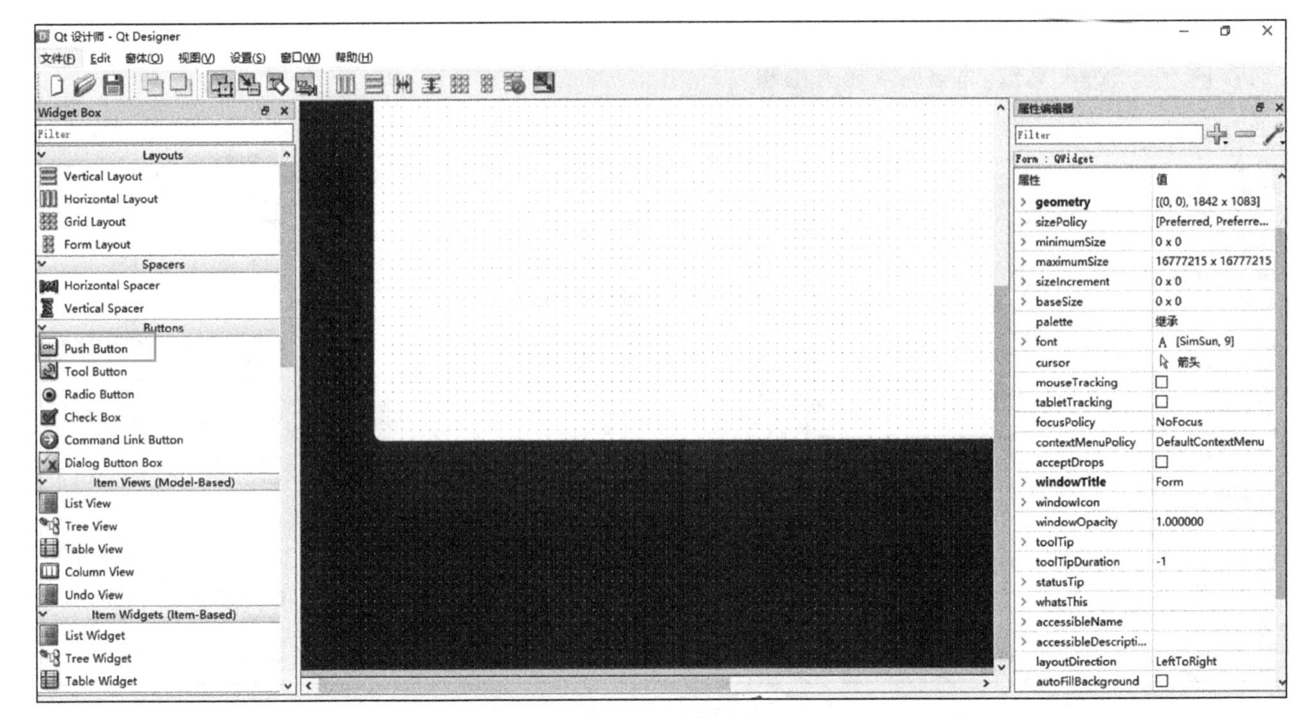

图5-2-52 添加按钮

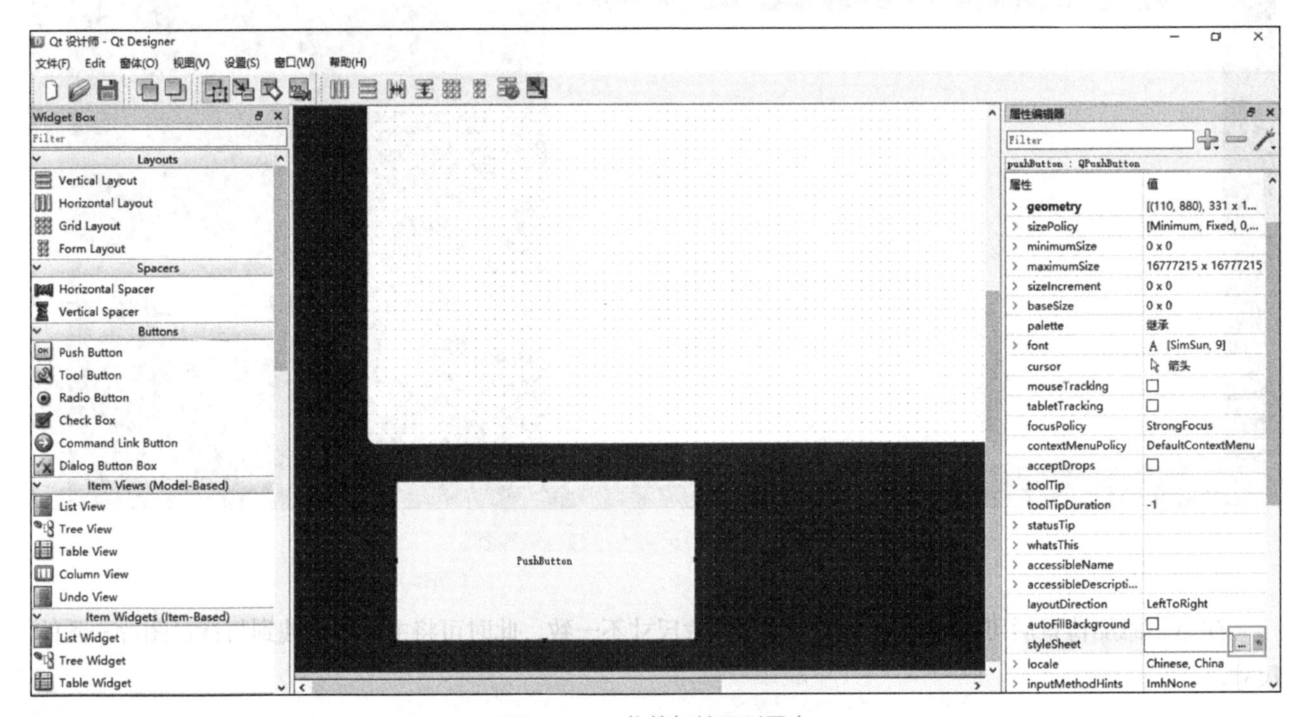

图5-2-53 将按钮放置到图中

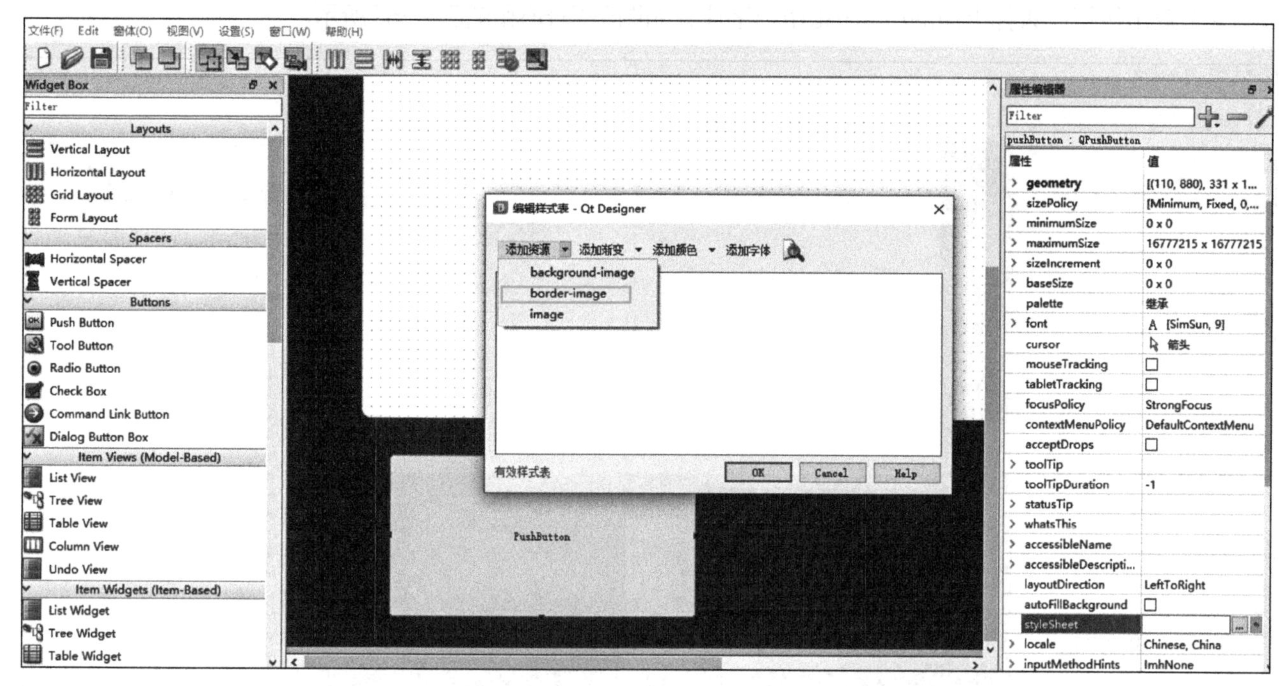

图5-2-54　双击设置按钮

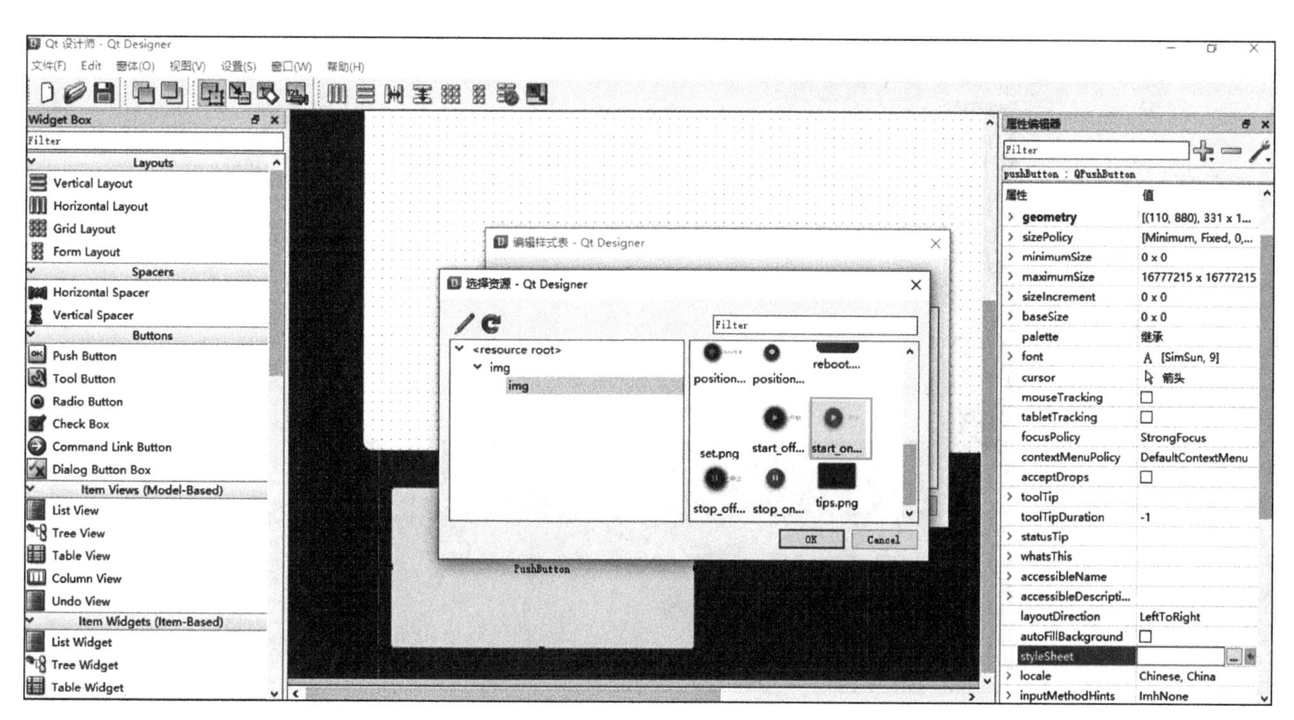

图5-2-55　选择所需按钮

2）双击按钮，去掉上面的PushButton字体，如图5-2-56和图5-2-57所示。

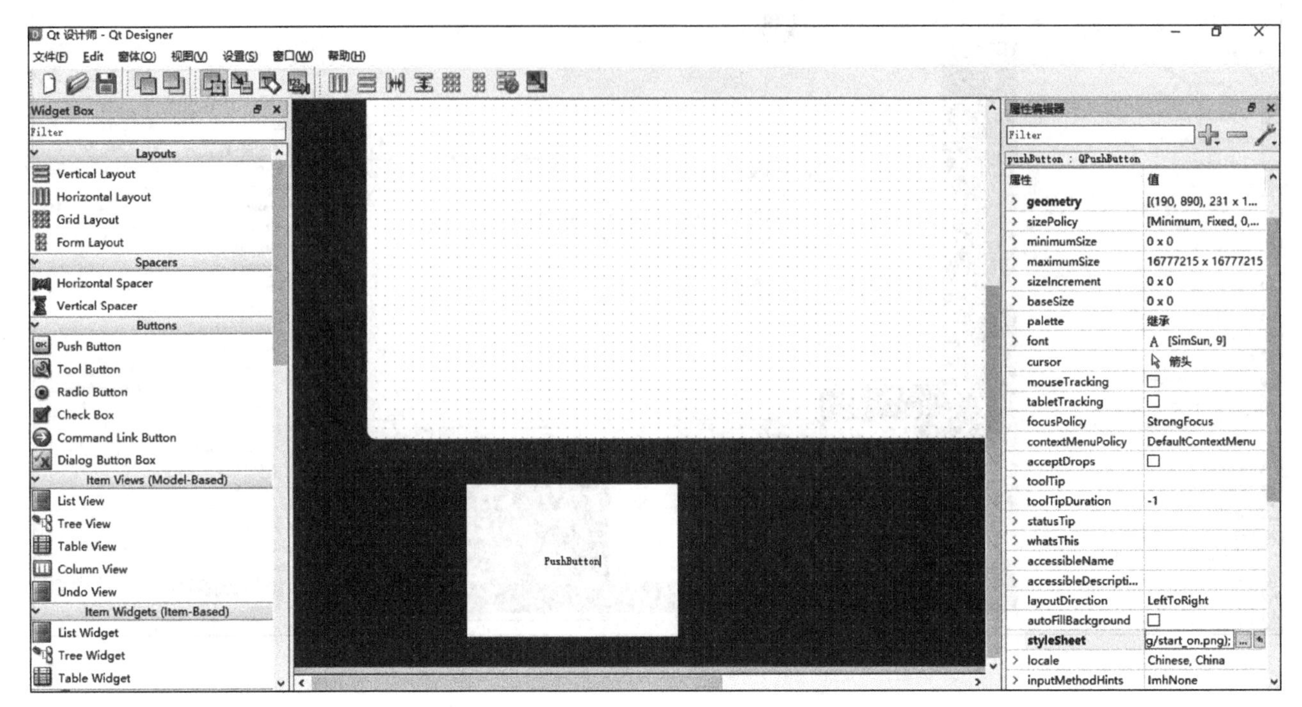

图5-2-56 去掉PushButton字体

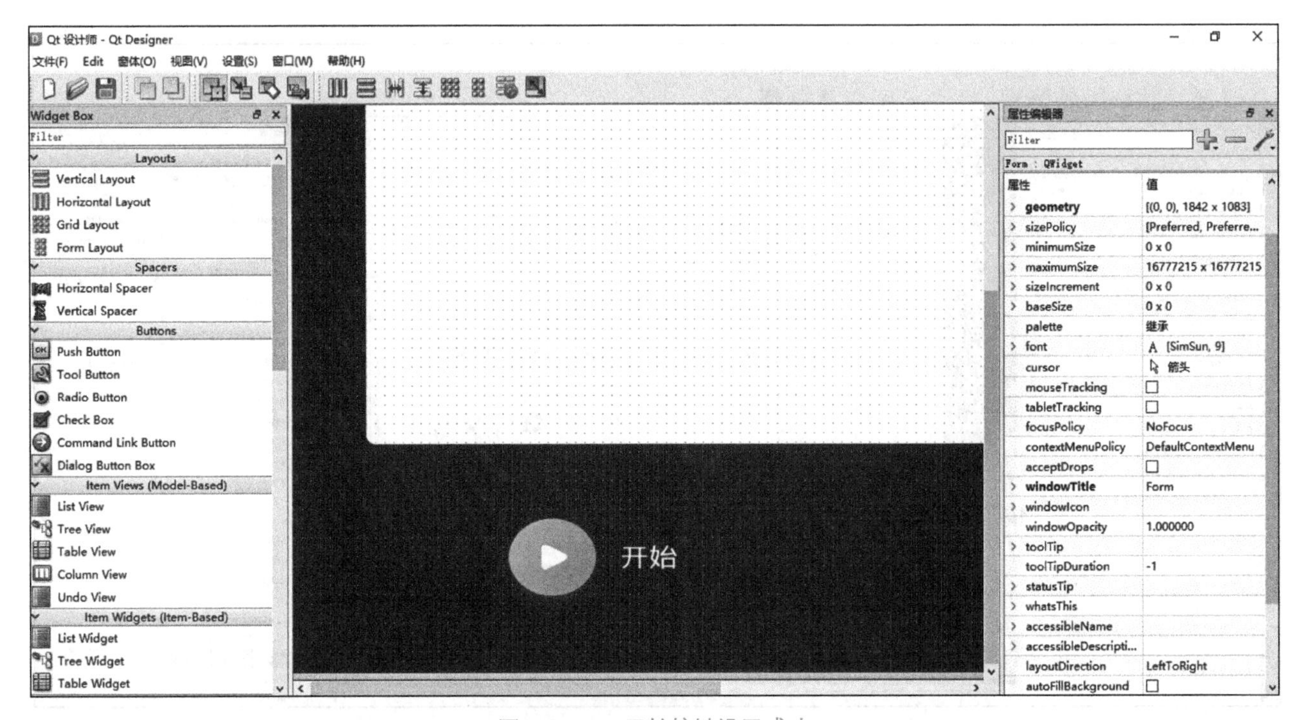

图5-2-57 开始按键设置成功

3）其他按钮以此类推，如图5-2-58所示。

图5-2-58　将开始、停止、坐标设置等按键设置好

步骤五　添加视频显示容器与日志输出容器。

1）选择label控件，放置在主窗口的视频显示位置，如图5-2-59和图5-2-60所示。

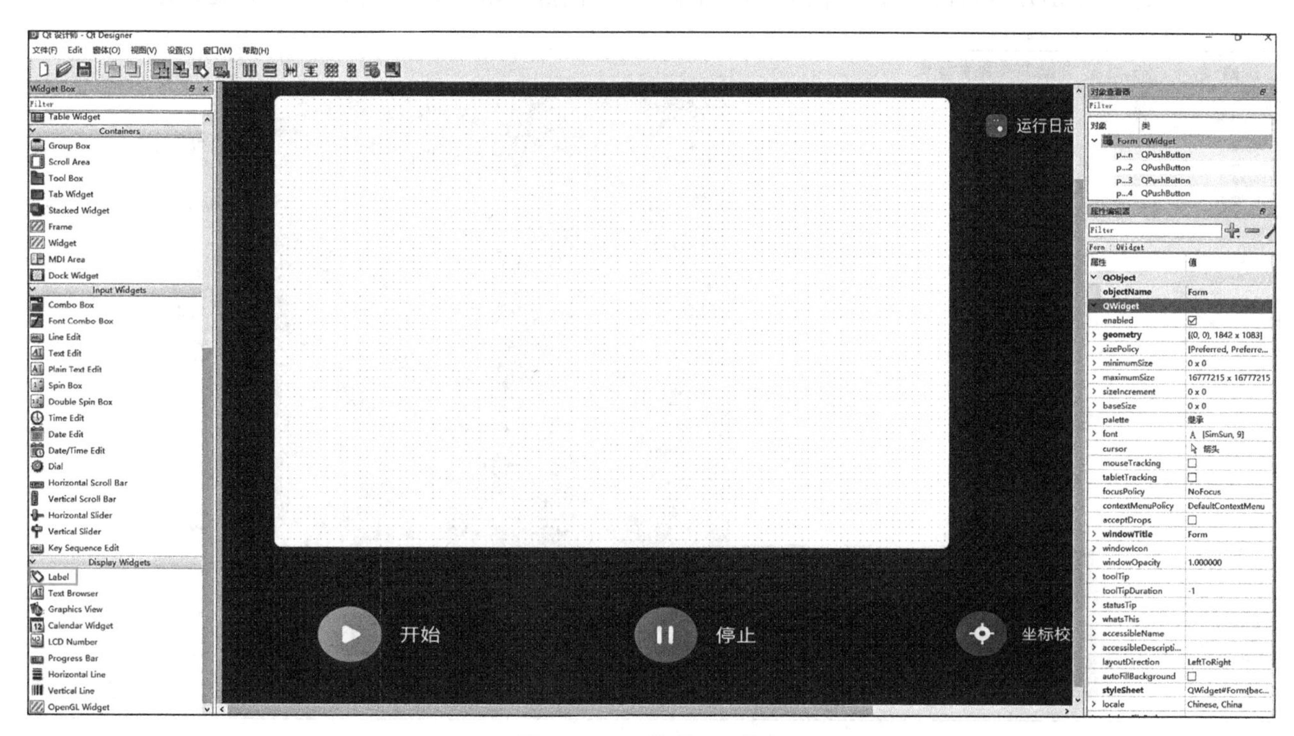

图5-2-59　选择label控件

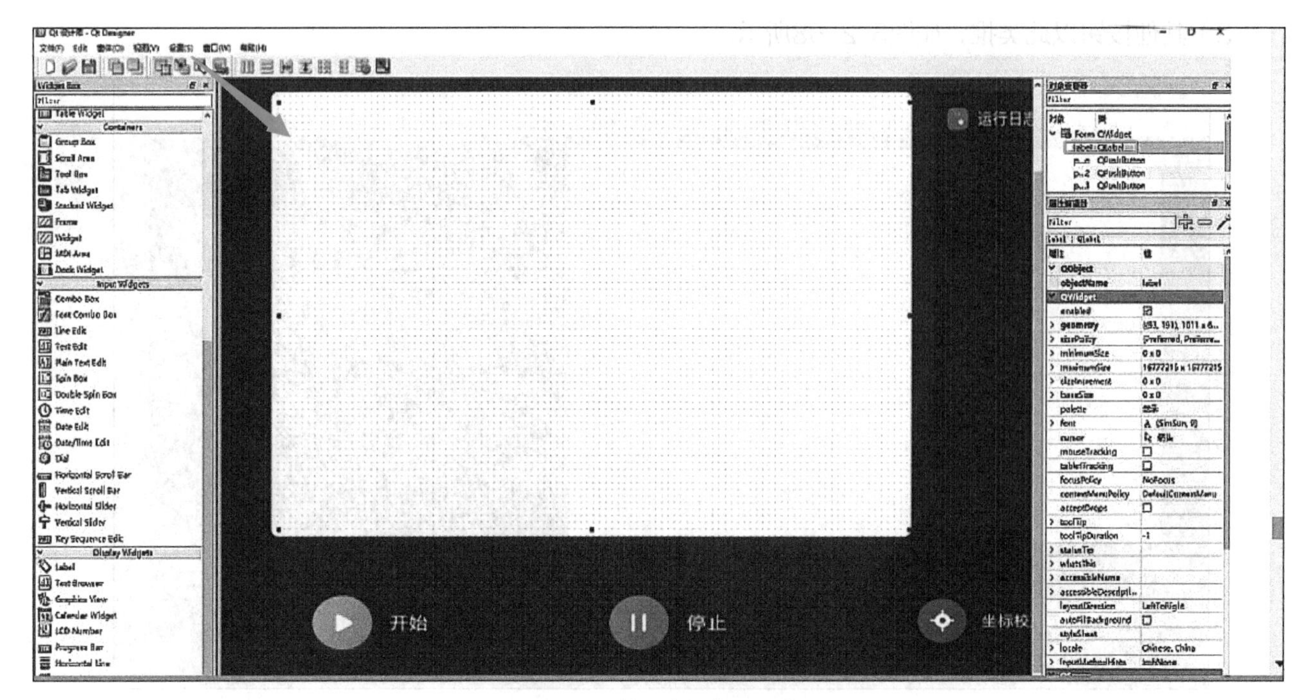

图5-2-60　放置在视频显示位置

2）选择textBrowser控件，放置在主窗口的日志显示位置，如图5-2-61和图5-2-62所示。

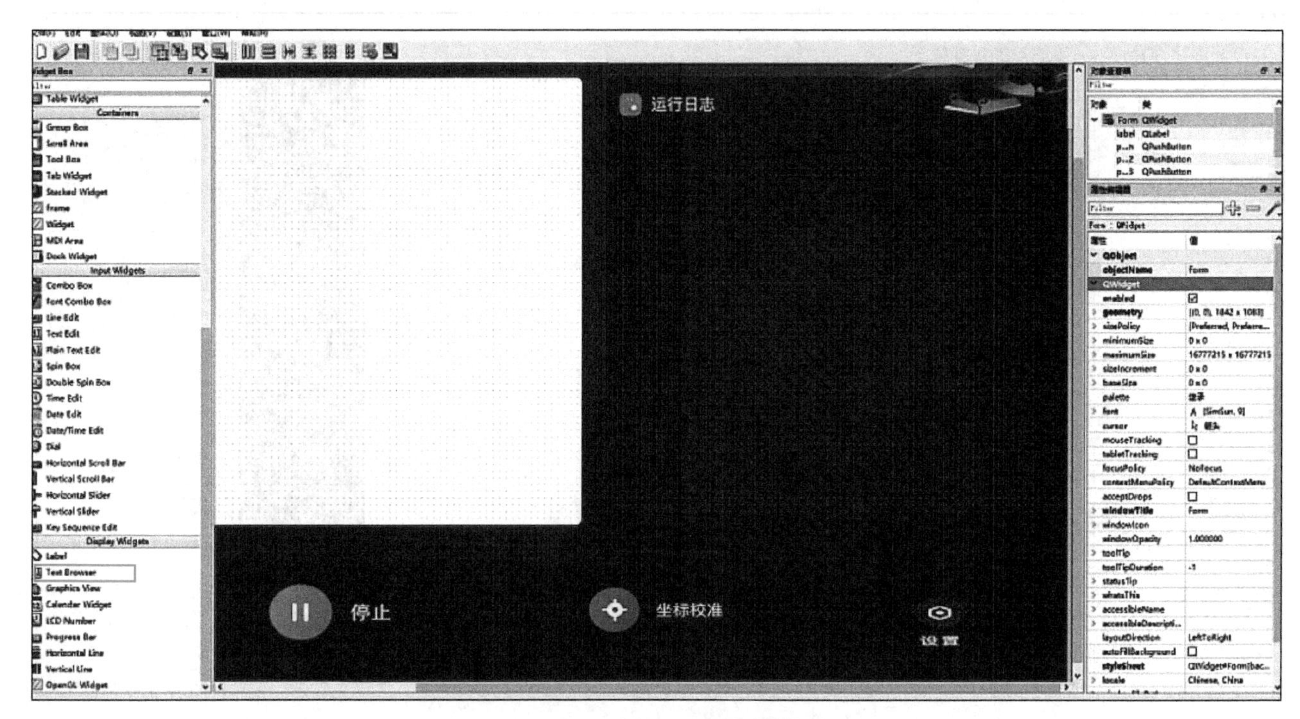

图5-2-61　选择textBrowser控件

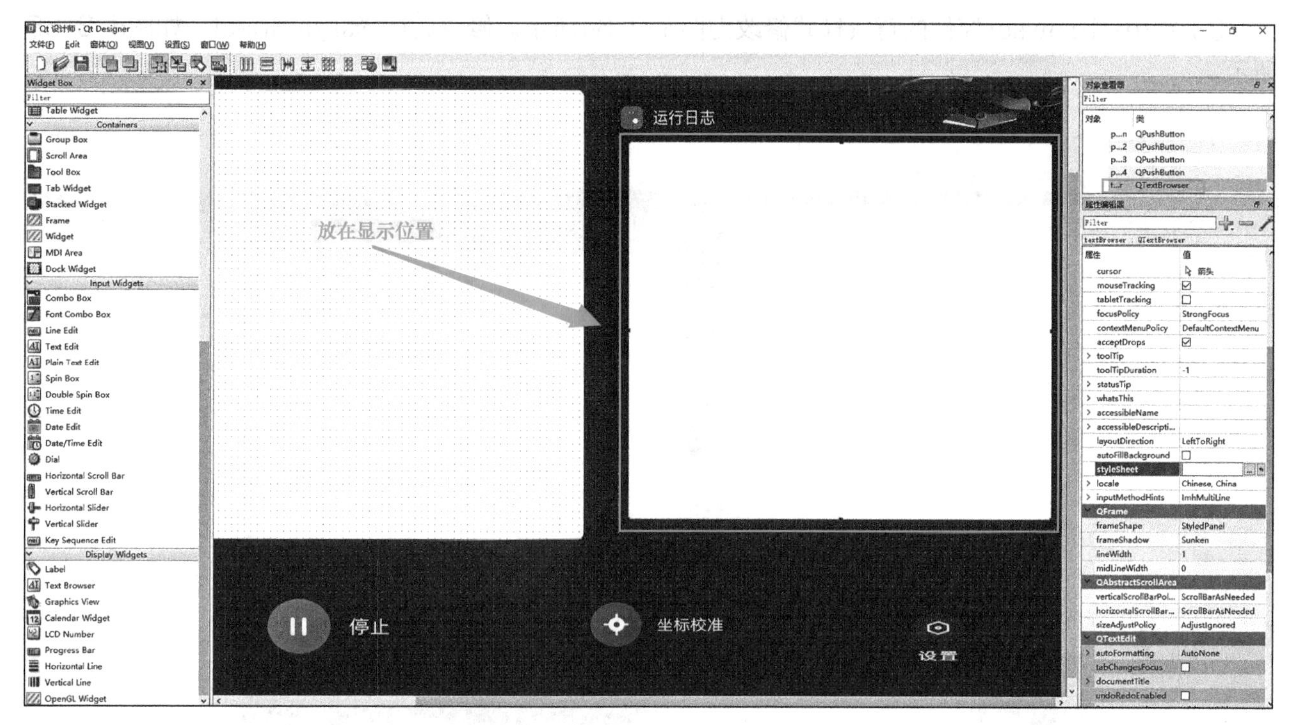

图5-2-62　放置在主窗口的日志显示位置

放置成功后选择styleSheet，如图5-2-63所示。

图5-2-63　放置成功后选择styleSheet

3）将textBrowser控件的背景样式修改为图5-2-64所示。修改后选择styleSheet，如图5-2-65所示。

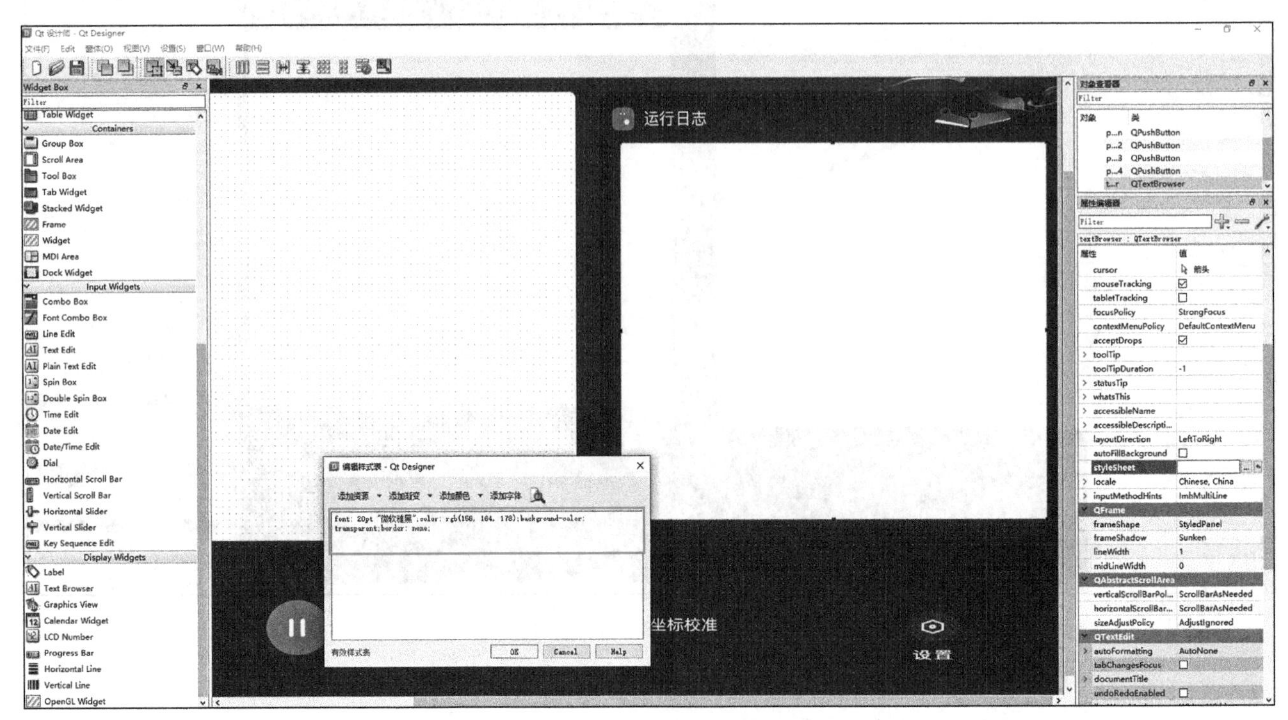

图5-2-64　修改textBrowser控件的背景样式

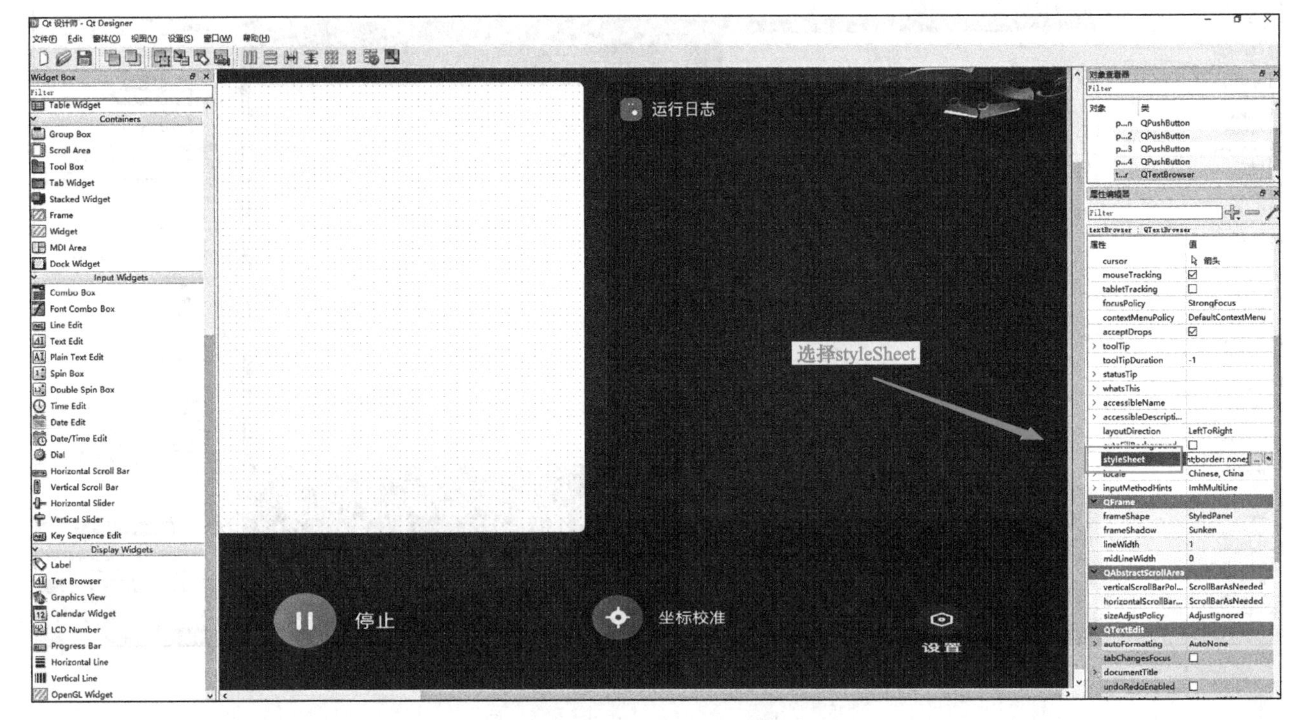

图5-2-65　选择styleSheet

步骤六 导出.ui文件并选择存储路径，如图5-2-66和图5-2-67所示。

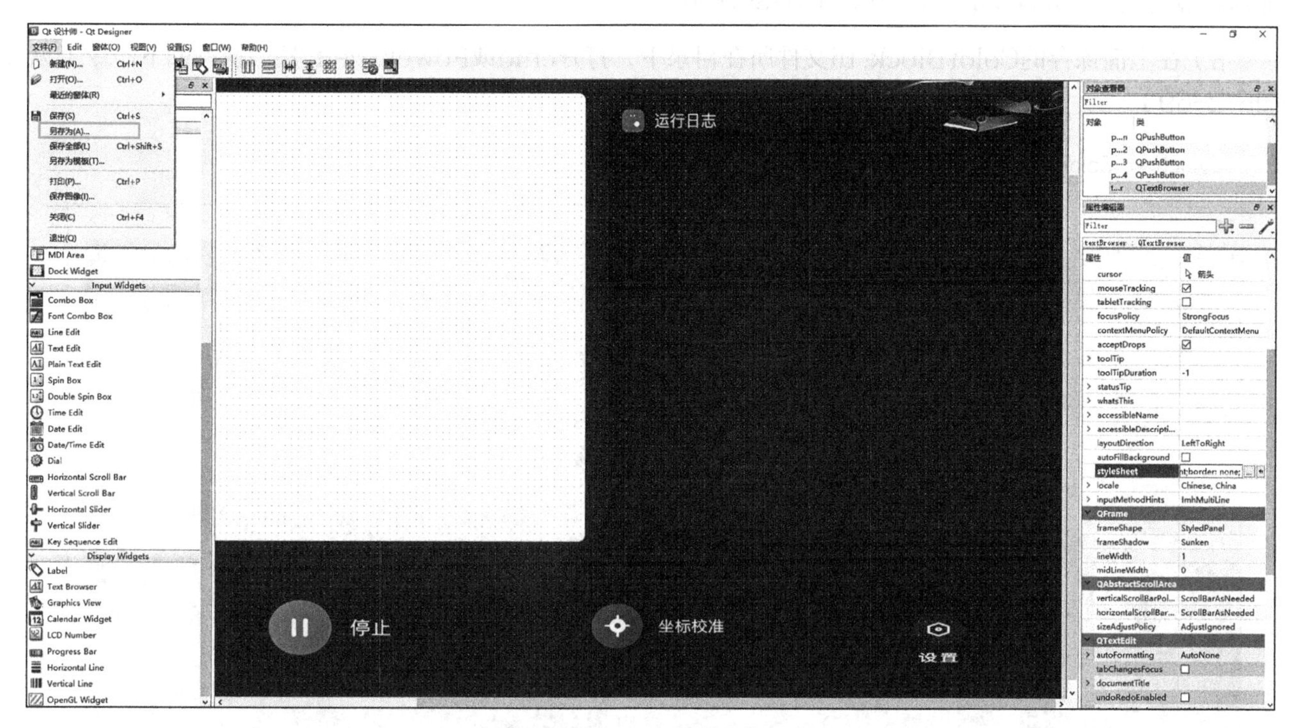

图5-2-66 导出文件

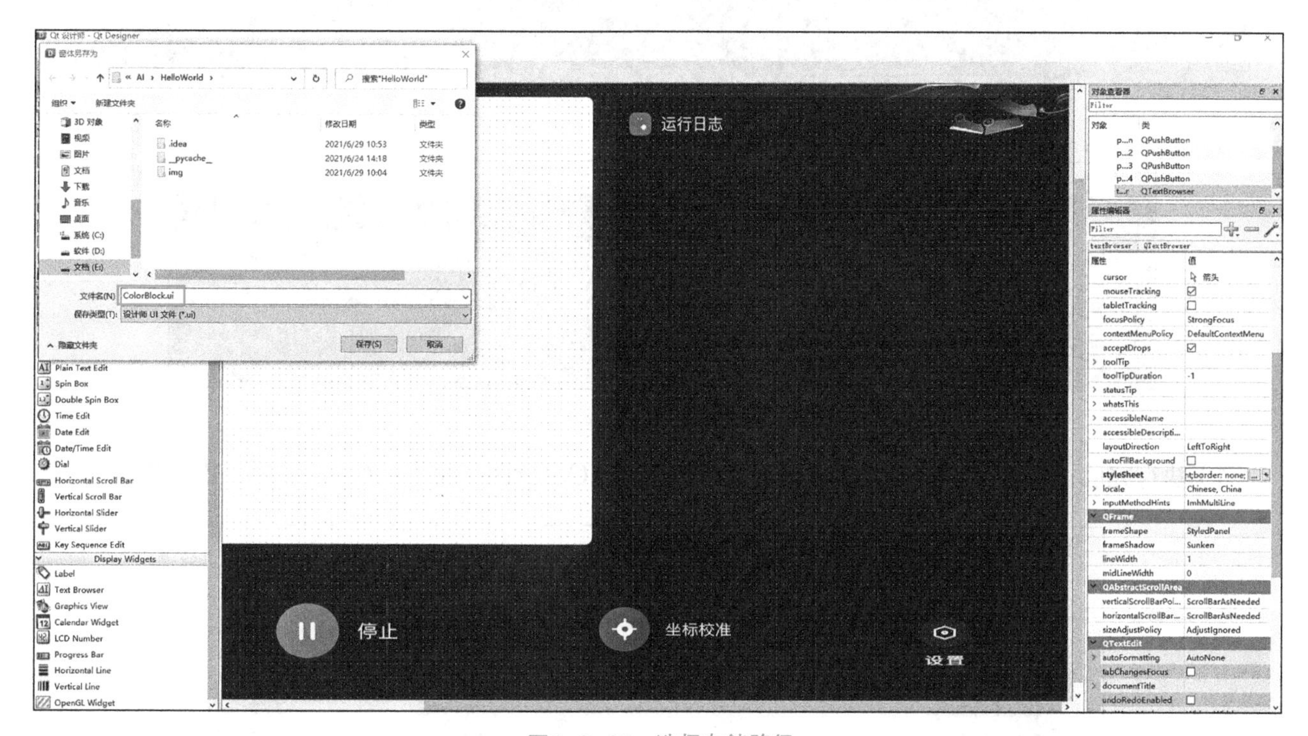

图5-2-67 选择存储路径

步骤七 .ui文件转.py。

1）PyQt5安装成功后，pyuic5也会默认随着安装，可以尝试在cmd命令窗口输入“pyuic5 -h”查看命令是否可以正常使用，如图5-2-68所示。

2）如果在cmd窗口下找不到该命令，则有可能是环境变量没正确引入，找到Python安装目录的Scripts下看是否有pyuic5. exe，如果有，则说明包是正常安装，只需要将Python安装目录的Scripts添加到环境变量中，如D:\app\python3. 6\Scripts。

3）在上面保存的ColorBlock. ui文件所在目录下，打开cmd或PowerShell, 然后执行如下命令（见图5-2-69）：

```
pyuic5 -o ColorBlock.py ColorBlock.ui
```

```
命令提示符
Microsoft Windows [版本 10.0.18363.1256]
(c) 2019 Microsoft Corporation。保留所有权利。

C:\Users\eric>pyuic5 -h
Usage: pyuic5 [options] <ui-file>

Options:
  --version             show program's version number and exit
  -h, --help            show this help message and exit
  -p, --preview         show a preview of the UI instead of generating code
  -o FILE, --output=FILE
                        write generated code to FILE instead of stdout
  -x, --execute         generate extra code to test and display the class
  -d, --debug           show debug output
  -i N, --indent=N      set indent width to N spaces, tab if N is 0 [default:
                        4]

  Code generation options:
    --import-from=PACKAGE
                        generate imports of pyrcc5 generated modules in the
                        style 'from PACKAGE import ...'
    --from-imports      the equivalent of '--import-from=.'
    --resource-suffix=SUFFIX
                        append SUFFIX to the basename of resource files
                        [default: _rc]

C:\Users\eric>
```

图5-2-68　.ui文件转.py

```
Windows PowerShell
PS E:\AI\HelloWorld>
PS E:\AI\HelloWorld>
PS E:\AI\HelloWorld>
PS E:\AI\HelloWorld>
PS E:\AI\HelloWorld>
PS E:\AI\HelloWorld> pyuic5 -o ColorBlock.py ColorBlock.ui
PS E:\AI\HelloWorld> _
```

图5-2-69　打开cmd执行命令

4）执行完后，可以看到在UI文件所在的目录下生成了ColorBlock. py文件，如图5-2-70所示。

名称	修改日期	类型	大小
.idea	2021/6/29 10:53	文件夹	
pycache	2021/6/24 14:18	文件夹	
img	2021/6/29 10:04	文件夹	
color.qrc	2021/6/29 10:40	QRC 文件	1 KB
ColorBlock.py	2021/6/29 13:55	Python File	3 KB
ColorBlock.ui	2021/6/29 13:41	UI 文件	3 KB
demo.py	2021/6/24 14:12	Python File	2 KB
helloworld.py	2021/6/24 14:18	Python File	1 KB

图5-2-70　生成文件

5）也可以使用PyCharm上安装的PyUIC进行转换，如图5-2-71所示。

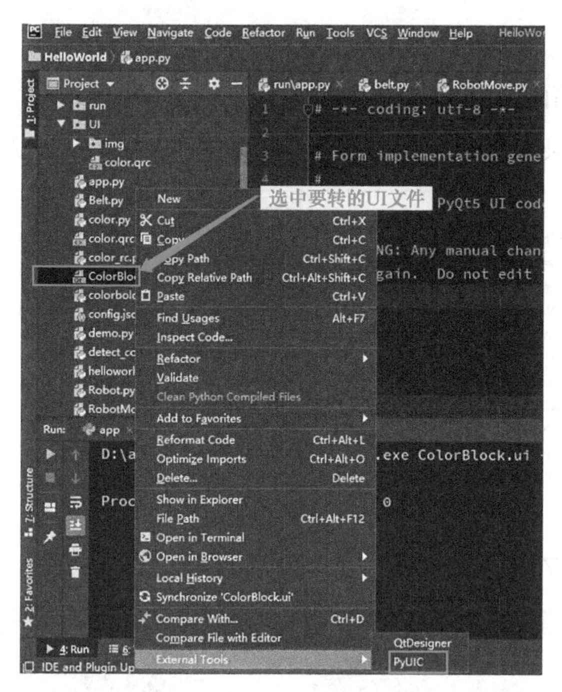

图5-2-71　在PyUIC上进行文件转换

动手练习④

根据上面的步骤在PC上完成小柔智能制造操作界面的主界面Qt设计，并生成.ui和对应的.py文件。

5. GUI界面控制机械臂功能实现

步骤一　将资源文件color. qrc转成. py文件，如图5-2-72所示。

img	2021/6/29 10:04	文件夹	
libs	2021/7/2 17:45	文件夹	
run	2021/7/5 11:48	文件夹	
UI	2021/7/9 10:16	文件夹	
app.py	2021/7/5 10:56	Python File	1 KB
Belt.py	2021/7/2 16:13	Python File	3 KB
color.qrc	2021/6/29 10:40	QRC 文件	1 KB
ColorBlock.py	2021/7/9 11:29	Python File	3 KB
ColorBlock.ui	2021/6/29 13:41	UI 文件	3 KB
colorbolock.py	2021/7/9 11:31	Python File	1 KB

图5-2-72　将资源文件color.qrc转成.py文件

选择在此处打开PowerShell，执行命令pyrcc5 -o color_rc. py color. qrc，生成color_rc. py文件，如图5-2-73所示。

名称	修改日期	类型	大小
.idea	2021/7/9 11:37	文件夹	
pycache	2021/7/9 11:29	文件夹	
img	2021/6/29 10:04	文件夹	
libs	2021/7/2 17:45	文件夹	
run	2021/7/5 11:48	文件夹	
UI	2021/7/9 10:16	文件夹	
app.py	2021/7/5 10:56	Python File	1 KB
Belt.py	2021/7/2 16:13	Python File	3 KB
color.qrc	2021/7/9 11:37	QRC 文件	1 KB
color_rc.py	2021/7/9 11:36	Python File	3,137 KB
ColorBlock.py	2021/7/9 11:29	Python File	3 KB
ColorBlock.ui	2021/6/29 13:41	UI 文件	3 KB
colorbolock.py	2021/7/9 11:31	Python File	1 KB

图5-2-73　生成color_rc.py文件

步骤二 编写逻辑代码。

1）使用PyCharm打开前面设计后转成.py的UI文件——ColorBlock.py文件。使用PyCharm在同级目录下创建文件名为app.py的文件，如图5-2-74所示。

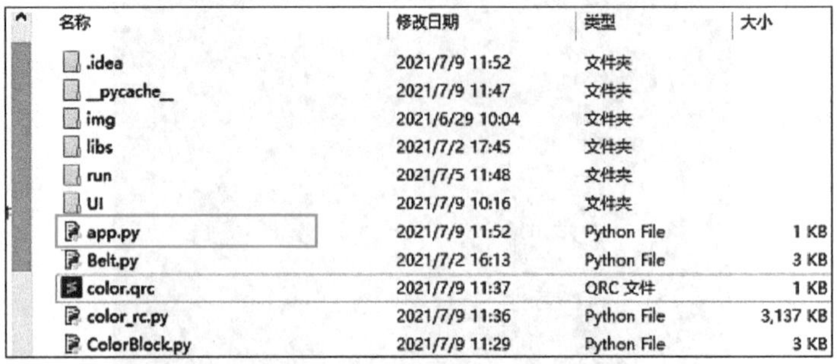

名称	修改日期	类型	大小
.idea	2021/7/9 11:52	文件夹	
__pycache__	2021/7/9 11:47	文件夹	
img	2021/6/29 10:04	文件夹	
libs	2021/7/2 17:45	文件夹	
run	2021/7/5 11:48	文件夹	
UI	2021/7/9 10:16	文件夹	
app.py	2021/7/9 11:52	Python File	1 KB
Belt.py	2021/7/2 16:13	Python File	3 KB
color.qrc	2021/7/9 11:37	QRC 文件	1 KB
color_rc.py	2021/7/9 11:36	Python File	3,137 KB
ColorBlock.py	2021/7/9 11:29	Python File	3 KB

图5-2-74 创建app.py文件

2）输入代码，如图5-2-75所示。

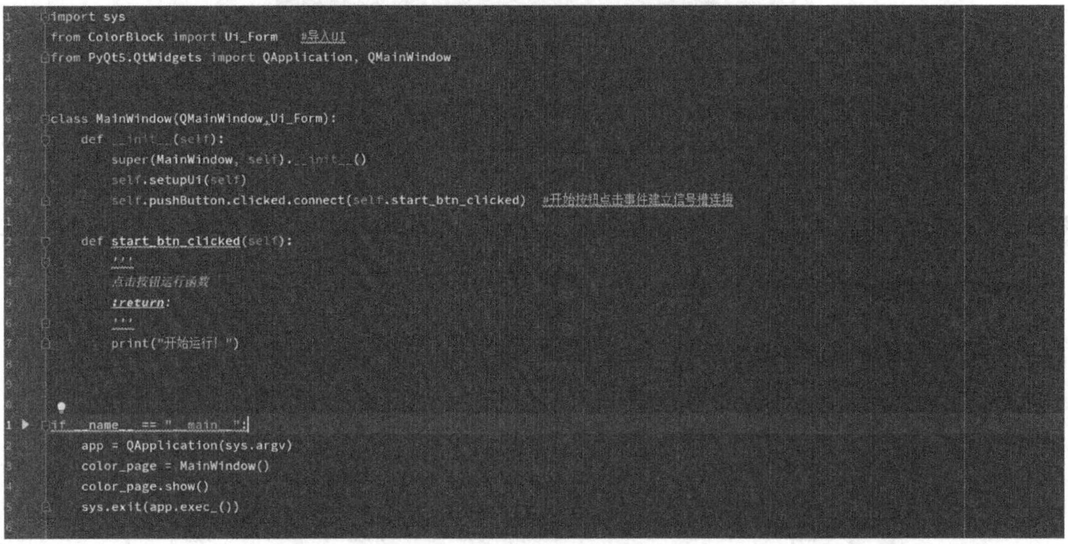

```
import sys
from ColorBlock import Ui_Form  #导入UI
from PyQt5.QtWidgets import QApplication, QMainWindow


class MainWindow(QMainWindow,Ui_Form):
    def __init__(self):
        super(MainWindow, self).__init__()
        self.setupUi(self)
        self.pushButton.clicked.connect(self.start_btn_clicked)  #开始按钮点击事件建立信号槽连接

    def start_btn_clicked(self):
        '''
        点击按钮运行函数
        :return:
        '''
        print("开始运行! ")


if __name__ == "__main__":
    app = QApplication(sys.argv)
    color_page = MainWindow()
    color_page.show()
    sys.exit(app.exec_())
```

图5-2-75 输入代码

3）单击“运行”按钮运行代码，如图5-2-76所示。

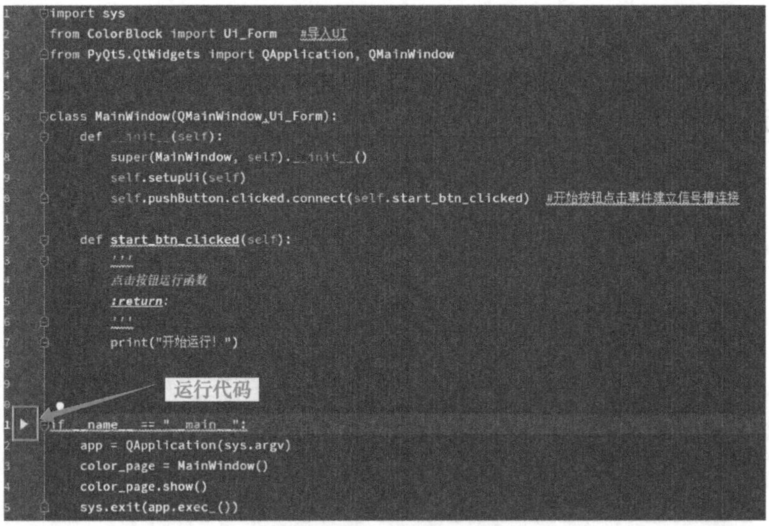

```
import sys
from ColorBlock import Ui_Form  #导入UI
from PyQt5.QtWidgets import QApplication, QMainWindow


class MainWindow(QMainWindow,Ui_Form):
    def __init__(self):
        super(MainWindow, self).__init__()
        self.setupUi(self)
        self.pushButton.clicked.connect(self.start_btn_clicked)  #开始按钮点击事件建立信号槽连接

    def start_btn_clicked(self):
        '''
        点击按钮运行函数
        :return:
        '''
        print("开始运行! ")


if __name__ == "__main__":
    app = QApplication(sys.argv)
    color_page = MainWindow()
    color_page.show()
    sys.exit(app.exec_())
```

运行代码

图5-2-76 运行代码

4）单击GUI界面的“开始”按钮，如图5-2-77所示。

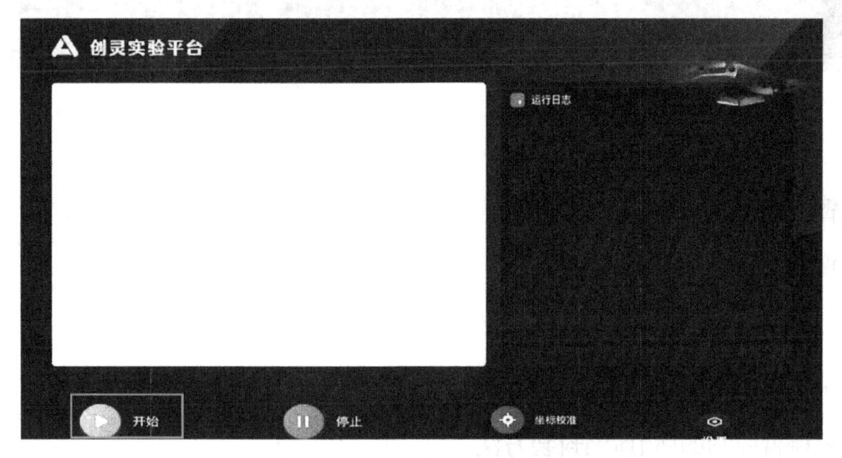

图5-2-77　单击“开始”按钮

5）PyCharm控制窗口输出上面定义函数的内容，如图5-2-78所示。

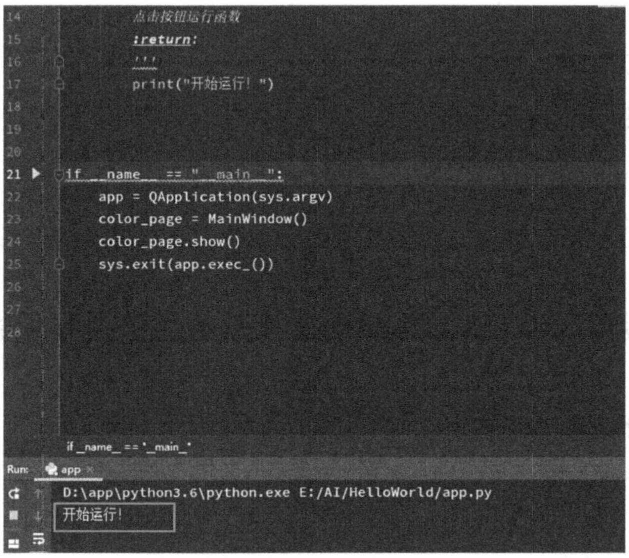

```
14            点击按钮运行函数
15            :return:
16            '''
17            print("开始运行！")
18
19
20
21  if __name__ == "__main__":
22      app = QApplication(sys.argv)
23      color_page = MainWindow()
24      color_page.show()
25      sys.exit(app.exec_())
26
27
28
    if __name__ == '__main__'
Run:  app
D:\app\python3.6\python.exe E:/AI/HelloWorld/app.py
开始运行！
```

图5-2-78　输出定义函数的内容

任务小结

本任务首先介绍了UI设计，之后通过任务实施完成了PyCharm IDE的基本使用，并学习使用PyCharm开发项目；还了解了Qt Designer，在PyCharm上安装Qt Designer，掌握并能够使用Qt Designer设计界面。本任务的思维导图如图5-2-79所示。

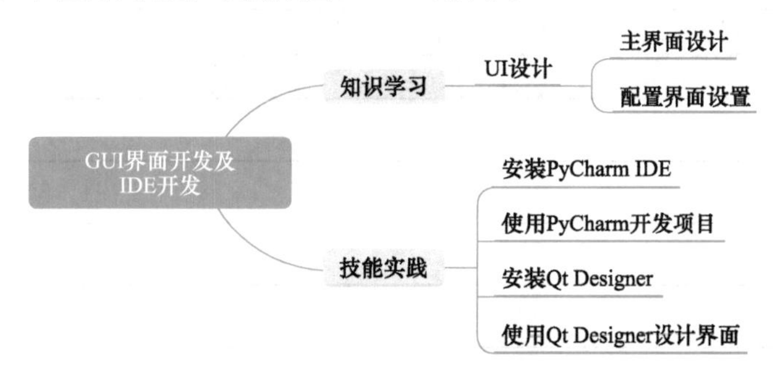

图5-2-79　思维导图

任务3 机械臂与传送带控制模块开发

知识目标

- 了解机械臂的概念。
- 了解机械臂的安装方法及相关问题。

能力目标

- 能够使用串口调用机械臂。
- 能够掌握机械臂控制的Python封装方法。
- 能够掌握传送带控制的Python封装方法。

素质目标

- 具备解决问题、克服困难的意志和勇气。
- 具备动手实操、探索和创新的精神。

任务分析

任务描述：

学习机械臂的概念及安装，并对机械臂控制模块和传送带控制模块进行开发。

任务要求：

- 实现机械臂动作封装。
- 实现传送带控制封装。

任务计划

根据所学相关知识，制订本任务的任务计划表，见表5-3-1。

表5-3-1 任务计划表

项目名称	小型柔性智能制造
任务名称	机械臂与传送带控制模块开发
计划方式	自我设计
计划要求	请用5个计划步骤来完整描述出如何完成本任务
序　　号	任 务 计 划
1	
2	
3	
4	
5	

1. 机械臂

机械臂（见图5-3-1）是指高精度、多输入多输出、高度非线性、强耦合的复杂系统。因其独特的操作灵活性，已在工业装配、安全防爆等领域得到广泛应用。

机械臂是一个复杂系统，存在着参数摄动、外界干扰及未建模动态等不确定性。因而机械臂的建模也存在着不确定性，对于不同的任务，需要规划机械臂关节空间的运动轨迹，从而级联构成末端位姿。

图5-3-1　机械臂

知识拓展

扫一扫，进一步了解柔性机械臂的控制方法。

柔性机械臂的控制方法

2. 机械臂安装

小柔智能制造案例是在两台机械臂的配合下完成仓库货物搬运与识别分拣，其中一台负责搬运，另一台则负责分拣。两台机械臂型号一致，但在整个分拣系统中所处的角色却是不一样的，这样就需要有一个识别机械臂身份唯一性的ID来进行识别，才能在系统中给它分配对应的角色，完成对应的任务。在设备安装期间，安装人员可以根据设备的ID给设备分配对应的身份。在前面的UI设计中，“参数设置”功能中有一个是用于选择机械臂位置SN的选择框，通过该选框可以为机械臂选择“角色”，而SN则是机械臂的身份ID。所以在编写机械臂接入模块时，最重要的是获取机械臂SN码。

1. 获取机械臂SN码

通过前面的学习可以知道，机械臂是提供一个可以与机械臂进行通信的接口，通过发送串口数据，就可以与机械臂进行通信，那么有没有串口指令是用来获取机械臂自身信息的呢？通过查阅机械臂厂商官方的文档资料，可以发现发送“b"#5 P2205"”指令返回机械臂自身固件版本和识别身份唯一性的ID，所以通过该指令来获取机械臂的SN信息，如图5-3-2所示。

机械臂接入封装代码

机械臂接入封装代码

```
[1]: import serial                   #导入串口库
     import json                     #导入json库
     import subprocess               #导入执行Linux指令库
     import re                       #导入正则库
     import time                     #导入时间模块


     class Robot():
         def __init__(self):
             self.config_path = ''                        #根据工程项目配置文件存放的位置进行填写
             self.config = self.get_config()              #在模块初始化时候，获取配置文件中的内容

         def get_config(self):                            #打开json格式配置文件，并将参数以字典形式返回
             '''
             读取json配置文件内容，返回配置文件内容
             :return:
             '''
             with open(self.config_path) as file_obj:
                 content = json.load(file_obj)
             return content
```

图5-3-2　获取机械臂SN码

动手练习❶

在<1>处，获取机械臂/dev/ttyACM0串口对象。

```
robot = <1>
```

动手练习❷

在<1>处，填写串口指令b"#5 P2205"，用于获取机械臂信息。

```
robot = serial.Serial("/dev/ttyACM0", 115200)      #获取机械臂列表第一个机械臂串口
time.sleep(3)                                        #机械臂初始化需要时间，这里停3秒
robot.write(<1>)                                     #向该串口写入获取机械臂信息串口的指令
while True:
  line = robot.readline().decode("utf-8")           #读取串口返回数据
  if 'refer' in line:                                # 获取SN码
    sn_str = line.split(':')[1].split('\r')[0].split('')
    sn = ''
    for s in sn_str:
      sn = sn + s
    print(sn)
```

代码执行结果如图5-3-3所示。

{"red": {"x": "55", "y": "240", "z": "24"}, "green": {"x": "15", "y": "185", "z": "24"}, "yellow": {"x": "65", "y": "185", "z": "24"}, "blue": {"x": "15", "y": "240", "z": "24"}, "start_position": {"x": "76", "y": "252", "z": "21"}, "block_belt_position": {"x": "235", "y": "30", "z": "68"}, "robot_list": ["B3599L2652R3114", "B2327L2856R2891"], "robot1": "B1739L2543R3916", "robot2": "B3552L2866R2067", "error_coordinate": {"x": "15", "y": "-4"}}

图5-3-3　获取机械臂信息

2. 机械臂动作封装

在进行机械臂动作封装前，需要明确在系统运行过程中机械臂会执行哪些动作，需要给什么参数，确定了这些具体的动作和细节后，才能进行编码。

（1）仓库搬运动作

仓库搬运动作是将色块从仓库区域搬运到传送带上的动作，这一组动作涉及仓库色块抓取、色块放置在传送带上和机械臂复位。需要的数据有每次抓取的色块的位置坐标和放置在传送带上的位置坐标。考虑到解耦性，这些数据应该以接口的形式传输，即以函数参数的形式进行传输。复位可以考虑固定位置复位。

（2）色块分拣动作

色块分拣动作是将识别出来的色块根据类别搬运到指定类别放置的位置，这组动作同样需要给出各色块在传送带上的具体位置和色块类别，通过在数据表里检索到对应的位置，来确定具体应该存放的坐标，如图5-3-4所示。

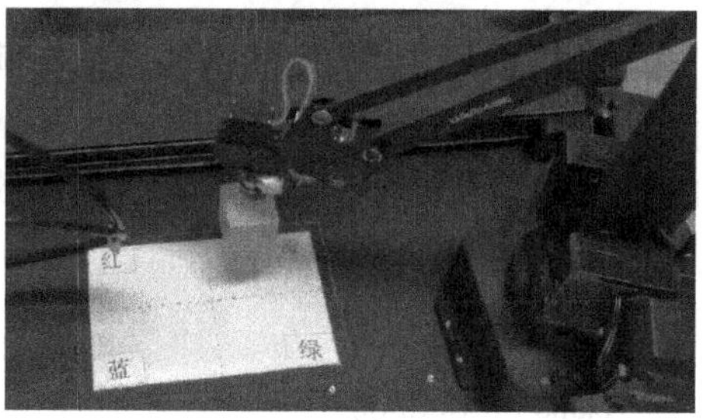

图5-3-4　色块分拣动作

定义函数，机械臂动作的封装代码如下：

```
def move_to_belt(self,start_position,end_position):
    '''
    将色块从仓库搬运到传送带上
    :param start_position: 色块起始位置
    :param end_position: 色块最终放置位置
    :return:
    '''
    self.robot1.write(b"G0 X120 Y0 Z60 F90\n")
    self.robot1.write(bytes("G0 X" + str(start_position["x"]) + " Y" + str(start_position["y"]) + " Z90 F90\n",
encoding='utf-8'))
#设置机械臂移动的坐标x，y
    time.sleep(1)
#延时1s
```

动手练习③

- 在<1>处填上对应机械臂动作封装中的方法，实现下面给定的仓库坐标和传送带坐标，机械臂将色块从仓库位置搬运到传送带上。
- 在<2>处填上一个色块在传送带上的位置坐标，可以用假设坐标，后面目标检测任务完成后即可用真实的坐标。在<3>处填写色块颜色，使得机械臂完成从传送带上搬运色块到色块存放区域。

```
start_position = {"x":"76","y":"252","z":"21"}
end_position = {"x":"235","y":"30","z":"68"}
robot1 = serial.Serial("/dev/ttyACM0", 115200)
robot2 = serial.Serial("/dev/ttyACM1", 115200)
robot_move = RobotMove(robot1,robot2)
time.sleep(4)
robot_move.<1>
time.sleep(4)
robot_move.move_from_belt(<2>,<3>)
```

3. 实现参数可调功能

为了实现在小柔智能制造系统在运行过程中参数可调整，就需要对配置文件进行读写，即通过应用程序修改系统的配置文件，这样在系统重启后就可以用新的配置文件中的参数。

可调参数内容：红、绿、黄、蓝色的色块放置位置；仓库色块的位置（色块起始的位置，因为色块的相对位置固定，所以这里只需要一个色块的位置参数即可）；色块放置传送带的位置：色块从仓库搬运到传送带上放置的位置；机械臂的SN码；偏正量调整。

假设config. json的路径就在当前代码的相同路径下，那么config. json的路径path=. /config. json,用文件方法打开，并用json. load方法将配置文件中的配置参数转成'dict'格式，方便后面对数据的使用。写数据则用json. dump将修改后的dict数据写入配置文件中。代码实现如下：

```
import json

class SetConfig():
    def __init__(self,path):
        self.config_path = path
    def get_config(self):
        '''
        读取配置文件数据，返回字典格式数据
        :return:
        '''
        with open(self.config_path) as file_obj:
            config_dict = json.load(file_obj)
        return config_dict
    def write_config(self,**kwargs):
        '''
        将字典格式数据写入配置文件
        :param kwargs: 参数数据
        :return:
        '''
        with open(self.config_path,'w') as file_obj:
            json.dump(kwargs,file_obj)
```

动手练习④

按照以下要求完成实验：

- 在<1>处，使用上述封装的参数调整类读取./config.json路径下的配置内容。
- 在<2>处，将读取到的配置参数中的红色色块的位置修改为{"x": "55", "y": "240", "z": "24"}。
- 在<3>处，将修改后的参数写入./config.json配置文件。

```
setconfig = SetConfig("./config.json")
data = setconfig.<1>
<2>
<3>
```

4. 传送带控制封装

传送带在小柔智能制造项目中的主要功能是运输色块，将色块从搬运端运输到识别端，所以在传送带功能的封装上主要实现两个功能，一个是运行传送带，另一个则是停止传送带。打开Jupyter，封装代码如图5-3-5所示，传送带运送演示如图5-3-6所示。

4.传送带控制封装

```
[1]: import os
     import time
     from threading import Thread
     from gpio4 import SysfsGPIO


     # 900*1000~1500*1000PWM的周期 对应挡位0~6
     PWM_STEP_MIN = 0  # 速度挡位最小值
     PWM_STEP_MAX = 6  # 速度挡位最大值
     PWM_STEP_VALUE = 100


     class Belt(object):
         def __init__(self):
             try:
                 self.step = 3               # 中速挡位
                 self.period = 1100000       # 设置频率需要转换为设置寄存器周期值
                 self.duty = 50              # 占空比duty需要转换为设置寄存器占空比值
                 self.reverse = 'normal'     # 输出是否反向
                 self.enable = 0             # PWM是否使能 1: 使能    0: 不使能
                 self.turn_forward_dir()     # 默认方向: 正向
                 self.init_set_pwm()
             except Exception as e:
                 print(e)  # 打印所有异常到屏幕
```

图5-3-5　传送带控制封装

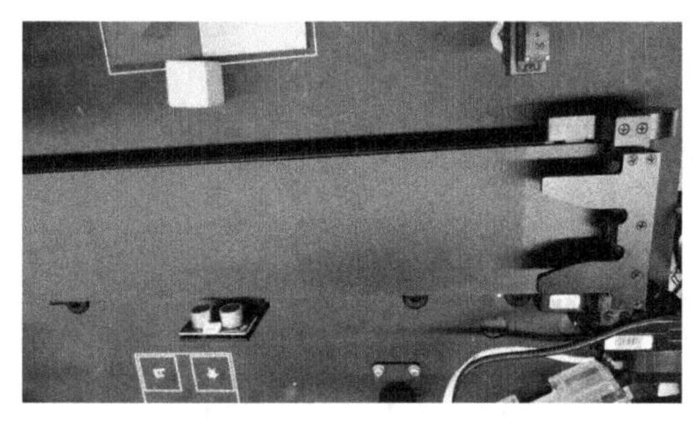

图5-3-6　传送带运送演示

动手练习5

要求编写代码，实现单击按钮输出“运行传送带”，传送带运行，再次单击按钮时输出“停止运行传送带”，传送带停止运行。

- 在<1>处，使用belt对象调用belt_move()函数，启动传送带。
- 在<2>处，使用belt对象调用belt_stop()函数，停止传送带。

```
status = 0
flag = False
def async_call(fn):
    """
    异步装饰器
    :param fn: 函数
    :return:
    """
```

```
    def wrapper(*args, **kwargs):
        th = Thread(target=fn, args=args, kwargs=kwargs)
        th.start()
    return wrapper

@async_call
def belt_button():
    global status, flag
    belt = Belt()
belt.turn_forward_dir()
    while True:
        if status and flag:
            # 启动传送带
            <1>
            flag = False
        elif status == 0 and flag:
            # 停止传送带
            <2>
            flag = False

def button():
    global status, flag
    if status:
        print("停止运行传送带")
        status = 0
        flag = True
    else:
        print("运行传送带")
        status = 1
```

任务小结

本任务首先介绍了机械臂的相关知识和安装方法，通过任务实施，完成机械臂SN码获取、机械臂动作封装、实现参数可调节功能以及传送带控制封装。本任务的思维导图如图5-3-7所示。

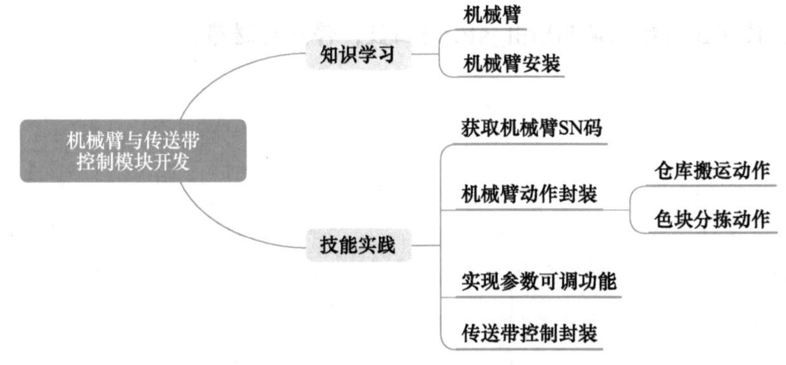

图5-3-7　思维导图

任务4 色块分类模块开发

知识目标

- 了解OpenCV的概念及应用。
- 了解Python中的装饰器。

能力目标

- 能够使用OpenCV实现摄像头获取图片。
- 能够实现色块目标检测图像推理功能。
- 能够实现小柔智能制造业务逻辑。

素质目标

- 具备解决问题、克服困难的意志和勇气。
- 具备动手实操、探索和创新的精神。

任务分析

任务描述：

学习OpenCV的相关概念与应用、Python中的装饰器，通过OpenCV获取图片并进行色块目标检测及图像推理的功能。

任务要求：

- 摄像头获取图片。
- 色块目标检测。
- 小型柔性智能制造业务逻辑实现。

任务计划

根据所学相关知识，制订本任务的任务计划表，见表5-4-1。

表5-4-1 任务计划表

项目名称	小型柔性智能制造
任务名称	色块分类模块开发
计划方式	自主设计
计划要求	请用5个计划步骤来完整描述出如何完成本任务

（续）

序　　号	任务计划
1	
2	
3	
4	
5	

1. OpenCV模块结构

OpenCV（Open Source Computer Vision Library）是一个跨平台的开源计算机视觉和机器学习软件库，可用于开发实时的图像处理、计算机视觉以及模式识别程序。OpenCV具有模块化结构，包含多个共享或静态库。以下模块可用：

1）核心功能（core）：定义基本数据结构的紧凑模块，包括密集的多维数组Mat和所有其他模块使用的基本功能。

2）图像处理（imgproc）：图像处理模块，包括线性和非线性图像过滤、几何图像变换（调整大小、仿射和透视变形）、色彩空间转换、直方图等。

3）Video Analysis（video）：视频分析模块，包括运动估计、背景减除和对象跟踪算法。

4）相机校准和3D重建（calib3d）：基本的多视图几何算法、单相机和立体相机校准、物体姿态估计、立体对应算法和3D重建的元素。

5）2D特征框架（features2d）：显著特征检测器、描述符和描述符匹配器。

6）对象检测（objdetect）：检测预定义类对象和实例（脸、眼睛、杯子、人、汽车等）。

7）高级GUI（highgui）：简单UI功能的易于使用的界面。

8）视频I/O（videoio）：一个易于使用的视频捕获和视频编解码器接口。

2. 装饰器功能

装饰器（Decorators）是Python中一种强大而灵活的功能，用于修改或增强函数或类的行为。本质上是一个函数，接受另一个函数或类作为参数，并返回一个新函数或类。装饰器的语法是使用@语法符，在函数定义之前增加装饰器函数的名称。装饰器的作用如下：

1）装饰器通常用于在不修改原始代码的情况下添加额外的功能。

2）装饰器可以记录函数的调用日志，帮助追踪程序的运行情况。

3）装饰器可以用来实现函数级别的权限控制，只允许特定的用户访问特定的函数。

4）装饰器可以用来缓存函数的返回值，避免重复计算。

知识拓展

扫一扫，进一步了解Python中常见的装饰器以及业务逻辑。

Python中常见的装饰器以及业务逻辑

5）装饰器可以用来在函数调用前检查参数的类型是否符合要求。

6）装饰器可以在函数或类的定义中添加新的逻辑，而不更改它们的实现。

1. OpenCV获取摄像头图片

小柔智能制造项目中的色块分拣是基于计算机视觉来实现的，那么首先就是要获取到对应的视觉数据，通过摄像头将采集到的图片数据进行预处理，再将数据通过人工智能模型进行识别判断，返回识别结果。所以，通过OpenCV实现摄像头获取图片是识别的第一步。

检查USB摄像头，如图5-4-1所示。

```
! ls /dev/video*
```

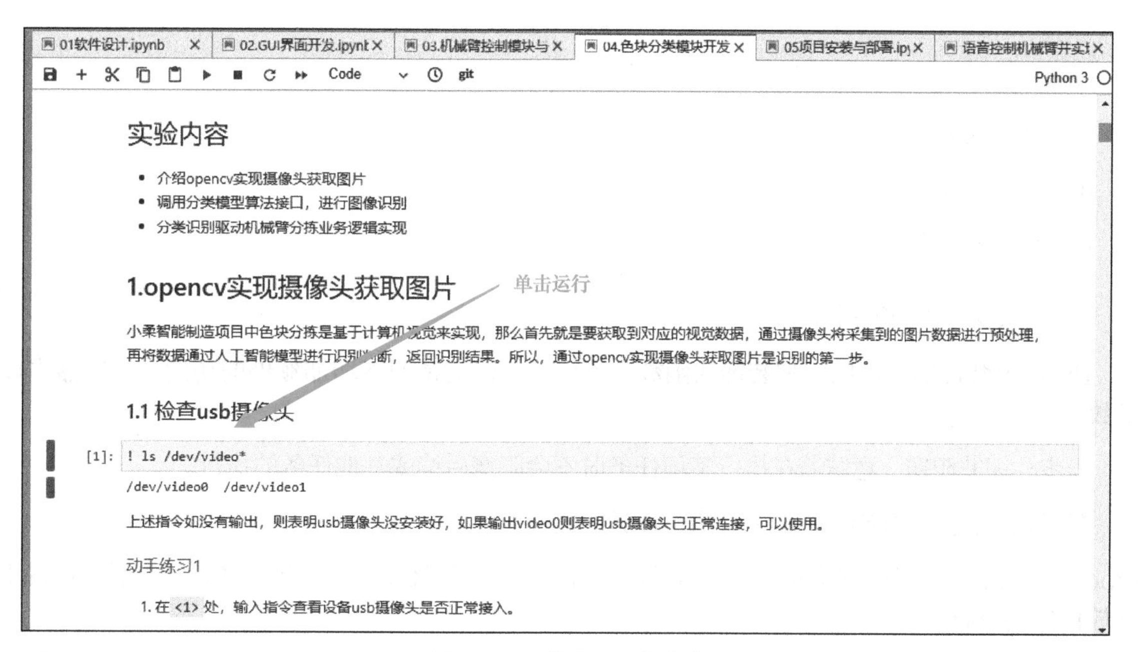

图5-4-1　检查USB摄像头

摄像头正常连接后，输出指令结果如图5-4-2所示。

```
/dev/video0  /dev/video1
```

图5-4-2　输出指令结果

注意：上述指令如没有输出，则说明USB摄像头没安装好；如果输出video0则说明USB摄像头已正常连接，可以使用。

动手练习1

在<1>处，输入指令查看设备USB摄像头是否正常接入。

```
! <1>
```

步骤一　导入线程库、Jupyter画图依赖库。

```
from threading import Thread
import ipywidgets as widgets
from IPython.display import display
```

函数说明

- Thread：创建线程类。
- ipywidgets：用于在Jupyter中开辟一个用于显示图片的窗口。
- display：在Jupyter中播放图片。

步骤二 创建图片显示窗口。

```
image=widgets.Image(format='jpg',height=480,width=640)#图片显示框
```

函数说明

- widgets.Image：开辟一个用于显示图片的窗口。
- format：显示图片格式。
- height：窗口高度。
- width：窗口宽度。

步骤三 实现异步装饰器。

- Python装饰器：可以让被装饰的函数在不修改代码的情况下增加额外的功能，装饰器本质上是一个函数。
- 异步：即非阻塞，意味着在执行某项任务时不会阻塞后续或其他任务的执行。
- 多线程：在进程基础上开辟多个执行任务的线程。

OpenCV获取图片代码预览如图5-4-3所示，得到的结果如图5-4-4所示。实验结束后要记得重启内核，释放摄像头资源。

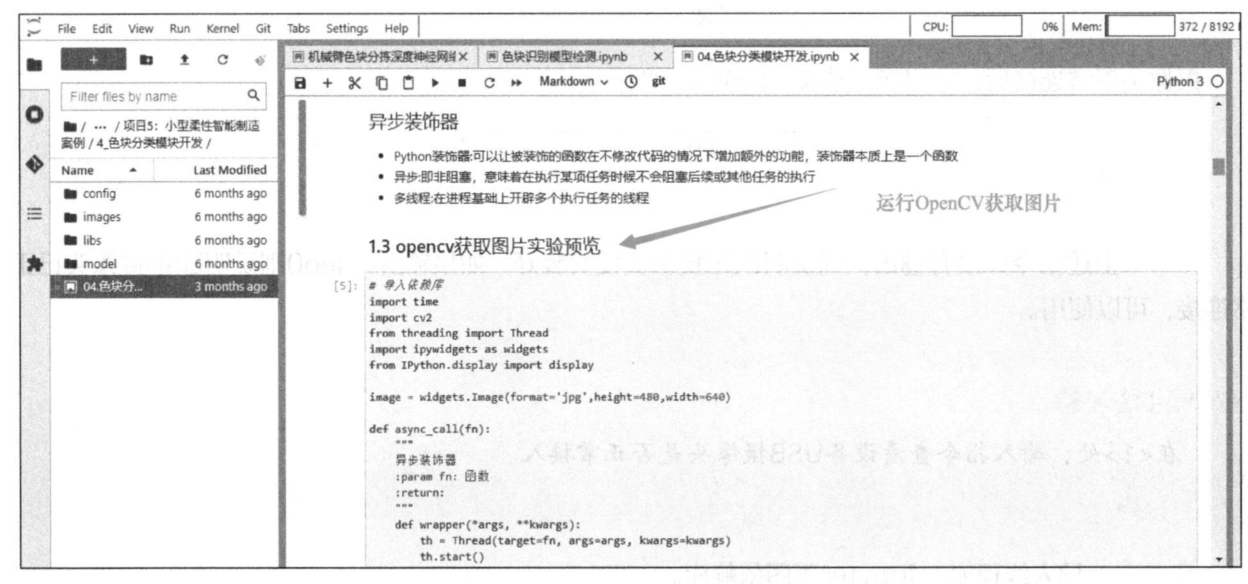

图5-4-3 获取图片代码预览

```
Image(value=b'', format='jpg', height='480', width='640')
```

图5-4-4　运行结果

动手练习❷

- 在<1>处，添加装饰器，让被获取图片异步执行。
- 在<2>处，填写OpenCV读取图像方法，使得frame变量能获取到图像。
- 在<3>处，填写相应的代码，使得image变量为全局变量。
- 在<4>处，填写相应的代码，使得OpenCV能获取图像，并将内容保存到全局变量image中。
- 在<5>处，添加相应的变量名称，使视频能正常显示。

```
# 导入依赖库
import time
import cv2
from threading import Thread
import ipywidgets as widgets
from IPython.display import display

def async_fun(fn):
    """
    异步装饰器
    :param fn: 函数
    :return:
    """
    def wrapper(*args, **kwargs):
        th = Thread(target=fn, args=args, kwargs=kwargs)
        th.start()
    return wrapper

<1>
def video_show():
    capture = cv2.VideoCapture(0)
    while True:
        ret, frame = <2>
        frame = cv2.flip(frame, 180) #图片180°旋转
        if not ret:
            time.sleep(2)
            continue
        imgbox = cv2.imencode('.jpg',frame)[1].tobytes()
        <3>
        image.value = imgbox
<4>
display(<5>)
```

2. 色块分拣图像推理功能实现

（1）实验预览

运行JupyterLab对应的实验预览观察实验运行效果，如图5-4-5所示。

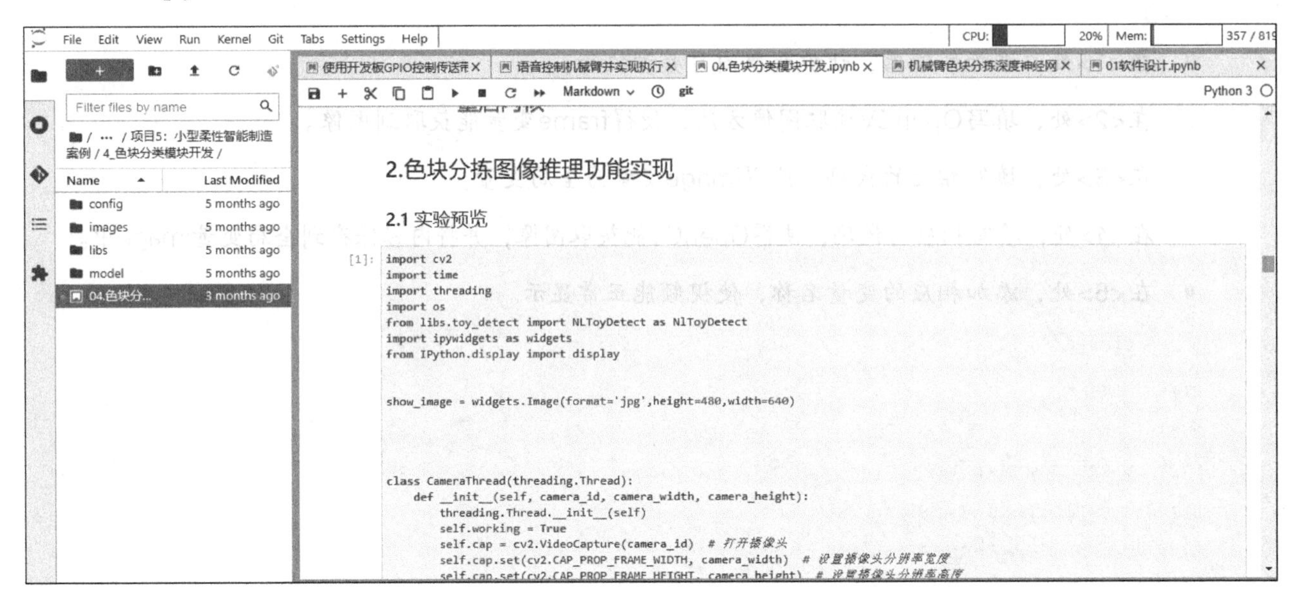

图5-4-5　色块分拣图像推理功能实现

启动识别：

```
camerathread = CameraThread(0,640,480)
camerathread.start()
detectthread = DetectThread()
detectthread.start()
display(show_image)
```

启动识别后得到的结果如图5-4-6所示。

图5-4-6　启动识别后得到的结果

停止识别：

```
camerathread.stop()
detectthread.stop()
del camerathread
del detectthread
```

（2）分类识别模型接口说明

- from libs. toy_detect import NlToyDetect：导入物体分类识别算法接口类。
- nlDetect = NlToyDetect(libNamePath)：实例化分类算法接口类。
- nlDetect. NL_TD_ComInit(configPath, dwClassNum, dqThreshold, pbyModel, pbyLabel)：加载模型，根据配置参数进行模型初始化。
- nlDetect. NL_TD_InitVarIn(limg)：加载要识别的图像，返回0表示加载成功。
- nlDetect. NL_TD_Process_C()：调用检测函数，返回目标检测个数。
- nlDetect. djTDVarOut. dwObjectSize：检测结果的对象，包含检测结果目标位置与分类以及置信度等值。
- outObject. fscore：置信度。
- outObject. className：分类类别。
- outObject. dwLeft：目标左上角x轴坐标。
- outObject. dwTop：目标左上角y轴坐标。
- outObject. dwRight：目标右下角x轴坐标。
- outObject. dwBottom：目标右下角y轴坐标。

动手练习③

- 在<1>处，填写导入分类识别的类名称。
- 在<2>处，填写算法调用库路径。
- 在<3>和<4>处，填写相应的模型和标签路径。
- 在<5>处，填写获取识别置信度的方法。
- 在<6>处，填写获取分类类别的方法。
- 在<7>、<8>、<9>、<10>处，编写代码启动识别进程，进行色块分类识别。

```
import cv2
import time
import threading
import os
from libs.rknn_detect_yolov5 import <1>
import ipywidgets as widgets
from IPython.display import display
show_image = widgets.Image(format='jpg',height=480,width=640)
yolov5_detect = YOLOV5_Detect()
```

```
# 模型识别标签顺序
CLASSES_color = ("red", "green", "yellow", "blue")
# 已抓取的色块对应数量
Block_count = {"red": 0, "green": 0, "yellow": 0, "blue": 0, "apple": 0, "lemon": 0, "pear": 0, "pepper": 0, "pumpkin": 0}
class CameraThread(threading.Thread):
    def __init__(self, camera_id, camera_width, camera_height):
        threading.Thread.__init__(self)
        self.working = True
        self.cap = cv2.VideoCapture(camera_id) # 打开摄像头
        self.cap.set(cv2.CAP_PROP_FRAME_WIDTH, camera_width) # 设置摄像头分辨率宽度
        self.cap.set(cv2.CAP_PROP_FRAME_HEIGHT, camera_height)# 设置摄像头分辨率高度

    def run(self):
        global camera_img   # 定义一个全局变量，用于存储获取的图片，以便于算法可以直接调用
        while self.working:
            try:
                ret, image = self.cap.read() # 获取新一帧图片
                if not ret:
                    time.sleep(2)
                    continue
                camera_img = image
            except Exception as e:
                pass

    def stop(self):
        if self.working:
            self.working = False
            self.cap.release()

class DetectThread(threading.Thread):
    def __init__(self):
        threading.Thread.__init__(self)
        self.working = True
        BASE_PATH = os.path.dirname(os.path.abspath('__file__'))
        # configPath = bytes(BASE_PATH, 'utf-8') + b"/config/Detect_config.ini" # 指定模型以及配置文件路径
        # libNamePath = '{}/libs/libNL_DetectYoloEnc.so'.format(BASE_PATH) # 指定库文件路径
        pbyModel = bytes(BASE_PATH, 'utf-8') + b"/model/block.rknn"
        pbyLabel = bytes(BASE_PATH, 'utf-8') + b"/model/block.txt"
        dwClassNum = 4        #类别数
        dqThreshold = 0.5     #置信度阈值
        self.status = "物品分拣"
        self.block_detect = yolov5_detect
        self.rknn = yolov5_detect.detect_init(<2>)

    def run(self):
```

```
        while self.working:
            try:
                limg = camera_img  # 获取全局变量图像值
                global show_image

                if not (limg is None):
                    boxes, classes, scores = self.block_detect.detect_process(<3>, <4>)

                    if classes is not None:
                        if len(classes) > 0:

                            for box, class_num, score in zip(boxes, classes, scores):
                                if self.status == "果蔬分类":
                                    class_name = CLASSES_fruit[class_num]
                                    print("果蔬分类，识别")
                                elif self.status == "物品分拣":
                                    class_name = CLASSES_color[class_num]
                                    print("物品分拣，识别")
                                fscore = 0.5
                                if <5>:
                                    left, top, right, bottom = box
                                    x, y = left + ((right - left) / 2), top + ((bottom - top) / 2)
                                    # 返回坐标为640*640，转换成640*480
                                    y = 480 / 640 * y
                                    font = cv2.FONT_HERSHEY_SIMPLEX # 定义字体
                                    cv2.putText(limg, class_name, (int(left)-10, int(top)-10), font, 0.8, (255, 0, 0), 2) # 在图片上描绘文字

                                    cv2.rectangle(limg, (int(left) - 10, int(480 / 640 * top) - 10), (int(right) + 10, int(480 / 640 * bottom) + 10), (0, 0, 255), 2)

                self.imgbox = cv2.imencode('.jpg', limg)[1].tobytes() # 把图像值转成字节类型的值
                show_image.value = self.imgbox
                time.sleep(0.01)
            except Exception as e:
                pass

    def stop(self):
        if self.working:
            self.working = False
            cv2.destroyAllWindows()
<6>
<7>
<8>
<9>
<10>
display(show_image)
```

完成上述操作后，重启Jupyter内核，恢复环境，确保后面的实验可以正常进行。

3. 色块分拣业务逻辑实现

（1）业务流程图（见图5-4-7）

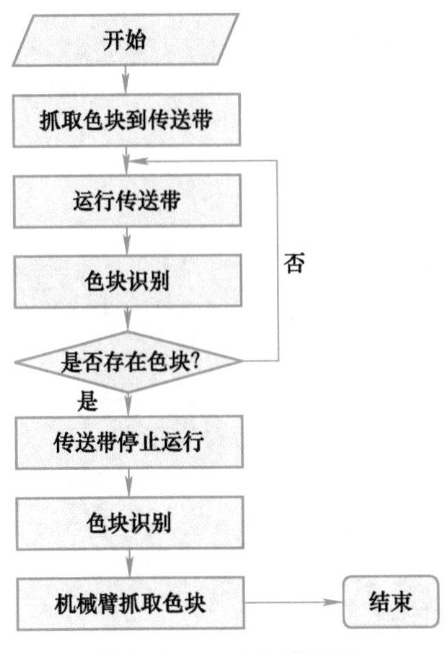

图5-4-7　业务流程图

（2）代码实现（见图5-4-8）

业务逻辑实现过程要用到机械臂、传送带以及配置参数等业务相关模块，这部分内容前面在任务3中已经做了封装，已将模块封装在libs目录下。本任务可以直接导入模块，调用接口进行使用。

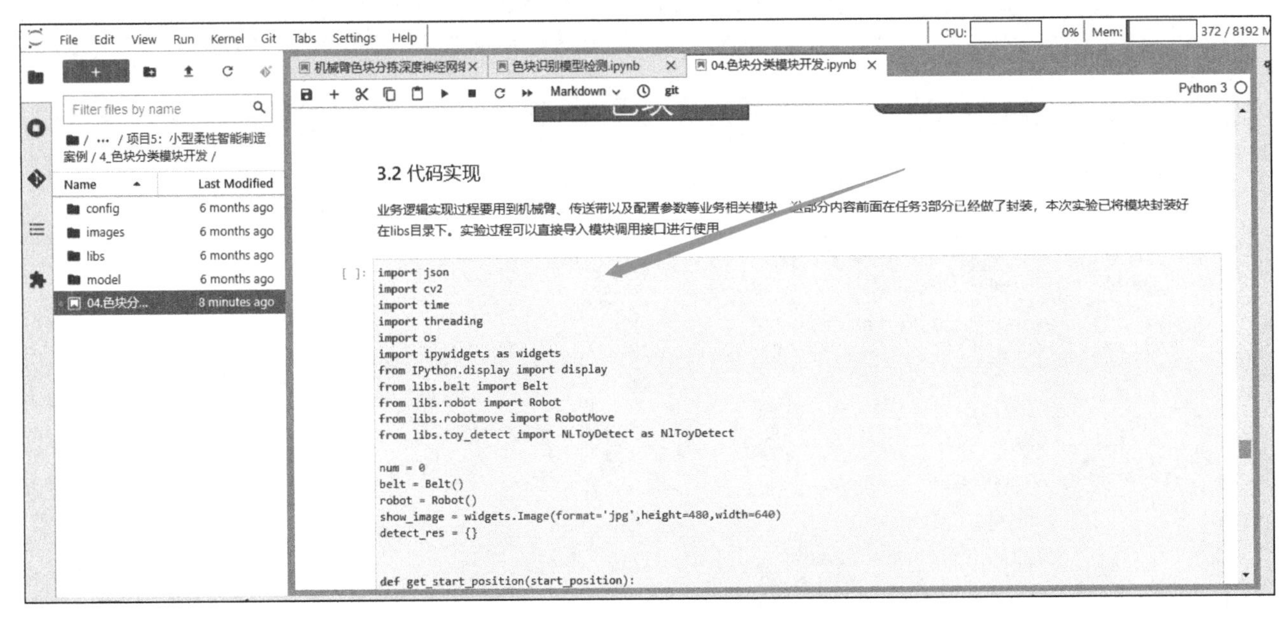

图5-4-8　色块分拣业务代码实现

启动开始按钮：

```
start_btn()
```

放置结果如图5-4-9所示。

图5-4-9　将物块放置到指定位置

动手练习④

编写一个自动分拣系统程序，使其具备如下功能：

1）将色块搬运到传送带，搬运顺序是红色、绿色、蓝色、黄色。

2）识别的置信度要求不低于0.7。

3）识别框样色为红色，显示色块类别字体颜色要求为蓝色。

任务小结

本任务首先介绍了OpenCV及Python装饰器的相关内容，然后通过任务实施，完成OpenCV获取摄像头图片、色块分拣图像推理功能实现、色块分拣业务逻辑实现等。本任务的思维导图如图5-4-10所示。

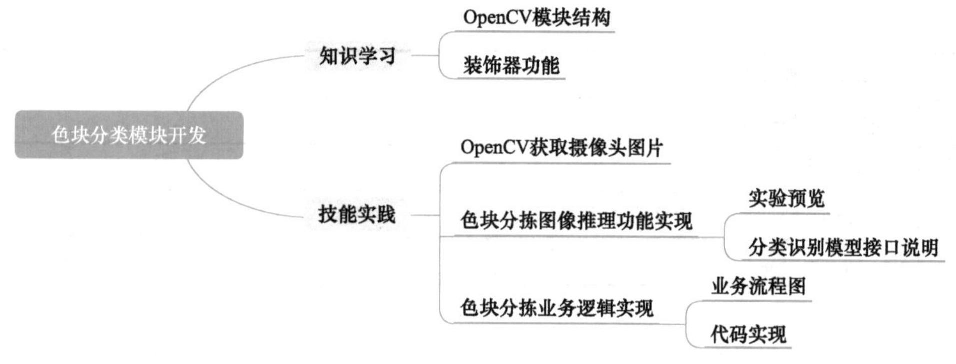

图5-4-10　思维导图

任务5　项目安装与部署

知识目标

- 了解Shell及脚本。

能力目标

- 能够掌握小柔智能制造项目硬件与连线安装，运行环境安装。

- 能够掌握Shell脚本的编写。
- 能够掌握智能制造代码的运行与调试。

素质目标

- 具备解决问题、克服困难的意志和勇气。
- 具备动手实操、探索和创新的精神。

任务分析

任务描述：

学习Shell及脚本编写，安装小柔智能制造项目运行环境，完成项目部署与调试。

任务要求：

- 掌握小柔智能制造项目硬件与连线安装。
- 掌握小柔智能制造运行环境安装。
- 掌握小柔智能制造代码运行与调试。

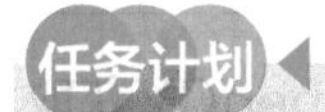

任务计划

根据所学相关知识，制订本任务的任务计划表，见表5-5-1。

表5-5-1　任务计划表

项目名称	小型柔性智能制造
任务名称	项目安装与部署
计划方式	自主设计
计划要求	请用5个计划步骤来完整描述出如何完成本任务
序　号	任 务 计 划
1	
2	
3	
4	
5	

知识储备

Shell是一个用C语言编写的程序，它是用户使用Linux的桥梁。Shell既是一种命令语言，又是一种程序设计语言。它提供了一个界面，用户通过这个界面访问操作系统内核的服务。

Shell脚本（Shell Script）是一种为Shell编写的脚本程序，如图5-5-1所示。通常提到的Shell都是指Shell脚本。Shell编程跟JavaScript、php编程一样，只要有一个能编写代码的文本编辑器和一个能解释执行的脚本解释器就可以了。Linux的Shell种类众多，常见的有Bourne Shell（/usr/bin/sh或/bin/sh）、C Shell（/usr/bin/csh）、Shell for Root（/sbin/sh）等。运行Shell脚本有两种方法，作为可执行程序和解释器参数。

图5-5-1　Shell脚本程序

1. 小柔智能制造项目运行环境安装

小柔智能制造代码是在Python3环境下开发的，代码在部署时也应该运行在Python3环境，由于开发板上已经安装了Python3，所以这一步骤就可以跳过。

安装依赖包：

```
# !pip3 install -i https://pypi.douban.com/simple -r requirements.txt
```

2. 小柔智能制造项目代码部署与调试

（1）启动脚本编写

```
#!/bin/bash
username='whoami'
if [ "$username" == "root" ];then
  rm -rf /root/robot.txt
  cd /home/nle/robot/RobotProject/device_inspect
  nohup python3 device_inspect_main.py &
  n=1
  while [ $n == 1 ];
  do
    v=`ls /root/`
    if [[ $v == *"robot.txt" ]]
    then
      echo "ok"
      n=0
    fi
 done
        echo "robot is runing"
        sleep 1
        # kill -9 $(ps -ef | grep device_inspect_main.py | grep -v grep | awk '{print $2}')
```

```
    if [! -f "/home/nle/robot/RobotProject/main.py"]; then
            cd /home/nle/robot/RobotProject
            python3 main.pyc &
    else
          cd /home/nle/robot/RobotProject
            python3 main.py &
    fi
    cd /home/nle/
    kill -9 $(ps -ef | grep device_inspect_main.py | grep -v grep | awk '{print $2}')
fi
```

（2）脚本说明

业务流程图如图5-5-2所示。

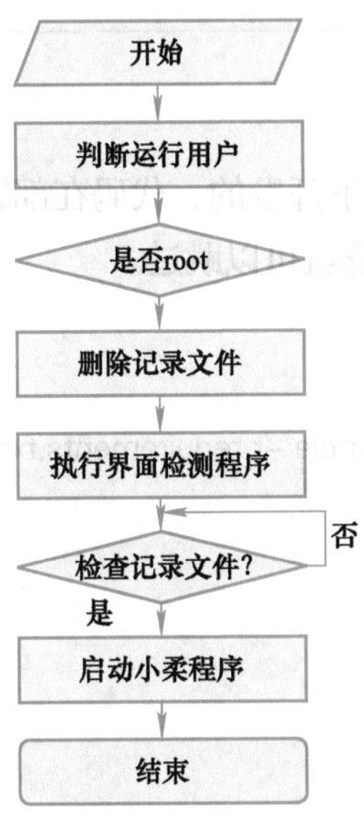

图5-5-2　业务流程图

动手练习❶

打开左侧的[06-run-ai.sh](./06-run-ai.sh)脚本，在<1>、<2>、<3>、<4>处填入相应的代码，使得Shell脚本能作为启动的脚本。

```
#!/bin/bash
username=`whoami`
if [ "$username" == "root" ];then
 rm -rf /root/robot.txt
 cd /home/nle/robot/RobotProject/device_inspect
 <1>
 n=1
 <2> [ $n == 1 ];
 do
  v=`ls /root/`
```

```
    if [[ $v == *"robot.txt" ]]
    then
      echo "ok"
      n=0
    fi
  done
        echo "robot is runing"
        sleep 1
        # kill -9 $(ps -ef | grep device_inspect_main.py | grep -v grep | awk '{print $2}')
        if [ ! -f "/home/nle/robot/RobotProject/main.py" ]; then
              cd /home/nle/robot/RobotProject
              python3 main.pyc &
        else
            cd /home/nle/robot/RobotProject
              <3>
        fi
        cd /home/nle/
        kill -9 <4>
fi
```

动手练习❷

- 在<1>处，使用sudo权限对脚本授予可执行权限。
- 在<2>处，将启动脚本复制到项目目录下，如/home/nle/robot/RobotProject。

```
#对脚本授予权限
<1>
#将脚本复制到项目目录下
<2>
```

若填写正确，则开发板开机正常进入项目。若填写错误未进入项目程序，即开发板停留在桌面，则大约经过90s左右，开发板会进行重启，自动还原06-run-ai. sh脚本。

（3）将脚本添加到开机自启动

若对Linux命令不太熟悉，则无须按照下面的步骤从头开始新建文件；可以在阅读完内容后直接进行动手实验，动手实验部分提供了编写脚本，无须创建。

进入/usr/local/00_demo/15_autostart/目录，创建一个目录02_usr，也可以是其他名称，根据实际情况进行创建，在目录下创建usr. desktop、usr. sh，然后放一张logo图片，命名为usr. png，可以直接使用本任务同级目录下的. /02_usr/usr. png图片。

在usr. desktop中添加如下内容：

```
[Desktop Entry]
Name=Newland
Exec=lxterminal --working-directory=/usr/local/00_demo/15_autostart/02_usr --command=./usr.sh
```

```
Terminal=true
Type=Application
#Encoding=UTF-8
Icon=/usr/local/00_demo/15_autostart/02_usr/usr.png
Name[zh_CN]=usr
```

注意：usr. desktop文件内容重点关注Exec和Icon。

函数说明

- Exec：执行程序脚本的位置，将开机自启动脚本放在/usr/local/00_demo/15_autostart/02_usr下，然后通过usr.sh脚本启动应用程序。按上述操作，则开机自启动脚本的位置为/usr/local/00_demo/15_autostart/02_usr/usr.sh，添加脚本工作目录，然后添加执行脚本命令。
- Icon：图标路径，/usr/local/00_demo/15_autostart/02_usr/usr.png。

在usr. sh中添加如下内容：

```
#!/bin/bash
declare -i i=0
sleep 4
while ((i<=20))
do
        npustr="Fuzhou Rockchip Electronics Company"
         result=$(lsusb | grep "${npustr}")
        if [ "$result" != "" ];then
                echo "There is a $(lsusb) device"
                sleep 2
                if [ -z "$(ls /dev/mmcblk0)" ];then
                        expect -c "
                                spawn sudo -s
                                expect \"*password\"
                                send \"nle\n\"
                                expect \"#*\"
                                send \"cd /home/nle/robot/RobotProject\r\"
                                send \"./06-run-ai.sh\r\"
                                interact
                                expect eof"
                else
                        expect -c "
                                spawn sudo -s
                                expect \"*password\"
                                send \"nle\n\"
                                expect \"#*\"
                                #send \"cd /home/nle/00_demo/02_cdemo/10_rknn_test/03_rknn_face/build\r\"
                                #send \"./video 1 0\r\"
```

```
                    send \"cd /usr/local/00_demo/15_autostart\r\"
                    send \"./Rk3399BasicTest\r\"
                    interact
                    expect eof"
        fi
        exit 0
else
        echo "Waiting for NPU ready !!!"
```

注意：这里重点关注的是：

```
expect -c "
spawn sudo -s
expect \"*password\"
send \"nle\n\"
expect \"#*\"
send \"cd /home/nle/robot/RobotProject\r\"
send \"./06-run-ai.sh\r\"
interact
expect eof
```

可以看到，进入项目所在的工作目录下，然后执行前面编写好的自动脚本。完成添加后对脚本授予可执行权限，关闭开发板电源，重启，即可实现开机自启动项目内容。

动手练习③

在同级目录下的02_usr开机自启动脚本目录中完成练习，使得开发板完成开机自启动小柔智能制造程序。

- 按照上述要求完成[usr.desktop](./02_usr/usr.desktop)文件编写。
- 按照上述要求完成[usr.sh](./02_usr/usr.sh)文件编写。
- 在<1>处，使用sudo权限对脚本授予可执行权限。
- 在<2>处，将启动脚本文件02_usr复制到自启动脚本目录，如/usr/local/00_demo/15_autostart

```
# 对脚本授予可执行权限。
<1>
# 将启动脚本复制到项目目录下，如`/usr/local/00_demo/15_autostart`
<2>
```

若填写正确，则开发板开机正常进入项目。若填写错误未进入项目程序，即开发板停留在桌面，则大约经过90s，开发板会进行重启自动还原02_usr文件。

（4）坐标校准

启动小柔智能制造程序，单击“坐标校准”按钮，如图5-5-3所示。

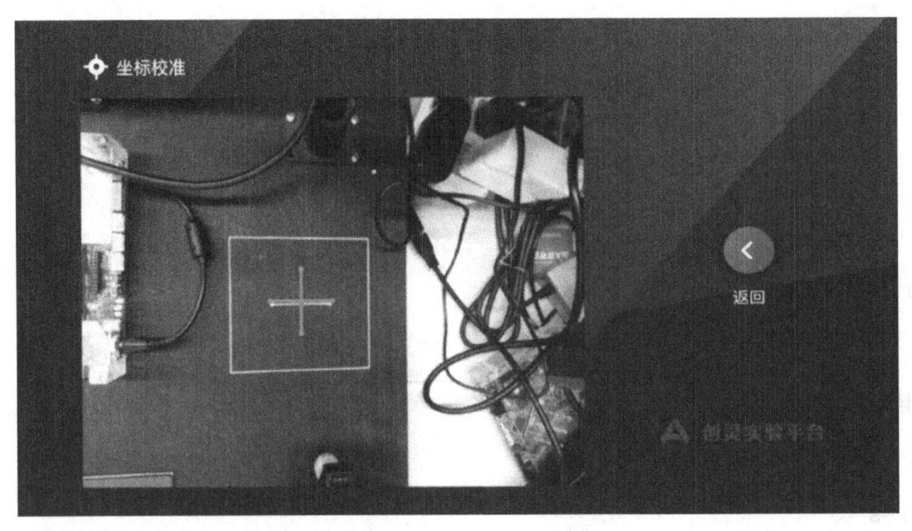

图5-5-3　进行坐标校准

小柔智能制造项目中色块分拣是基于计算机视觉来实现的，那么首先就是要获取到对应的视觉数据，通过摄像头将采集到的图片数据进行预处理，再将数据通过人工智能模型进行识别判断，返回识别结果。所以，通过OpenCV实现摄像头获取图片是识别的第一步。

任务小结

本任务首先介绍了Shell及脚本编程，然后通过任务实施，完成小柔智能制造项目运行环境的安装以及项目代码部署与调试。本任务的思维导图如图5-5-4所示。

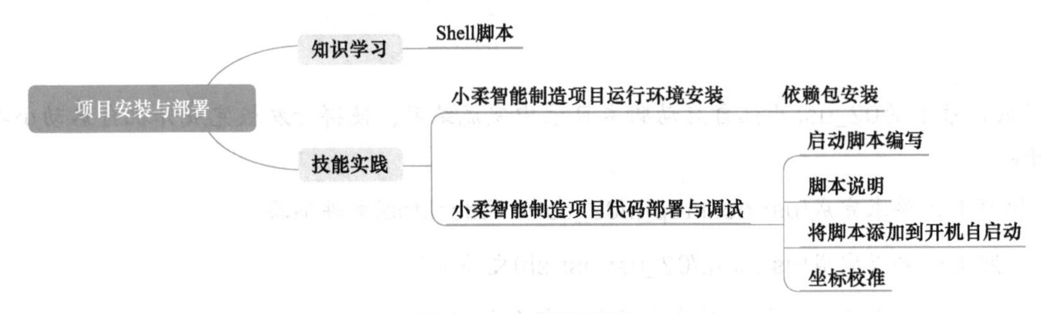

图5-5-4　思维导图

参 考 文 献

[1] 陈宇航，侯俊萍，叶昶．人工智能+机器人入门与实战[M]．北京：人民邮电出版社，2020.

[2] 郭彤颖，张辉．机器人传感器及其信息融合技术[M]．北京：化学工业出版社，2016.

[3] 王东署，朱训林．工业机器人技术与应用[M]．北京：中国电力出版社，2016.

[4] 蔡自兴．机器人学[M]．北京：清华大学出版社，2009.

[5] 孙迪生，王炎．机器人控制技术[M]．北京：机械工业出版社，1997.

[6] 徐方，邹凤山，郑春晖．新松机器人产业发展及应用[J]．机器人技术及应用，2011（5）：14-18.